向为创建中国卫星导航事业

并使之立于世界最前列而做出卓越贡献的北斗功臣们

致以深深的敬意！

"十三五"国家重点出版物

出版规划项目

国家出版基金项目
NATIONAL PUBLICATION FOUNDATION

卫星导航工程技术丛书

主　编　杨元喜
副主编　蔚保国

GNSS 空间信号质量监测评估

GNSS Signal-in-Space Quality Monitoring and Assessment

蔚保国　杨建雷　罗显志　刘亮　编著

国防工业出版社

·北京·

内 容 简 介

本书翔实梳理了导航信号生成、空间传播、接收处理等环节的数学模型,阐述了低失真接收、交替采样与信号重构等关键技术,并从时域监测评估、频域监测评估、调制域监测评估、相关域监测评估和测量域监测评估等方面,提出了具体工程实现算法与实测数据分析。本书还对国际 GNSS 监测评估系统(iGMAS)监测评估中心的体系架构、工作原理、实际监测案例以及监测评估应用实践进行了总结。

本书适合于从事导航信号体制设计、导航系统测试评估及导航地面运控系统建设等领域的研究人员阅读和参考,也可作为有关专业本科生和研究生的参考书。

图书在版编目(CIP)数据

GNSS 空间信号质量监测评估 / 蔚保国等编著. —北京 : 国防工业出版社,2021.3
(卫星导航工程技术丛书)
ISBN 978 - 7 - 118 - 12179 - 7

Ⅰ. ①G… Ⅱ. ①蔚… Ⅲ. ①卫星导航 – 全球定位系统 – 信号 – 质量 – 监测 – 评估方法 Ⅳ. ①P228.4

中国版本图书馆 CIP 数据核字(2020)第 177694 号

※

国防工业出版社出版发行
(北京市海淀区紫竹院南路 23 号 邮政编码 100048)
天津嘉恒印务有限公司印刷
新华书店经售

*

开本 710×1000 1/16 插页 10 印张 16½ 字数 303 千字
2021 年 3 月第 1 版第 1 次印刷 印数 1—2000 册 定价 118.00 元

(本书如有印装错误,我社负责调换)

国防书店:(010)88540777 书店传真:(010)88540776
发行业务:(010)88540717 发行传真:(010)88540762

孙家栋院士为本套丛书致辞

探索中国北斗自主创新之路
凝练卫星导航工程技术之果

当今世界,卫星导航系统覆盖全球,应用服务广泛渗透,科技影响如日中天。

我国卫星导航事业从北斗一号工程开始到北斗三号工程,已经走过了二十六个春秋。在长达四分之一世纪的艰辛发展历程中,北斗卫星导航系统从无到有,从小到大,从弱到强,从区域到全球,从单一星座到高中轨混合星座,从 RDSS 到 RNSS,从定位授时到位置报告,从差分增强到精密单点定位,从星地站间组网到星间链路组网,不断演进和升级,形成了包括卫星导航及其增强系统的研究规划、研制生产、测试运行及产业化应用的综合体系,培养造就了一支高水平、高素质的专业人才队伍,为我国卫星导航事业的蓬勃发展奠定了坚实基础。

如今北斗已开启全球时代,打造"天上好用,地上用好"的自主卫星导航系统任务已初步实现,我国卫星导航事业也已跻身于国际先进水平,领域专家们认为有必要对以往的工作进行回顾和总结,将积累的工程技术、管理成果进行系统的梳理、凝练和提高,以利再战,同时也有必要充分利用前期积累的成果指导工程研制、系统应用和人才培养,因此决定撰写一套卫星导航工程技术丛书,为国家导航事业,也为参与者留下宝贵的知识财富和经验积淀。

在各位北斗专家及国防工业出版社的共同努力下,历经八年时间,这套导航丛书终于得以顺利出版。这是一件十分可喜可贺的大事!丛书展示了从北斗二号到北斗三号的历史性跨越,体系完整,理论与工程实践相结合，突出北斗卫星导航自主创新精神，注意与国际先进技术融合与接轨，展现了"中国的北斗，世界的北斗，一流的北斗"之大气！每一本书都是作者亲身工作成果的凝练和升华，相信能够为相关领域的发展和人才培养做出贡献。

"只要你管这件事，就要认认真真负责到底。"这是中国航天界的习惯，也是本套丛书作者的特点。我与丛书作者多有相识与共事，深知他们在北斗卫星导航科研和工程实践中取得了巨大成就，并积累了丰富经验。现在他们又在百忙之中牺牲休息时间来著书立说，继续弘扬"自主创新、开放融合、万众一心、追求卓越"的北斗精神，力争在学术出版界再现北斗的光辉形象，为北斗事业的后续发展鼎力相助，为导航技术的代代相传添砖加瓦。为他们喝彩！更由衷地感谢他们的巨大付出！由这些科研骨干潜心写成的著作，内蓄十足的含金量！我相信这套丛书一定具有鲜明的中国北斗特色，一定经得起时间的考验。

我一辈子都在航天战线工作，虽然已年逾九旬，但仍愿为北斗卫星导航事业的发展而思考和实践。人才培养是我国科技发展第一要事，令人欣慰的是，这套丛书非常及时地全面总结了中国北斗卫星导航的工程经验、理论方法、技术成果，可谓承前启后，必将有助于我国卫星导航系统的推广应用以及人才培养。我推荐从事这方面工作的科研人员以及在校师生都能读好这套丛书，它一定能给你启发和帮助，有助于你的进步与成长，从而为我国全球北斗卫星导航事业又好又快发展做出更多更大的贡献。

2020 年 8 月

祝贺 卫星导航工程技术丛书

圆满出版

杨元喜

于 2019 年第十届中国卫星导航年会期间题词。

期待 卫星导航工程技术丛书

助力中国北斗系统发展

周承芷

于 2019 年第十届中国卫星导航年会期间题词。

卫星导航工程技术丛书
编审委员会

XI

丛 书 序

宇宙浩瀚、海洋无际、大漠无垠、丛林层密、山峦叠嶂,这就是我们生活的空间,这就是我们探索的远方。我在何处? 我之去向? 这是我们每天都必须面对的问题。从原始人巡游狩猎、航行海洋,到近代人周游世界、遨游太空,无一不需要定位和导航。

正如《北斗赋》所描述,乘舟而惑,不知东西,见斗则寤矣。又戒之,瀚海识途,昼则观日,夜则观星矣。我们的祖先不仅为后人指明了"昼观日,夜观星"的天文导航法,而且还发明了"司南"或"指南针"定向法。我们为祖先的聪颖智慧而自豪,但是又不得不面临新的定位、导航与授时(PNT)需求。信息化社会、智能化建设、智慧城市、数字地球、物联网、大数据等,无一不需要统一时间、空间信息的支持。为顺应新的需求,"卫星导航"应运而生。

卫星导航始于美国子午仪系统,成形于美国的全球定位系统(GPS)和俄罗斯的全球卫星导航系统(GLONASS),发展于中国的北斗卫星导航系统(BDS)(简称"北斗系统")和欧盟的伽利略卫星导航系统(简称"Galileo 系统"),补充于印度及日本的区域卫星导航系统。卫星导航系统是时间、空间信息服务的基础设施,是国防建设和国家经济建设的基础设施,也是政治大国、经济强国、科技强国的基本象征。

中国的北斗系统不仅是我国 PNT 体系的重要基础设施,也是国家经济、科技与社会发展的重要标志,是改革开放的重要成果之一。北斗系统不仅"标新""立异",而且"特色"鲜明。标新于设计(混合星座、信号调制、云平台运控、星间链路、全球报文通信等),立异于功能(一体化星基增强、嵌入式精密单点定位、嵌入式全球搜救等服务),特色于应用(报文通信、精密位置服务等)。标新立异和特色服务是北斗系统的立身之本,也是北斗系统推广应用的基础。

2020 年 6 月 23 日,北斗系统最后一颗卫星发射升空,标志着中国北斗全球卫星导航系统卫星组网完成;2020 年 7 月 31 日,北斗系统正式向全球用户开通服务,标志着中国北斗全球卫星导航系统进入运行维护阶段。为了全面反映中国北斗系统建设成果,同时也为了推进北斗系统的广泛应用,我们紧跟北斗工程的成功进展,组织北斗系统建设的部分技术骨干,撰写了卫星导航工程技术丛书,系统地描述北斗系统的最新发展、创新设计和特色应用成果。丛书共 26 个分册,分别介绍如下:

卫星导航定位遵循几何交会原理,但又涉及无线电信号传输的大气物理特性以及卫星动力学效应。《卫星导航定位原理》全面阐述卫星导航定位的基本概念和基本原理,侧重卫星导航概念描述和理论论述,包括北斗系统的卫星无线电测定业务(RDSS)原理、卫星无线电导航业务(RNSS)原理、北斗三频信号最优组合、精密定轨与时间同步、精密定位模型和自主导航理论与算法等。其中北斗三频信号最优组合、自适应卫星轨道测定、自主定轨理论与方法、自适应导航定位等均是作者团队近年来的研究成果。此外,该书第一次较详细地描述了"综合 PNT"、"微 PNT"和"弹性 PNT"基本框架,这些都可望成为未来 PNT 的主要发展方向。

北斗系统由空间段、地面运行控制系统和用户段三部分构成,其中空间段的组网卫星是系统建设最关键的核心组成部分。《北斗导航卫星》描述我国北斗导航卫星研制历程及其取得的成果,论述导航卫星环境和任务要求、导航卫星总体设计、导航卫星平台、卫星有效载荷和星间链路等内容,并对未来卫星导航系统和关键技术的发展进行展望,特色的载荷、特色的功能设计、特色的组网,成就了特色的北斗导航卫星星座。

卫星导航信号的连续可用是卫星导航系统的根本要求。《北斗导航卫星可靠性工程》描述北斗导航卫星在工程研制中的系列可靠性研究成果和经验。围绕高可靠性、高可用性,论述导航卫星及星座的可靠性定性定量要求、可靠性设计、可靠性建模与分析等,侧重描述可靠性指标论证和分解、星座及卫星可用性设计、中断及可用性分析、可靠性试验、可靠性专项实施等内容。围绕导航卫星批量研制,分析可靠性工作的特殊性,介绍工艺可靠性、过程故障模式及其影响、贮存可靠性、备份星论证等批产可靠性保证技术内容。

卫星导航系统的运行与服务需要精密的时间同步和高精度的卫星轨道支持。《卫星导航时间同步与精密定轨》侧重描述北斗导航卫星高精度时间同步与精密定轨相关理论与方法,包括:相对论框架下时间比对基本原理、星地/站间各种时间比对技术及误差分析、高精度钟差预报方法、常规状态下导航卫星轨道精密测定与预报等;围绕北斗系统独有的技术体制和运行服务特点,详细论述星地无线电双向时间比对、地球静止轨道/倾斜地球同步轨道/中圆地球轨道(GEO/IGSO/MEO)混合星座精密定轨及轨道快速恢复、基于星间链路的时间同步与精密定轨、多源数据系统性偏差综合解算等前沿技术与方法;同时,从系统信息生成者角度,给出用户使用北斗卫星导航电文的具体建议。

北斗卫星发射与早期轨道段测控、长期运行段卫星及星座高效测控是北斗卫星发射组网、补网,系统连续、稳定、可靠运行与服务的核心要素之一。《导航星座测控管理系统》详细描述北斗系统的卫星/星座测控管理总体设计、系列关键技术及其解决途径,如测控系统总体设计、地面测控网总体设计、基于轨道参数偏置的 MEO 和 IGSO 卫星摄动补偿方法、MEO 卫星轨道构型重构控制评价指标体系及优化方案、分布式数据中心设计方法、数据一体化存储与多级共享自动迁移设计等。

波束测量是卫星测控的重要创新技术。《卫星导航数字多波束测量系统》阐述数字波束形成与扩频测量传输深度融合机理,梳理数字多波束多星测量技术体制的最新成果,包括全分散式数字多波束测量装备体系架构、单站系统对多星的高效测量管理技术、数字波束时延概念、数字多波束时延综合处理方法、收发链路波束时延误差控制、数字波束时延在线精确标校管理等,描述复杂星座时空测量的地面基准确定、恒相位中心多波束动态优化算法、多波束相位中心恒定解决方案、数字波束合成条件下高精度星地链路测量、数字多波束测量系统性能测试方法等。

工程测试是北斗系统建设与应用的重要环节。《卫星导航系统工程测试技术》结合我国北斗三号工程建设中的重大测试、联试及试验,成体系地介绍卫星导航系统工程的测试评估技术,既包括卫星导航工程的卫星、地面运行控制、应用三大组成部分的测试技术及系统间大型测试与试验,也包括工程测试中的组织管理、基础理论和时延测量等关键技术。其中星地对接试验、卫星在轨测试技术、地面运行控制系统测试等内容都是我国北斗三号工程建设的实践成果。

卫星之间的星间链路体系是北斗三号卫星导航系统的重要标志之一,为北斗系统的全球服务奠定了坚实基础,也为构建未来天基信息网络提供了技术支撑。《卫星导航系统星间链路测量与通信原理》介绍卫星导航系统星间链路测量通信概念、理论与方法,论述星间链路在星历预报、卫星之间数据传输、动态无线组网、卫星导航系统性能提升等方面的重要作用,反映了我国全球卫星导航系统星间链路测量通信技术的最新成果。

自主导航技术是保证北斗地面系统应对突发灾难事件、可靠维持系统常规服务性能的重要手段。《北斗导航卫星自主导航原理与方法》详细介绍了自主导航的基本理论、星座自主定轨与时间同步技术、卫星自主完好性监测技术等自主导航关键技术及解决方法。内容既有理论分析,也有仿真和实测数据验证。其中在自主时空基准维持、自主定轨与时间同步算法设计等方面的研究成果,反映了北斗自主导航理论和工程应用方面的新进展。

卫星导航"完好性"是安全导航定位的核心指标之一。《卫星导航系统完好性原理与方法》全面阐述系统基本完好性监测、接收机自主完好性监测、星基增强系统完好性监测、地基增强系统完好性监测、卫星自主完好性监测等原理和方法,重点介绍相应的系统方案设计、监测处理方法、算法原理、完好性性能保证等内容,详细描述我国北斗系统完好性设计与实现技术,如基于地面运行控制系统的基本完好性的监测体系、顾及卫星自主完好性的监测体系、系统基本完好性和用户端有机结合的监测体系、完好性性能测试评估方法等。

时间是卫星导航的基础,也是卫星导航服务的重要内容。《时间基准与授时服务》从时间的概念形成开始:阐述从古代到现代人类关于时间的基本认识,时间频率的理论形成、技术发展、工程应用及未来前景等;介绍早期的牛顿绝对时空观、现代的爱因斯坦相对时空观及以霍金为代表的宇宙学时空观等;总结梳理各类时空观的内涵、特点、关系,重点分析相对论框架下的常用理论时标,并给出相互转换关系;重点阐述针对我国北斗系统的时间频率体系研究、体制设计、工程应用等关键问题,特别对时间频率与卫星导航系统地面、卫星、用户等各部分之间的密切关系进行了较深入的理论分析。

卫星导航系统本质上是一种高精度的时间频率测量系统,通过对时间信号的测量实现精密测距,进而实现高精度的定位、导航和授时服务。《卫星导航精密时间传递系统及应用》以卫星导航系统中的时间为切入点,全面系统地阐述卫星导航系统中的高精度时间传递技术,包括卫星导航授时技术、星地时间传递技术、卫星双向时间传递技术、光纤时间频率传递技术、卫星共视时间传递技术,以及时间传递技术在多个领域中的应用案例。

空间导航信号是连接导航卫星、地面运行控制系统和用户之间的纽带,其质量的好坏直接关系到全球卫星导航系统(GNSS)的定位、测速和授时性能。《GNSS空间信号质量监测评估》从卫星导航系统地面运行控制和测试角度出发,介绍导航信号生成、空间传播、接收处理等环节的数学模型,并从时域、频域、测量域、调制域和相关域监测评估等方面,系统描述工程实现算法,分析实测数据,重点阐述低失真接收、交替采样、信号重构与监测评估等关键技术,最后对空间信号质量监测评估系统体系结构、工作原理、工作模式等进行论述,同时对空间信号质量监测评估应用实践进行总结。

北斗系统地面运行控制系统建设与维护是一项极其复杂的工程。地面运行控制系统的仿真测试与模拟训练是北斗系统建设的重要支撑。《卫星导航地面运行控制系统仿真测试与模拟训练技术》详细阐述地面运行控制系统主要业务的仿真测试理论与方法,系统分析全球主要卫星导航系统地面控制段的功能组成及特点,描述地面控制段一整套仿真测试理论和方法,包括卫星导航数学建模与仿真方法、仿真模型的有效性验证方法、虚-实结合的仿真测试方法、面向协议测试的通用接口仿真方法、复杂仿真系统的开放式体系架构设计方法等。最后分析了地面运行控制系统操作人员岗前培训对训练环境和训练设备的需求,提出利用仿真系统支持地面操作人员岗前培训的技术和具体实施方法。

卫星导航信号严重受制于地球空间电离层延迟的影响,利用该影响可实现电离层变化的精细监测,进而提升卫星导航电离层延迟修正效果。《卫星导航电离层建模与应用》结合北斗系统建设和应用需求,重点论述了北斗系统广播电离层延迟及区域增强电离层延迟改正模型、码偏差处理方法及电离层模型精化与电离层变化监测等内容,主要包括北斗全球广播电离层时延改正模型、北斗全球卫星导航差分码偏差处理方法、面向我国低纬地区的北斗区域增强电离层延迟修正模型、卫星导航全球广播电离层模型改进、卫星导航全球与区域电离层延迟精确建模、卫星导航电离层层析反演及扰动探测方法、卫星导航定位电离层时延修正的典型方法等,体系化地阐述和总结了北斗系统电离层建模的理论、方法与应用成果及特色。

卫星导航终端是卫星导航系统服务的端点,也是体现系统服务性能的重要载体,所以卫星导航终端本身必须具备良好的性能。《卫星导航终端测试系统原理与应用》详细介绍并分析卫星导航终端测试系统的分类和实现原理,包括卫星导航终端的室内测试、室外测试、抗干扰测试等系统的构成和实现方法以及我国第一个大型室外导航终端测试环境的设计技术,并详述各种测试系统的工程实践技术,形成卫星导航终端测试系统理论研究和工程应用的较完整体系。

卫星导航系统 PNT 服务的精度、完好性、连续性、可用性是系统的关键指标,而卫星导航系统必然存在卫星轨道误差、钟差以及信号大气传播误差,需要增强系统来提高服务精度和完好性等关键指标。卫星导航增强系统是有效削弱大多数系统误差的重要手段。《卫星导航增强系统原理与应用》根据国际民航组织有关全球卫星导航系统服务的标准和操作规范,详细阐述了卫星导航系统的星基增强系统、地基增强系统、空基增强系统以及差分系统和低轨移动卫星导航增强系统的原理与应用。

与卫星导航增强系统原理相似,实时动态(RTK)定位也采用差分定位原理削弱各类系统误差的影响。《GNSS网络RTK技术原理与工程应用》侧重介绍网络RTK技术原理和工作模式。结合北斗系统发展应用,详细分析网络RTK定位模型和各类误差特性以及处理方法、基于基准站的大气延迟和整周模糊度估计与北斗三频模糊度快速固定算法等,论述空间相关误差区域建模原理、基准站双差模糊度转换为非差模糊度相关技术途径以及基准站双差和非差一体化定位方法,综合介绍网络RTK技术在测绘、精准农业、变形监测等方面的应用。

GNSS精密单点定位(PPP)技术是在卫星导航增强原理和RTK原理的基础上发展起来的精密定位技术,PPP方法一经提出即得到同行的极大关注。《GNSS精密单点定位理论方法及其应用》是国内第一本全面系统论述GNSS精密单点定位理论、模型、技术方法和应用的学术专著。该书从非差观测方程出发,推导并建立BDS/GNSS单频、双频、三频及多频PPP的函数模型和随机模型,详细讨论非差观测数据预处理及各类误差处理策略、缩短PPP收敛时间的系列创新模型和技术,介绍PPP质量控制与质量评估方法、PPP整周模糊度解算理论和方法,包括基于原始观测模型的北斗三频载波相位小数偏差的分离、估计和外推问题,以及利用连续运行参考站网增强PPP的概念和方法,阐述实时精密单点定位的关键技术和典型应用。

GNSS信号到达地表产生多路径延迟,是GNSS导航定位的主要误差源之一,反过来可以估计地表介质特征,即GNSS反射测量。《GNSS反射测量原理与应用》详细、全面地介绍全球卫星导航系统反射测量原理、方法及应用,包括GNSS反射信号特征、多路径反射测量、干涉模式技术、多普勒时延图、空基GNSS反射测量理论、海洋遥感、水文遥感、植被遥感和冰川遥感等,其中利用BDS/GNSS反射测量估计海平面变化、海面风场、有效波高、积雪变化、土壤湿度、冻土变化和植被生长量等内容都是作者的最新研究成果。

伪卫星定位系统是卫星导航系统的重要补充和增强手段。《GNSS伪卫星定位系统原理与应用》首先系统总结国际上伪卫星定位系统发展的历程,进而系统描述北斗伪卫星导航系统的应用需求和相关理论方法,涵盖信号传输与多路径效应、测量误差模型等多个方面,系统描述GNSS伪卫星定位系统(中国伽利略测试场测试型伪卫星)、自组网伪卫星系统(Locata伪卫星和转发式伪卫星)、GNSS伪卫星增强系统(闭环同步伪卫星和非同步伪卫星)等体系结构、组网与高精度时间同步技术、测量与定位方法等,系统总结GNSS伪卫星在各个领域的成功应用案例,包括测绘、工业控制、军事导航和 GNSS 测试试验等，充分体现出 GNSS 伪卫星的"高精度、高完好性、高连续性和高可用性"的应用特性和应用趋势。

GNSS 存在易受干扰和欺骗的缺点，但若与惯性导航系统(INS)组合，则能发挥两者的优势，提高导航系统的综合性能。《高精度 GNSS/INS 组合定位及测姿技术》系统描述北斗卫星导航/惯性导航相结合的组合定位基础理论、关键技术以及工程实践，重点阐述不同方式组合定位的基本原理、误差建模、关键技术以及工程实践等，并将组合定位与高精度定位相互融合，依托移动测绘车组合定位系统进行典型设计，然后详细介绍组合定位系统的多种应用。

未来 PNT 应用需求逐渐呈现出多样化的特征，单一导航源在可用性、连续性和稳健性方面通常不能全面满足需求，多源信息融合能够实现不同导航源的优势互补，提升 PNT 服务的连续性和可靠性。《多源融合导航技术及其演进》系统分析现有主要导航手段的特点、多源融合导航终端的总体构架、多源导航信息时空基准统一方法、导航源质量评估与故障检测方法、多源融合导航场景感知技术、多源融合数据处理方法等，依托车辆的室内外无缝定位应用进行典型设计，探讨多源融合导航技术未来发展趋势，以及多源融合导航在 PNT 体系中的作用和地位等。

卫星导航系统是典型的军民两用系统，一定程度上改变了人类的生产、生活和斗争方式。《卫星导航系统典型应用》从定位服务、位置报告、导航服务、授时服务和军事应用 5 个维度系统阐述卫星导航系统的应用范例。"天上好用，地上用好"，北斗卫星导航系统只有服务于国计民生，才能产生价值。

海洋定位、导航、授时、报文通信以及搜救是北斗系统对海事应用的重要特色贡献。《北斗卫星导航系统海事应用》梳理分析国际海事组织、国际电信联盟、国际海事无线电技术委员会等相关国际组织发布的 GNSS 在海事领域应用的相关技术标准，详细阐述全球海上遇险与安全系统、船舶自动识别系统、船舶动态监控系统、船舶远程识别与跟踪系统以及海事增强系统等的工作原理及在海事导航领域的具体应用。

将卫星导航技术应用于民用航空，并满足飞行安全性对导航完好性的严格要求，其核心是卫星导航增强技术。未来的全球卫星导航系统将呈现多个星座共同运行的局面，每个星座均向民航用户提供至少 2 个频率的导航信号。双频多星座卫星导航增强技术已经成为国际民航下一代航空运输系统的核心技术。《民用航空卫星导航增强新技术与应用》系统阐述多星座卫星导航系统的运行概念、先进接收机自主完好性监测技术、双频多星座星基增强技术、双频多星座地基增强技术和实时精密定位技术等的原理和方法,介绍双频多星座卫星导航系统在民航领域应用的关键技术、算法实现和应用实施等。

本丛书全面反映了我国北斗系统建设工程的主要成就,包括导航定位原理,工程实现技术,卫星平台和各类载荷技术,信号传输与处理理论及技术,用户定位、导航、授时处理技术等。各分册:虽有侧重,但又相互衔接;虽自成体系,又避免大量重复。整套丛书力求理论严密、方法实用,工程建设内容力求系统,应用领域力求全面,适合从事卫星导航工程建设、科研与教学人员学习参考,同时也为从事北斗系统应用研究和开发的广大科技人员提供技术借鉴,从而为建成更加完善的北斗综合 PNT 体系做出贡献。

最后,让我们从中国科技发展史的角度,来评价编撰和出版本丛书的深远意义,那就是:将中国卫星导航事业发展的重要的里程碑式的阶段永远地铭刻在历史的丰碑上!

杨元喜

2020 年 8 月

　　卫星导航系统作为提供定位、导航与授时服务的重要基础设施,服务于各行各业,其中最具有代表性的是美国的 GPS、俄罗斯的 GLONASS、欧盟的 Galileo 和中国的 BDS。其中,中国的北斗三号全球卫星导航系统已于 2020 年正式建成并投入运行,卫星导航系统进入四大导航系统相互竞争、相互补充的 GNSS 时代。

　　航空航天、无人驾驶、测量测绘、地理信息、灾害监测、精准农业、气象预测等领域对卫星导航系统的精度、完好性、可用性及连续性要求越来越高。然而,在过去 30 年里,卫星导航系统多次发生信号质量问题,导致导航系统服务性能下降,甚至不能正常工作,这严重影响了导航系统的完好性和可用性。基于大口径高增益天线的导航信号低失真接收技术,以及多层次高精度信号质量监测评估技术,由于在信号体制设计与测试、导航星地对接测试与评估、导航卫星在轨测试以及 GNSS 监测评估、卫星导航频率协调、卫星导航系统兼容互操作等方面具有重要应用价值,近年来受到了国内外的广泛关注,已成为卫星导航测试评估领域的研究热点。

　　导航信号建模与仿真、导航信号低失真接收技术、导航信号采集-存储-回放技术和导航信号质量监测评估技术是当前国内外研究的前沿。本书作者一直工作在卫星导航系统建设和测试评估领域一线,在信号质量监测评估方面的研究得到了实验室基金课题、国防预研课题、"863"课题、重大国家工程任务的支持,积累了大量的理论知识和实践经验。主要科研成果如导航信号低失真接收与处理、导航信号采集存储理论、多域信号质量监测评估等反映了本学科的核心技术研究动态。

　　本书的主要特色如下:

　　(1)从地面运控和系统测试角度对信号质量监测评估理论和系统进行了全面论述。

　　(2)系统梳理了基于高增益天线接收、导航信号低失真接收与处理、导航信号采集存储、导航信号质量监测评估理论与方法。

　　(3)深入总结了多域导航信号质量监测评估方法,以及工程应用技术和应用服务模式。

　　本书主要面向导航信号体制设计、导航系统测试评估以及导航地面运控系统建设等领域的读者,力图反映国内外该领域的理论方法与工程技术进展,并对未来的研究方向进行分析研判。

　　本书主要由蔚保国研究员、杨建雷高级工程师、罗显志研究员和刘亮工程师共同撰写,蔚保国研究员和杨建雷高级工程师负责了全书的统稿工作,李硕工程师和郎兴康工程师整理了缩略语和参考文献。

　　衷心感谢国防工业出版社和卫星导航系统与装备技术国家重点实验室对本书撰写工作的大力支持!

　　由于水平有限,书中难免存在疏漏或不当之处,敬请广大读者批评指正。

作者

2020 年 8 月

目　录

第1章 绪 论

◢ 1.1 引 言

长期以来,人类一直在探索能够使自己达到遥远目的地的各种巧妙的导航定位方法。尤其是随着科技的发展,基于无线电技术的无线电导航系统被广泛使用,极大地改善了导航定位精度。随着人造地球卫星技术的出现,基于卫星的导航技术逐渐登上历史舞台。从子午仪导航系统开始,迄今为止,涌现出 4 大全球卫星导航系统(GNSS),分别是美国的全球定位系统(GPS)、欧盟的 Galileo 系统、俄罗斯的全球卫星导航系统(GLONASS)和中国的北斗卫星导航系统(BDS)。

纵观导航系统的发展历程,随着系统的发展,导航卫星的功能也越来越多,其所能提供的精度也越来越高,系统也越来越复杂。以 GPS 为例,迄今为止,为 GPS 研制的卫星已经有 8 组(Block)。按照时间顺序划分,分别为:①导航技术卫星(NTS);②Block Ⅰ卫星;③Block Ⅱ卫星;④Block ⅡA 卫星;⑤Block ⅡR 卫星;⑥Block ⅡRM 卫星;⑦Block ⅡF 卫星;⑧Block Ⅲ卫星。

导航卫星需要发射无线电导航信号,以便地面接收机实现定位、导航和授时功能。在系统设计时,各大导航系统都设计了多个信号频段,并在不同频段上播发不同服务类型的导航信号。如 GPS 卫星具有 L1、L2、L5 3 个频点,Galileo 系统具有 E1、E5、E6 3 个频点,GLONASS 具有 L1、L2、L3 3 个频点,我国的北斗系统具有 B1、B2、B3 3 个频点。播发更多不同服务类型的导航信号是各大导航系统现代化的主要特征,这增加了导航卫星的设计复杂度。

在卫星导航系统建设初期,系统建设的重点主要集中在系统的可用性上,即保证系统能够播发导航信号和保证地面设备能够接收到导航信号,并进行测量和定位。随着系统的建设和发展,导航信号质量逐渐变得越来越重要。考虑到卫星导航在各行各业应用越来越广泛,一旦导航系统出现故障,会带来不可估量的损失。因此,各国卫星导航系统建设中在导航信号质量监测方面都投入了很大精力。

◢ 1.2 导航卫星信号异常事件

在 1993 年 3 月,美国天宝导航有限公司(Trimble Navigation Limited)的研究人员发现,如果定位数据中不包含 GPS 空间飞行器编号(SVN)19 卫星的数据,定位精度可以达到 50cm,而包含 SVN19 卫星的数据,则定位精度会降到 3 ~ 8m[1-2]。同年 7 月,利兹(Leeds)大学监测到了 SVN19 卫星异常信号的功率谱与时域波形[3],时域中 C/A 码与 P 码码沿明显没有对齐,通过发送控制指令使得卫星切换到备份通道上,最终于 1994 年 1 月信号恢复正常。这次事件被认为是信号质量监测研究的起因。

GPS SVN49 卫星也曾经发生过信号质量异常,经过 GPS 地面系统控制人员的详细排查,最终查明是电缆与天线接口不匹配导致 L1 和 L2 两个频点的信号出现泄漏,泄漏的信号在 1176.45MHz 频点信号通道的模拟器件上产生反射,形成多径干扰,最终造成 30ns 左右的延迟[4-5]。此外,GPS SVN48 卫星发射 L1 C/A 信号时也出现过异常,后来排查的结果是发射的载荷数字调制部分产生故障,使信号的码相位与载波相位之间产生偏差[6]。

不仅国外卫星导航系统,我国北斗卫星导航系统在建设过程中也发生过多起信号质量事件,其中最典型的是 BeiDou-2 中圆地球轨道(MEO)-1 卫星的故障事件:在卫星在轨运行 3 年后的 2010 年 4 月,Septentrio 公司的技术人员在德国宇航中心(DLR)相关导航信号监测设备的辅助下,发现了 MEO-1 卫星的频率出现异常,并报道了此次异常的监测结果和原因分析,推测的原因是星上信号生成载荷的频率标定单元出现故障[7]。造成此故障的直接原因是单粒子翻转(SEU)现象,即由于空间辐射的影响,相应器件产生数字信号的突变,从而产生错误,这种故障已成为星载数字电路中的常见错误,严重影响了卫星播发的导航信号质量,进而影响卫星导航系统提供服务的性能[8-9]。

此外,Galileo 系统也发生过多起信号质量异常事件,如:Galileo 试验星 GIOVE A&B 信号功率谱出现不对称现象[10-11];2017 年 1 月,在轨运行的 18 颗 Galileo 卫星中,有 9 部星钟停止运行;2019 年 7 月 10 日至 16 日,Galileo 系统电文信息停止更新,导致 Galileo 系统瘫痪。

综上所述,各大卫星导航系统在建设或运营过程中都曾出现过信号质量异常事件,有些甚至产生了破坏性的影响。因此,各大卫星导航系统在导航信号质量监测方面都有了很大投入。下面介绍国内外的主要信号质量监测设施。

▲ 1.3 国内外主要信号质量监测设施

鉴于信号质量监测的必要性,针对性地建设信号质量监测系统尤为重要,信号质量监测系统可以完成对卫星导航系统信号播发状态的实时监测,并保证系统提供服务的可靠性和连续性。这其中比较有代表性的是斯坦福大学建设的 GPS 实验室,首次使用大口径天线完成了对 GPS 信号质量异常的监测[12]。此外,在 Galileo 卫星导航系统建设中,也依托欧洲空间技术研究中心完成了 Galileo 卫星播发的导航信号的质量监测任务。此外,其他一些科研机构也纷纷建设相应的导航信号质量监测系统,例如,英国齐尔伯顿(Chilbolton)天文台、欧洲空间局(ESA)、德国宇航中心

（DLR）[13]和荷兰诺德维克监测站等。信号质量监测系统的基本组成包括大口径天线、标准仪器（频谱仪、矢量信号分析仪和示波器等）、导航信号监测接收机和信号采集回放设备，借助专门开发的信号质量监测分析软件，利用实时接收处理和离线分析评估两种手段，完成对导航信号的全方位多层次的测试评估。

1.3.1　美国西弗吉尼亚 Green Bank 信号监测系统

位于美国西弗吉尼亚（West Virginia）的 Green Bank 射电天文望远镜曾经是世界上最大的抛物面射电天文望远镜，口径为110m，如图1.1所示。美国在 GPS SVN19 卫星出现异常后，曾经使用该天文望远镜监测 GPS 导航卫星。由于其在 L 频段的增益高达70dB，因此能够在时域直接恢复 I/Q 分量导航信号，并在调制域直接观测 I/Q 分量的码一致性[14]，如图1.2所示。

图 1.1　Green Bank 射电天文望远镜改装的 GPS 信号监测系统

图 1.2　Green Bank 信号监测系统观测结果（见彩图）

1.3.2　美国斯坦福大学的信号监测系统

该系统可对 GPS 信号频域、时域、测量域等相关指标参数进行长期监测，以确保能够迅速发现 GPS 卫星信号播发链路发生的故障和异常。

作为最早开展导航信号质量监测评估的机构，美国斯坦福大学成立了专用的 GPS 实验室，实验室的主要职能是完成 GPS 信号体制的研究和系统信号健康状态的监测评估。GPS 实验室为了能够更加精确地观测卫星导航信号，建设了一个名为斯坦福 GNSS 监测站的卫星导航信号监测系统，其组成如图1.3所示[15]。除了小口径定向天线外，此系统信号的采集是利用斯坦福大学的一个45.7m（图1.4，增益52dB）的大型抛物面天线。图1.5所示为利用该系统恢复出的卫星导航信号码片波形。轰动一时的"高杏欣解密北斗事件"正是使用该天线完成的[16-18]。

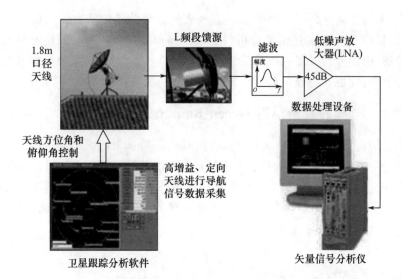

图 1.3　斯坦福 GNSS 监测站卫星导航信号监测系统

图 1.4　斯坦福大学大型抛物面天线

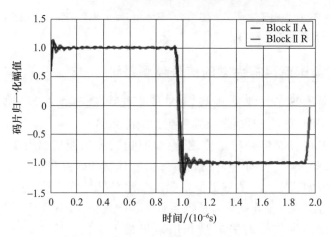

图 1.5　导航信号时域码片波形(见彩图)

1.3.3 英国齐尔伯顿信号监测系统

英国齐尔伯顿信号监测系统部署在英国齐尔伯顿,是依托齐尔伯顿天文台建设的 Galileo 卫星信号测试平台,建设之初主要完成 GIOVE A/B 卫星的在轨信号测试[19]。系统组成如图 1.6 所示,使用的天线包括大口径定向天线和小口径全向天线,25m 直径的高增益抛物面天线完成原始层信号的采集分析,而普通的 Galileo 全向天线接收机则完成接收层信号的测量,频带范围包括 1.1 ~ 1.6GHz 的全部下行导航信号频段,另外还包括高增益功率放大器、功分器、频谱分析仪、示波器、数据采集设备、Galileo 测试接收机等设备。英国齐尔伯顿信号监测系统可以从多个层面完成 Galileo 试验卫星的信号质量分析,借助标准仪器,可以完成信号载波频率、功率谱、带内带外谐波、信号功率稳定度、极化纯度、信号带宽等相关频域指标测试。借助相应的信号采集接收平台可以完成各信号分量间的功率分配情况、相位一致性、伪码互相关性及导频码和数据码正交性等指标的测试。除此之外,该系统在比利时的勒迪和英国的吉尔福德还设有全向天线监测站,完成可见卫星的实时信号监测,一旦发现卫星异常,则立即报警,由系统中心利用定向天线进行精细化评估。测量数据在所有的测试站之间进行交换,并储存起来,然后通过虚拟专用网络访问公共服务器进行深入的后续处理。为了支持关键的系统运行阶段,还启动了话音/视频环路,用于各测试站之间的协调。卫星遥测数据实时传送到在轨测试站,专家可以直接观察测试中的有效载荷状态。有效载荷的配置要求和时间安排通过齐尔伯顿天文台的工作小组进行协调,然后上传到航天器进度表文件,而两个在轨测试站则根据测量进度表完成测量。

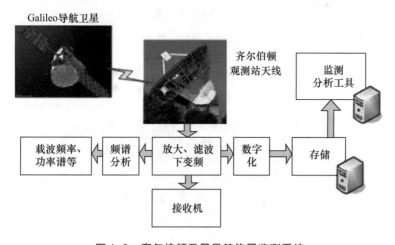

图 1.6 齐尔伯顿卫星导航信号监测系统

作为 Galileo 试验卫星在轨测试的重要组成部分,该系统可以从多个维度对 Galileo 导航信号质量进行监测评估,辅助地面运控中心完成卫星在轨操作和调整。除此之外,英国齐尔伯顿信号监测系统也可以作为科学研究平台,在分析 Galileo 系统信号质量的同时,对 GPS 信号质量特性进行分析研究。

1.3.4　德国宇航中心通信导航研究所的 GNSS 信号试验验证系统

德国宇航中心通信导航研究所位于德国威尔海姆市,在 2005 年该所对已有的 30m 大口径高增益天线进行了改造,并新增了导航信号接收设备,完成了 GNSS 信号质量试验验证系统的建设,如图 1.7 所示。30m 口径的天线在 L 频段的增益可以达到 52dB 左右,如图 1.8 所示。

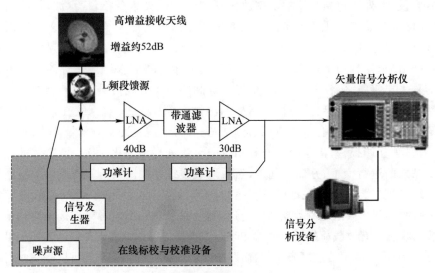

LNA—低噪声放大器。

图 1.7　德国宇航中心通信导航研究所 GNSS 信号试验验证系统

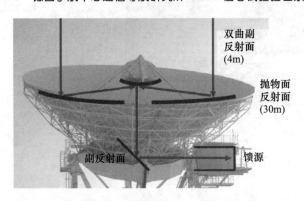

图 1.8　德国宇航中心通信导航研究所 30m 抛物面高增益天线(见彩图)

德国宇航中心通信导航研究所特别注重信号接收采集链路的设计,尽可能降低链路失真对信号的影响,在大口径天线后端配备了高性能的耦合器、功分器等射频器件,并在标校链路配备了矢量网络分析仪和功率计等仪器,保证链路增益的稳定和通道特性的良好。在射频链路完成导航信号低失真的接收恢复后，后端的 GNSS 信号验证评估设备中的软件可以对下行接收信号的频点和带宽进行灵活配置，完成对不同信号不同指标的接收处理。能达到的关键指标包括：①可以同时完成 4 路信号的实时变频采集处理；②信号数据实时采集存储处理频率达到 120MHz，能够完成带宽 60MHz 的宽带导航信号的无混叠采集；③能够对数据进行采集回放，最长存储回放数据时间为 80min；④设备的软件均完成自动化运行，并实现有人值班、无人值守的常态化运行状态。

德国宇航中心通信导航研究所的 GNSS 信号试验验证设备不仅完成了 Galileo 试验卫星在轨测试任务，还对 GPS 卫星信号的性能进行分析评估，并定期发布相应的分析报告，该设备如图 1.9 所示。

图 1.9　德国宇航中心通信导航研究所 GNSS 信号试验验证设备

1.3.5　意大利 NavCom 实验室的 GNSS 信号监测系统

意大利 GNSS 信号监测系统主要依托 NavCom 实验室，主要职能与其他信号质量监测系统一致，完成对 GNSS 导航信号的接收与监测，并对监测结果进行分析评估，其组成框图如图 1.10 所示。基本组成包括大口径的高增益天线、GNSS 全向天线、通用标准仪器（频谱分析仪和矢量信号分析仪等）、信号数据采集分析设备及监测接收机。从工作模式上划分，可以分为信号实时监测、信号离线分析与用户服务质量评估。信号实时监测利用标准仪器完成对卫星信号的实时监测接收；信号离线分析利用信号数据采集分析设备完成信号采集和相应信号质量测试软件的离线处理；用户服务质量评估利用监测接收机，完成对 GNSS 服务性能的测试评估。

意大利 GNSS 信号监测系统的基本组成与其他信号质量监测系统类似，一方面完成 GNSS 导航信号的实时监测和离线分析，另一方面实现科学试验平台的功能，完成对导航信号服务性能的测试评估，并为未来的导航系统建设提供思路。

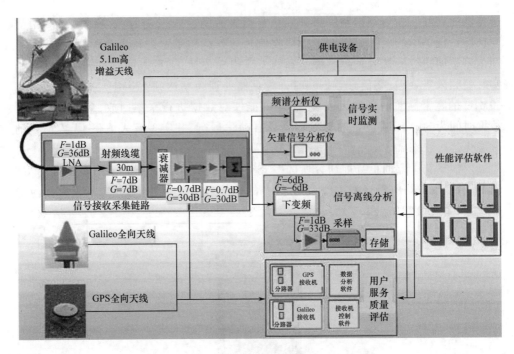

图 1.10　意大利 NavCom 实验室信号监测系统

1.3.6　日本电子导航研究所的信号质量监测系统

日本信号质量监测系统是在日本民航局的经费支持下,由日本电子导航研究所完成建设的,主要职能是为民航局提供导航信号完好性监测,并研究地基增强系统(GBAS)和星基增强系统(SBAS)等相关增强技术,该研究所的信号监测系统如图 1.11 所示。该系统对接收信号进行实时接收监测,一旦发现信号伪距异常或相关峰畸变,马上告警,便于用户对故障卫星进行规避。

图 1.11　日本电子导航研究所信号监测系统

1.3.7 国内主要 GNSS 信号质量监测系统

中国电子科技集团公司第五十四研究所、中国科学院国家授时中心、国防科技大学、北京航空航天大学等单位开展了 GNSS 空间信号质量监测工作。

中国电子科技集团公司第五十四研究所卫星导航系统与装备技术国家重点实验室于 2018 年 2 月建立了国际 GNSS 监测评估系统(iGMAS)监测评估中心(石家庄),开展 GNSS 空间信号在线实时监测和服务性能评估。该中心包含 15m 口径天线、2.4m 口径天线、全向抗多径高精度天线、高精度信号质量监测设备、监测接收机、数据采集设备、数据处理与评估设备、时间共视比对设备、标校与验证设备、数据交换设备、综合显示与输出设备、通信网络设备等,如图 1.12 所示。

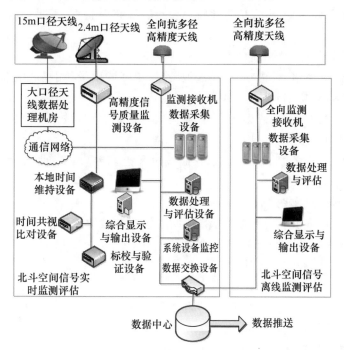

图 1.12 卫星导航系统与装备技术国家重点实验室 GNSS 空间信号质量监测评估系统

该系统通过大口径高增益天线、小口径中等增益天线和全向天线协同工作模式,实现卫星导航系统粗测、精测、巡检、高精度分析等任务。监测评估内容包含星座状态、导航信号质量、导航信息性能和服务性能 4 个方面。星座状态监测评估指标包含单星工作状态、星座精度衰减因子(DOP)值、星座可用性和轨道根数;导航信号质量监测评估从频域、时域、相关域、测量域和调制域五维域对空间信号质量开展监测评估;导航信息性能监测评估指标包含广播轨道误差、广播钟差误差、广播电离层参数精度、用户测距误差(URE)等;服务性能监测评估指标包含定位精度、授时精度、完好性、连续性和可用性等。同时,该中心具备生成小时频度、天频度监测评估产品并提供服务的能力。

1.4 信号质量监测评估的类型

空间信号质量监测评估按监测能力可分为Ⅰ类、Ⅱ类和Ⅲ类监测。其中Ⅰ类监测主要指通过大口径抛物面天线定向接收一颗卫星信号,实现导航信号时域、频域、相关域、调制域、测量域等层面的导航信号质量监测;Ⅱ类监测指通过大口径抛物面天线或小口径抛物面天线定向接收一颗卫星信号,实现测距一致性、伪距监测、载波相位监测、通道间时延、功率监测、相关峰畸变监测、电文信息比特等层面的信号质量监测;Ⅲ类监测指通过全向天线对全空域的导航卫星信号进行接收,实现伪距、载波相位、功率、相关峰畸变、电文信息比特、定位精度、授时精度、卫星位置、自主完好性等方面的监测。

Ⅰ类监测评估能力项目包括:

(1)频域:功率谱、带内功率、单载波功率、单载波质量(相噪、载波抑制、带内杂散、谐波功率、带外功率)。

(2)时域:眼图、扩频码误码率、扩频码时域波形、信号波形失真、波形正电平和负电平持续时间偏差。

(3)相关域:相关峰、相关损失、S曲线过零点偏差(SCB)曲线、恒包络复用效率、鉴相器斜率失真。

(4)调制域:星座图。

(5)测量域:载波相位关系、码相位一致性、码与载波相干性、信号间功率比。

(6)扩频码码片(含长码)错误检测。

(7)信号功率稳定度评估。

Ⅱ类监测评估能力项目包括:

(1)导航信号在不同鉴相方法、鉴相参数下测距一致性。

(2)导航信号相关峰畸变。

(3)导航信号功率(载噪比)变化。

(4)导航电文符号(信道编码解码前)错误检测、电文信息比特错误检测。

(5)导航信号不同接收带宽下测距性能对比。

Ⅲ类监测评估能力项目包括:

(1)信号伪距、载波相位测量值异常监测。

(2)信号功率(载噪比)异常监测。

(3)信号相关峰畸变监测。

(4)导航电文信息比特错误监测。

(5)位置、速度和时间(PVT)解算功能,精度评估及授时功能。

(6)BDS、GPS、Galileo系统、GLONASS导航卫星空间位置监测。

（7）通过接收机自主完好性监测（RAIM）功能检测卫星状态异常。

◤ 1.5　信号质量监测评估的作用

GNSS 空间信号质量监测评估服务于卫星导航系统全生命周期，是卫星导航服务性能保障的核心环节：一方面服务于导航系统，为导航系统组网及高质量服务提供保障，包括卫星研制阶段信号体制的设计与测试、卫星发射前星地对接测试、卫星服务前在轨测试和在轨服务阶段连续性监测；另一方面，服务不同类型用户，为导航系统的安全使用提供有效保障，主要包括向用户推送监测评估信息以及导航系统服务异常情况下的完好性告警等。

具体示例列举如下：

（1）在 1993 年 10 月，美国 GPS SVN19 卫星出现信号异常。通过地面频谱分析仪对信号功率谱进行分析，发现 1575.42MHz 频点的 L1 C/A 信号功率谱出现明显的载波泄漏：信号的主瓣包络产生 11dB 的尖峰，且功率谱出现很明显的不对称性；利用监测接收机进行实时测量，发现 L1 C/A 码与 L1 P(Y) 码严重不同步，产生约 6m 的伪距偏离，当对 L1 频点信息电文进行差分解算时，产生 3~8m 的定位偏差。经过一系列在轨操作调整，最终使卫星定位偏差降低到 25cm 以下，完成了对载波泄漏的抑制。

（2）德国宇航中心通信导航研究所利用其信号质量监测系统，在美国 GPS SVN49 卫星出现问题时，通过 30m 大口径天线链路对信号进行连续接收采集与分析评估，并对相应指标，包括多径延迟、功率、星座图、码相位一致性等进行测试分析，最终分析的结果是 L5 频点星座图存在畸变。经进一步排查，发现 L5 信号混入了 L1、L2 频点的多径信号。

（3）欧盟利用各自空间信号质量监测评估设备，观测了 Galileo 试验卫星信号，发现 1575.42MHz 频点和 1191.795MHz 频点信号出现了功率谱不对称现象，并分析了该现象对用户接收定位的影响，为 Galileo 卫星地面运控系统开展故障排查提供了有价值的参考依据。目前，斯坦福大学和德国宇航研究院已经建立了合作机制，共同对 GPS 和 Galileo 系统信号进行联合监测评估。

（4）在北斗二号卫星、北斗三号试验卫星和北斗三号卫星研制与系统组网过程中，中国电子科技集团公司第五十四研究所研制了卫星载荷地面检测设备、星地对接与在轨测试系统，分别用于载荷研制阶段、卫星发射前、卫星在轨服务前导航信号质量监测评估，为北斗系统的运行提供了高质量的信号保障。

（5）Galileo 系统在协调世界时（UTC）2019 年 7 月 10 日 14 时（北京时间 7 月 10 日 22 时）所有卫星缺少广播星历，故障时间超过 100h，在此期间，iGMAS 监测评估中心和欧洲全球导航卫星系统管理局负责 Galileo 系统服务的欧洲 GNSS 服务中心均发布了告警信息，为 Galileo 用户提供了安全告警信息，保障了用户安全使用需求。

◣ 1.6 本书的研究内容

导航信号作为导航电文的载体,其质量优劣直接决定了卫星导航系统的服务性能,一旦导航信号在信号接收解调层面出现问题,会直接影响伪距测距、载波测距和定位解算的精度,最终导致用户在定位、导航、授时等方面的服务体验下降。针对卫星导航信号质量分析评估面临的挑战,本书提出 GNSS 空间信号质量监测评估技术,通过高增益天线和低失真信号采集和处理设备,最大限度地克服干扰和多径对信号造成的影响,在正信噪比条件下从信号时域、频域、调制域、相关域、测量域,对信号原始层和信号接收层进行详细分析,从而发现导航信号存在的异常,并定位导航卫星载荷可能存在的数字电路故障或模拟通道失真。除此之外,信号质量监测系统还可以联合多个卫星导航系统进行比对分析,评估多卫星导航系统的兼容与互操作性能。本书涉及的低失真接收技术、高速采集存储回放技术、高性能实时信号接收处理技术、复杂场景下信号服务性能测试评估技术、多层次全方位评估验证技术等关键技术,已在北斗二号、北斗三号相关地面试验测试系统中得到验证,达到了国内先进水平。这些技术是科学研究和工程实践经验的总结和提炼,有着较高的学术水平和工程价值,能够为未来卫星导航系统的建设或升级提供启发和参考。

📖 参考文献

［1］ ENGE P K,PHELTS R E,MITELMAN A M. Detecting anomalous signals from GPS satellites［C］// Global Navigation Satellite System Panel Meeting,Toulouse,France,October 18-29,1999.

［2］ EDGAR C,CZOPEK F,BARKER B. A co-operative anomaly resolution on PRN-19［C］//Proceedings of ION GPS 1999,Nashville,USA,September 14-17,1999:2269-2271.

［3］ PHELTS R E. Multicorrelator techniques for robust mitigation of threats to GPS signal quality［D］. Palo Alto:Stanford University,2001.

［4］ COL D G. Global positioning systems wing GPS IIR-20(SVN-49)information［EB/OL］.［2010-01-25］. https://rosap. ntl. bts. gov/view/dot/17591.

［5］ RICHARD LANGLEY. The SVN49 pseudorange error［J］. GPS World,2009,20(8):8-12.

［6］ O'HANLON B W,PSIAKI M L,POWELL S P,et al. Carrier-phase anomalies on SVN-48［J］. GPS World,2010,21(6):27.

［7］ INSIDE GNSS. Septentrio reports frequency spikes in compass M1 satellite signals［EB/OL］.［2010-04-25］. https://insidegnss. com/septentrio-reports-frequency-spikes-in-compass-m1-satellite-signals/.

［8］ 周飞,李强,信太林,等. 空间辐射环境引起在轨卫星故障分析与加固对策［J］. 航天器环境工程,2012,29(4):392-396.

［9］ 周永彬,邢克飞,王跃科,等. 辐射易敏 SRAM 型 FPGA 在导航卫星中的适用性实验研究［J］.

中国科学:物理学·力学·天文学,2010,40(5):541-545.

[10] GATTI G,FALCONE M,ALPE V,et al. GIOVE-B chilbolton in-orbit test:Initial results from the second galileo satellite[J]. Inside GNSS,2008,3(6):30-35.

[11] SPELAT M,HOLLREISER M,CRISICI M,et al. GIOVE-A signal-in-space test activity at eSTEC [C]//ION GNSS 2006,Fort Worth,USA,September 26-29,2006:981-983.

[12] CHRISTIE J R I,BENTLEY P B,CIBOCI J W,et al. GPS signal quality monitoring system[C]// ION GNSS 2004,Long Beach,USA,September 21-24,2004:2239-2245.

[13] SOELLNER M,KURZHALS C,HECHENBLAIKNER G,et al. GNSS offline signal quality assessment[C]//ION GNSS 2008,Savannah,USA,September 16-19,2008:909-920.

[14] PINI M,AKOS D M. Analysis of GNSS signals using the Robert C. Byrd Green Bank Telescope [J]. Satellite Communications and Navigation Systems,2008:283-290.

[15] GAO G X,SPILKER J,WALTER T,et al. Code generation scheme and property analysis of broadcast Galileo L1 and E6 signals[C]//ION GNSS 2006,Fort Worth,USA,September 26-29,2006:1526-1534.

[16] GAO G X,CHEN A,LO S,et al. Compass-M1 broadcast codes and their application to acquisition and tracking[C]//ION NTM 2008,San Diego,USA,January 28-30,2008:133-141.

[17] GAO G X. Compass-M1 broadcast codes in E2,E5b,and E6 frequency bands[J]. IEEE Journal of Selected Topics in Signal Processing,2009,3(4):599-612.

[18] GAO G X. GNSS over China:the compass MEO satellite codes[J]. Inside GNSS,2007,2(5):36-43.

[19] SOELLNER M,BRIECHLE C,HECHENBLAIKNER G,et al. The BayNavTech(TM) signal experimentation facility (BaySEF(TM)) is ready for assessing GNSS signal performance[C]//ION GNSS 2007,Fort Worth,USA,September 25-28,2007:1065-1072.

第 2 章　GNSS 导航信号模型

◤ 2.1　引　　言

卫星导航接收机通过接收并解析导航卫星发射的无线电信号实现导航、定位和授时,因此卫星导航信号是导航系统与导航接收终端间联系的媒介,是实现导航功能的关键,信号质量监测研究应从卫星导航信号建模开始。

卫星导航信号是一种典型扩频信号,会占用大量的无线电频谱,不同的调制方式使得测距性能不同,所以信号调制方式的建模是信号质量监测研究中首先应解决的问题。应用最为广泛的数字信号调制方式是二进制相移键控(BPSK),这种调制方式的频谱主瓣位于载波中心频点两侧,带宽为伪码速率的两倍。但随着 GPS 的升级与 Galileo 系统的建设,为了满足各系统兼容性要求,欧美研究人员提出了许多新的调制方式,其中比较有代表性的是二进制偏移载波(BOC)调制[1-3],以这种调制方式为基础,又衍生出复用二进制偏移载波(MBOC)调制[4-6]和交替二进制偏移载波(AltBOC)调制[7-9],而这两种调制方式被顺利地应用在 Galileo 卫星 E1 频点和 E5 频点。此外还有二进制编码符号(BCS)[10]、多进制编码符号(MCS)[11]调制方式等,我国研究人员为了打破国外知识产权的壁垒,提出了正交复用二进制偏移载波(QM-BOC)[12]调制、非对称恒包络二进制偏移载波(ACE-BOC)调制[13]等方式。以上这些调制方式的最大特点是:通过调制副载波完成载频与信号频谱主瓣包络的分离,既保证了不同信号的使用要求,又可以实现与现有信号的兼容。本章首先介绍导航信号调制、复用、接收、解调等导航信号基本概念,然后重点针对卫星导航信号质量监测问题,介绍高信噪比条件下导航信号处理模型,并讨论信号传输链路对信号质量的影响。这些概念和分析的结论在后续章节中会频繁出现,理解这些基本概念和建模方法对后续章节的阅读是必要的。

◤ 2.2　导航信号处理基本模型

2.2.1　调制基本原理

传统的卫星导航信号(除旧体制的 GLONASS 信号外)均为基于码分多址(CDMA)原理的直接序列扩展频谱(DSSS)信号。将待发送的信息用伪随机噪声(PRN)码进行频谱扩展,每一颗卫星具有特定的伪码,然后再用副载波与载波进行调制,最后通过天线发射。在卫星导航系统中使用 DSSS 的好处在于利用伪码调制可以借助相关接收实现精密伪距测量,而且在不同伪码下,信号之间可以在同一载频下完成播发。除此之外,DSSS 抑制窄带干扰的效果明显。信号的调制原理如图 2.1 所示。

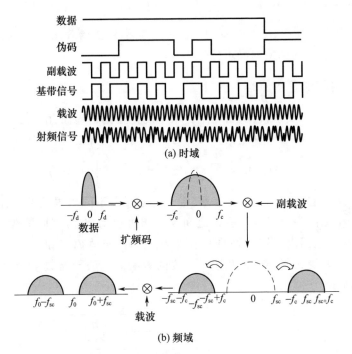

图 2.1　卫星导航信号调制原理

图 2.1 中,数据速率为 f_d,伪码速率为 f_c,副载波与载波频率分别为 f_{sc} 与 f_0。码片速率低的数据与码片速率高的伪码相乘,可以使传输信号带宽增加,信号频谱得到扩展,再经过相应副载波调制,使信号频谱与载波频率实现分离(BOC 调制需要与副载波相乘,BPSK 调制则不需要),最后由载波调制到发射频率处。卫星导航基带信号一般可表示为

$$s(t) = \sum_{n=-\infty}^{\infty} D_n x(t - nT_d) \tag{2.1}$$

式中:D_n 为数据流(单个符号长度 $T_d = 1/f_d$);$x(t)$ 为扩频调制码序列,表达式为

$$x(t) = \omega(t) \sum_{l=-\infty}^{\infty} c_l \phi(t - lT_c) \tag{2.2}$$

式中:$\omega(t)$ 为时间长度为 T_d 的窗函数;c_l 为伪码序列(周期为 N,码片长度为 T_c,码片形状为 $\phi(t)$),记 $T_{code} = NT_c$。数据 D_n 与伪码 c_l 都是由"$+1$"和"-1"组成的序列,所以 $D_n^2 = c_l^2 = 1$。副载波为上面所述的码片波形函数,既可以是矩形的(在码片周期内

是恒定的),也可以是方波,本质上任何形状都是可行的。数据、伪码与副载波相乘共同组成了基带信号,在经过载波调制后,形成射频信号,并通过模拟电路完成发射,信号可用复数形式表示为

$$s_{RF}(t) = \text{Re}\left\{ \sqrt{2P} \sum_{n=-\infty}^{\infty} D_n x(t - nT_d) e^{j(2\pi f_0 t + \theta_0)} \right\} + \eta(t) \qquad (2.3)$$

式中:P 为信号平均功率;f_0、θ_0 分别为载波中心频率和初始载波相位;$\eta(t)$ 为双边带功率谱密度是 $N_0/2$ 的高斯白噪声信号。

2.2.2 接收基本原理

信号从卫星内部发射机发出,经过自由空间传输到达地面,由地面接收机天线完成信号接收,并由接收的硬件电路完成信号处理,接收到的卫星导航信号可以表示为

$$r_{RF}(t) = \text{Re}\left\{ \sum_{i=1}^{L} s_{RF,i}(t - \tau_i) e^{j2\pi f_{D,i} t} \right\} + \eta(t) \qquad (2.4)$$

式中:$s_{RF,i}(t)$ 为来自第 i 颗卫星的信号,用于区分播发不同伪码的卫星;$f_{D,i}$ 为多普勒频率,主要产生原因是卫星与接收机之间存在相对运动;L 为可见星数目,表示地面接收天线在视距范围内能够接收的卫星数量;τ_i 为由于电离层和对流层等因素造成的传输时延,主要受大气环境以及地球纬度的影响。一般导航数字接收机的结构框图如图 2.2 所示。

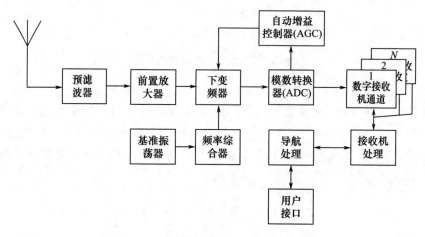

图 2.2 一般导航数字接收机的结构框图

考虑到导航卫星发射信号及其天线特性,在地面接收都是采用接近于半球型增益的右旋圆极化天线,在天线后端一般配备带通滤波器和低噪声放大器,带通滤波器的主要作用是滤除其他频段的干扰,而低噪声放大器主要完成接收信号的放大,而且低噪声放大器的噪声系数也决定了整个接收机的性能。经过滤波和放大后的信号与本地振荡器输出的载波信号进行混频,最终完成中频信号的输出,表示为

$$r_{IF}(t) = [R_{RF}(t) * h(t)] \cdot L_c(t) =$$

$$\mathrm{Re}\left\{ \left[\sum_{i=1}^{L} s_i(t-\tau_i) * h_B(t) \right] \sqrt{2P} \mathrm{e}^{j[2\pi(f_0+f_{D,i})t+\theta_0]} \right\} \cdot$$

$$\mathrm{Re}\left[\sqrt{2} \mathrm{e}^{j[2\pi(f_0-f_{IF})t+\theta_{IF}]} \right] + \eta(t) = \qquad (2.5)$$

$$\mathrm{Re}\left\{ \left[\sqrt{P} \sum_{i=1}^{L} s_i(t-\tau_i) * h_B(t) \right] \mathrm{e}^{j[2\pi(f_{D,i}+f_{IF})t+\theta_0-\theta_{IF}]} \right\} + \eta(t) =$$

$$\sqrt{P} \left[\sum_{i=1}^{L} s_i(t-\tau_i) * h_B(t) \right] \cos(2\pi(f_{D,i}+f_{IF})t+\delta\theta) + \eta(t)$$

式中：$h(t)$ 为射频前端带通滤波器的冲激响应，描述了滤波器的通带特性；$h_B(t)$ 为等效到基带的冲激响应函数；f_{IF} 为中频频率，代表混频后的信号中心频率；θ_{IF} 为本地振荡器引入的载波相位；$\delta\theta = \theta_0 - \theta_{IF}$。

混频器输出的中频模拟信号经过模数转换器（ADC）芯片，完成数字信号的转换。但是考虑到数字信号的位数有限，需要在 ADC 芯片前端对输入信号的幅度进行限制，将信号的幅度控制在 ADC 量化可以接受的范围之内，这种限制的装置称为自动增益控制器（AGC）。数字中频信号分别送入 N 个通道进行处理，每个通道的结构如图 2.3 所示。

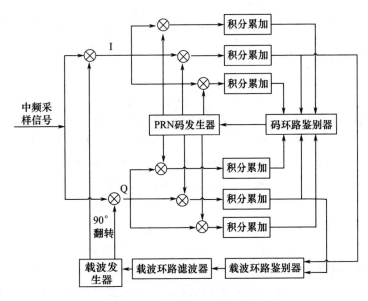

图 2.3　导航数字接收机通道

图 2.3 描述了码跟踪、载波跟踪等功能，这样做的前提是导航信号已经完成初始多普勒和时延的捕获估计，此时接收机各通道可以稳定地完成卫星信号的跟踪接收。接收的基本流程为：首先中频数字信号与载波相乘，完成对载波的剥离，产生同相分量和正交分量信号，再利用码跟踪环路产生的超前、即时和滞后本地采样伪

码进行相关运算,通过环路鉴别器和环路滤波器得到当前码相位的跟踪结果,最终完成信号电文起始位的精准跟踪,最后再进入位同步和帧同步阶段完成导航电文的解析。

2.2.3　自相关函数与功率谱密度

在卫星导航应用中,有两个非常重要的观测指标,分别是自相关函数与功率谱密度,它们直接决定着系统的测距精度下限。不失一般性,以基带信号作为研究对象。自相关是衡量任何一个变量与其自身在时间上偏移后的相似性。由于导航信号不是宽平稳信号,其自相关函数是与时间有关的周期函数,因此时间平均自相关函数为

$$
\begin{aligned}
E[R(\tau)] &= E\left[\frac{1}{T}\int_{-\infty}^{\infty} x(t+\tau)x(t)\,\mathrm{d}t\right] = \\
&\frac{1}{T}\int_{-\infty}^{\infty} E[x(t+\tau)x(t)]\,\mathrm{d}t = \\
&\frac{1}{T}\int_{-\infty}^{\infty}\sum_{l=0}^{N-1}\sum_{k=0}^{N-1} E[c_l c_k]\phi(t+\tau-lT_c)\phi(t-kT_c)\,\mathrm{d}t = \\
&\frac{1}{T}\int_{-\infty}^{\infty}\sum_{l=0}^{N-1}\phi(t+\tau-lT_c)\phi(t-lT_c)\,\mathrm{d}t = \\
&\frac{1}{T_c}\int_{0}^{T_c}\phi(t+\tau)\phi(t)\,\mathrm{d}t = R_\phi(\tau)
\end{aligned}
\tag{2.6}
$$

式中:假设测距码为理想的随机码,即

$$
E[c_l c_k] = \begin{cases} 1 & k = l \\ 0 & \text{其他} \end{cases}
\tag{2.7}
$$

可以看出,在假设测距码为理想随机码的前提下,信号的自相关函数与码片波形自相关函数是等价的,且仅存在一个主瓣,没有旁瓣。由于信号的自相关函数决定着系统定位精度下限,因此改善系统的性能就可以从改进码片波形入手,这也是 GPS 现代化信号及 Galileo 系统信号不断优化其码片波形函数的原因之一。

单个码序列的自相关函数与平均自相关函数是有差别的,有时差别还很大,为了定量评价这种差别,可以计算相关函数的方差,即

$$
\mathrm{Var}[R(\tau)] = E[(R(\tau))^2] - \{E[R(\tau)]\}^2
\tag{2.8}
$$

由于卫星导航信号是周期重复的,随着时间的增加能量会无限大,但功率却是有限的,可以用功率谱来描述信号在频域内的特性,随机信号的功率谱定义为

$$
G_s(f) = \lim_{T\to\infty}\frac{E[|S_T(f)|^2]}{T}
\tag{2.9}
$$

式中:$S_T(f)$ 为信号 $s(t)$ 的截断样本的傅里叶变换;T 为截断时间长度。此外,信号功率谱密度函数也可以由自相关函数的傅里叶变换得到。下面以调制了伪码的信号为例,推导功率谱密度的表达式。设截断时间足够长,$T = MT_d = MNT_c$,其中 M 为数据

位数，N 为单个数据位中包含的码片周期数。忽略噪声的影响，则截断信号可以表示为

$$s_T(t) = \sum_{n=0}^{M-1} D_n x(t - nT_{\mathrm{d}}) = \sum_{n=0}^{M-1} D_n \delta(t - nT_{\mathrm{d}}) * x(t) \qquad (2.10)$$

式中：$\delta(t)$ 为冲激函数；$s_T(t)$ 的傅里叶变换为

$$S_T(f) = \mathrm{FT}\left(\sum_{n=0}^{M-1} D_n \delta(t - nT_{\mathrm{d}}) * x(t) \right) =$$

$$\sum_{n=0}^{M-1} \mathrm{FT}(D_n \delta(t - nT_{\mathrm{d}})) \cdot \mathrm{FT}(x(t)) =$$

$$\sum_{n=0}^{M-1} \left(\int_{-\infty}^{\infty} D_n \delta(t - nT_{\mathrm{d}}) \mathrm{e}^{-\mathrm{j}2\pi ft} \mathrm{d}t \right) \left(\mathrm{FT}(\omega(t)) \cdot \mathrm{FT}\left(\sum_{l=-\infty}^{\infty} c_l \phi(t - lT_{\mathrm{c}}) \right) \right) =$$

$$\sum_{n=0}^{M-1} D_n \mathrm{e}^{-\mathrm{j}2\pi fnT_{\mathrm{d}}} \left(\mathrm{FT}(\omega(t)) \cdot \mathrm{FT}\left(\sum_{l=-\infty}^{\infty} c_l \phi(t - lT_{\mathrm{c}}) \right) \right)$$

$$(2.11)$$

式中

$$\mathrm{FT}(\omega(t)) = T_{\mathrm{d}} \mathrm{sinc}(\pi T_{\mathrm{d}} f) \qquad (2.12)$$

$$\mathrm{FT}\left(\sum_{l=-\infty}^{\infty} c_l \phi(t - lT_{\mathrm{c}}) \right) = \mathrm{FT}(\phi(t)) \cdot \mathrm{FT}\left(\sum_{k=-\infty}^{\infty} \delta(t - kNT_{\mathrm{c}}) * \sum_{n=0}^{N-1} c_n \delta(t - nT_{\mathrm{c}}) \right) =$$

$$\Phi(f) \cdot \frac{1}{NT_{\mathrm{c}}} \sum_{k=-\infty}^{\infty} \delta\left(f - \frac{k}{NT_{\mathrm{c}}} \right) \cdot \sum_{n=0}^{N-1} c_n \mathrm{e}^{-\mathrm{j}2\pi fnT_{\mathrm{c}}} =$$

$$\frac{1}{NT_{\mathrm{c}}} \Phi(f) X_{\mathrm{code}}(f) \sum_{k=-\infty}^{\infty} \delta\left(f - \frac{k}{NT_{\mathrm{c}}} \right)$$

$$(2.13)$$

式中：$X_{\mathrm{code}}(f)$ 为码变换，可由伪码的傅里叶变换得到；$\Phi(f)$ 为码片波形的傅里叶变换函数。

则截断信号的能量谱为

$$|S_T(f)|^2 = \left(\frac{T_{\mathrm{d}}}{NT_{\mathrm{c}}} \right)^2 \Phi^2(f) X_{\mathrm{code}}^2(f) \sum_{k=-\infty}^{\infty} \mathrm{sinc}^2\left(\pi T_{\mathrm{d}}\left(f - \frac{k}{NT_{\mathrm{c}}} \right) \right) \cdot \left| \sum_{n=0}^{M-1} D_n \mathrm{e}^{-\mathrm{j}2\pi fnT_{\mathrm{d}}} \right|^2$$

$$(2.14)$$

式(2.14)中除了导航数据 D_n 外，其他均为确定值，所以对导航数据比特取期望（假设数据为随机序列），并进行时间平均得到信号的功率谱为

$$G_s(f) = \lim_{M \to \infty} \frac{E[|S_T(f)|^2]}{MT_{\mathrm{d}}} =$$

$$\lim_{M \to \infty} \frac{E\left[\left|\sum_{n=0}^{M-1} D_n e^{-j2\pi f n T_d}\right|^2\right]}{MT_d} \left(\frac{T_d}{NT_c}\right)^2 \varPhi^2(f) X_{code}^2(f) \sum_{k=-\infty}^{\infty} \mathrm{sinc}^2\left(\pi T_d\left(f - \frac{k}{NT_c}\right)\right) =$$

$$\lim_{M \to \infty} \frac{\sum_{n=0}^{M-1}\sum_{j=0}^{M-1} E[D_n D_j] e^{-j2\pi f(n-j)T_d}}{M} \frac{T_d}{(NT_c)^2} \varPhi^2(f) X_{code}^2(f) \sum_{k=-\infty}^{\infty} \mathrm{sinc}^2\left(\pi T_d\left(f - \frac{k}{NT_c}\right)\right) =$$

$$\lim_{M \to \infty} \frac{\sum_{n=0}^{M-1} E[D_n D_n]}{M} \frac{T_d}{(NT_c)^2} \varPhi^2(f) X_{code}^2(f) \sum_{k=-\infty}^{\infty} \mathrm{sinc}^2\left(\pi T_d\left(f - \frac{k}{NT_c}\right)\right) =$$

$$\frac{T_d}{(NT_c)^2} \varPhi^2(f) X_{code}^2(f) \sum_{k=-\infty}^{\infty} \mathrm{sinc}^2\left(\pi T_d\left(f - \frac{k}{NT_c}\right)\right) \qquad (2.15)$$

可以得出几点结论:①码片波形与测距码的自相关函数共同决定了信号的功率谱包络;②数据位宽度决定了功率谱中谱线的宽度;③测距码周期决定了谱线的间隔。

以上推导过程中假设数据位宽度为测距码周期的整倍数,即短码情况;对于长码情况,由于测距码周期很长(远大于数据位宽度),数据位与测距码的乘积可看作随机码,设截断时间 $T = NT_c$,则截断的信号可以表示为

$$s_T(t) = \sum_{n=0}^{N-1} c_n \phi(t - nT_c) = \sum_{n=0}^{N-1} c_n \delta(t - nT_c) * \phi(t) \qquad (2.16)$$

同样采用上面的方法计算功率谱密度,得到

$$G_s(f) = \lim_{N \to \infty} \frac{E[|S_T(f)|^2]}{NT_c} = \lim_{N \to \infty} \frac{\sum_{n=0}^{N-1}\sum_{m=0}^{N-1} E[c_n c_m] e^{-j2\pi f(n-m)T_c} \varPhi^2(f)}{NT_c} = \frac{1}{T_c} \varPhi^2(f)$$

$$(2.17)$$

可见,对长码的情况,功率谱密度函数仅与码片波形与码片宽度有关。若码周期长度远远大于数据长度,则窗函数 $\omega(t)$ 的长度应变为 NT_c,代入式(2.15)中,经整理也可以推导出式(2.17)。

▲ 2.3　导航信号兼容互用与恒包络调制

国际电联分配给卫星导航系统的频率资源极其有限,各大卫星导航系统及星基增强系统(SBAS)在国际电联框架下通过频率协调实现多卫星导航系统的兼容和互用。通过近年来的会议交流,各国对多卫星导航系统的兼容与互用较统一的概念描述是:当用户单独或联合使用基于空间的定位、导航与授时(PNT)服务时,各卫星导航系统之间没有相互干扰。而多卫星导航系统间的互用性是指当民用用户联合使用基于空间的定位、导航与授时服务时,在用户层次上可以获得比单独使用一个系统的

服务或信号更好的性能。各个卫星导航系统的信号体制设计必须在多卫星导航系统的兼容与互用指导思想和各国间频率协调结果的指导下进行。为了有效利用卫星导航频率资源，新一代 GPS、GLONASS、BDS 和 Galileo 系统在进行信号体制设计时都采用了不同的调制和复用技术，从而实现了多卫星导航系统的兼容互用。

在 GNSS 频谱资源严重受限的同时，导航服务需求在不断扩展，各卫星导航系统在同一频点上播发的信号数量越来越多，使得卫星导航频谱变得越来越拥挤。为了确保多个系统之间兼容共存，并减轻系统内不同信号之间的干扰，各 GNSS 建设中都使用了更灵活的 BOC 族扩频调制方式，并采用了具有良好互相关特性的扩频序列。但随着同一系统在同一频段内播发信号数量的增加，卫星载荷的复杂度问题也随之而来，这显然给信号质量监测带来了难度。

对于卫星发射链路来说，考虑到卫星导航信号发射功率和频段的限制，导航信号集中在几个分配的频点。为了降低信号通过功率放大器后的失真，尽量保证输入的信号幅度分布在功率放大器的饱和区，降低非线性失真引入的信号间的互相关特性及互调干扰的影响，因此必须约束复用后的信号为恒包络信号。恒包络复用方法是充分发挥功放效率并减少导航信号产生非线性失真的有效措施，已经在现代化的 GNSS 信号中取得了非常广泛的应用。

卫星发射信号可以表示为

$$s_{RF}(t) = \mathrm{Re}\left\{ \sqrt{2P}s(t)\exp\left[\mathrm{j}(\omega_c t + \varphi)\right] \right\} = I(t)\cos(\omega_c t + \varphi) - Q(t)\sin(\omega_c t + \varphi)$$

$$(2.18)$$

式中：P 为发射功率；ω_c 为以 rad/s 为单位的载波角频率；φ 为载波的初始相位；$s(t)$ 为复基带信号，且

$$s(t) = I(t) + \mathrm{j}Q(t) \qquad (2.19)$$

式中：$I(t)$ 为实部，被调制在发射信号的同相分量上；$Q(t)$ 为虚部，被调制在正交分量上。

对于复基带信号 $s(t)$，除了将其写成式（2.19）所示的实部与虚部的形式外，还可以写成模与相角的形式，即

$$s(t) = A(t)\exp(\mathrm{j}\varphi(t)) \qquad (2.20)$$

式中

$$\begin{cases} A(t) = \sqrt{I^2(t) + Q^2(t)} \\ \varphi(t) = \arg\{s(t)\} = \arctan(Q(t)/I(t)) \end{cases} \qquad (2.21)$$

$A(t)$、$\varphi(t)$ 分别称为幅度包络和瞬时相位。当基带信号的实部、虚部分别作为坐标系的横轴和纵轴坐标时，复平面上的信号分布即为该调制方式的星座图。

如果信号的包络是一个不随时间变化的恒定量，即

$$A(t) = \sqrt{I^2(t) + Q^2(t)} \equiv A \qquad (2.22)$$

则称该信号为恒包络信号。

卫星导航系统在同一频点通过信号复用模块将多路信号复用至一条卫星链路发射,以提供多样性的服务。出于对不同信号服务性能指标及彼此干扰程度等的考虑,这些基带信号相互之间的功率比、相对相位关系可能并不相同,因此希望在保持一个预设的功率配比和相位关系的前提下将它们合并在一起。N 路直接叠加的复合基带信号可以表示为

$$s(t) = \sum_{i=1}^{N} \sqrt{P_i} \exp(j\varphi_i) s_i(t) \tag{2.23}$$

式中:P_i、φ_i 分别为第 i 路信号的发射功率和发射相位;$s_i(t)$ 为第 i 路信号的复基带信号。

早期的 GNSS 导航信号在一个频点上仅包含两个分量,分别对应公开服务和授权服务。因此,采用正交相移键控(QPSK)调制技术即可实现恒包络发射。近 10 年间,在卫星导航需求推动下,恒包络复用技术有了突飞猛进的发展。导航信号需要承载的业务越来越多,需要在同一频点上播发更多信号分量,以 GPS L1 频点为例,除了原有的 L1 C/A 码及 L1 P(Y) 码信号外,还将播发兼容互操作的 L1C 码信号和支持军事应用的 M 码信号。现代化的导航信号都是具备两路以上的信号分量,例如 Galileo 系统的 1575.42MHz 频点采用 E1A、E1B、E1C 三路信号,QPSK 已经无法满足要求,所以采用 Interplex 复用技术,而在 Galileo 系统 1191.795MHz 频点的 E5 信号则需要实现 4 路信号的复用,而且需要将 4 路信号分为两个频点播发,因此 Galileo 系统官方提出了交替二进制偏移载波(AltBOC)调制,这种调制方式实现了位于两个频点(1176.45MHz 和 1207.14MHz)的两个 QPSK 信号的最高效率发射。北斗三号卫星导航系统在 B1 频点有 5 个信号分量进行恒包络复用,在 B2 频点有 4 个信号分量进行恒包络复用,在 B3 频点有 4 个信号分量进行恒包络复用。在参与复用的信号数量、功率关系、相位关系等约束条件不同的情况下,各种复用技术之间的复用效率高低不同,并没有在所有条件下都具有绝对优势的方案。

根据不同的应用场景,现代化导航信号的复用方式分为单频、双频和多频,分别对应于要进行复用的频点个数,大量文献在信号设计研究中提出了相应复用方法,比较有代表性的有相干自适应副载波调制(CASM)技术[14]、多数表决与互表决、最优相位恒包络发射(POCET)方法等[15]。为了避免国外信号复用体制知识产权对我国导航信号的限制,我国学者也提出了一些信号复用方法,如:单频复用,包括 Dual-QPSK[16]、基于系数优化的准恒包络复用(CQEM)方法[17-18]等;双频复用,包括广义多载波恒包络复用(GMCEM)[19] 和相位最优的多频恒包络调制方法[20-21]等。

本书不对恒包络调制方式及其性能开展讨论,但从信号质量监测角度来说,读者需要了解各导航系统各频点信号的调制方式和信号分量的复用方式,并能够以此计算复用效率,进行信号分离,并评估导航信号复用效率是否达标。

◢ 2.4　GNSS 信号的调制与复用

2.4.1　二进制相移键控调制

2.4.1.1　基本原理

二进制相移键控调制是最传统、最简单的卫星导航信号调制方式,直到现在仍有部分频点信号还在使用这一调制方式,目前 GPS L1 C/A 码与我国 BD2 B1I、B2I 等信号均采用这种调制方式。在卫星导航公开接口控制文件中,一般记为 BPSK-R(n), n 代表伪码的码片速率为 $n \times 1.023$ MHz。其码片是方波形式,可以写为

$$\phi(t) = p\left(\frac{t}{T_c}\right) = \begin{cases} 1 & 0 \leqslant t \leqslant T_c \\ 0 & \text{其他} \end{cases} \tag{2.24}$$

在测距码单个码片持续时间(T_c)内,码片波形恒为 1。

2.4.1.2　功率谱密度

若测距码为随机码(或长码),则功率谱密度函数是信号码片波形傅里叶变换的平方,即

$$G_{\text{BPSK}}(f) = \frac{1}{T_c}\Phi_{\text{BPSK}}^2(f) = T_c \text{sinc}^2(\pi f T_c) \tag{2.25}$$

式中:$\Phi_{\text{BPSK}}(f)$ 为 BPSK 信号的傅里叶变换,若测距码为短码,功率谱密度函数除了与码片波形有关外,还与测距码相关性、码速率、码周期和数据速率等因素有关,则

$$G_{\text{BPSK}}(f) = \frac{T_d}{N^2}\text{sinc}^2(\pi f T_c) X_{\text{code}}^2(f) \sum_{k=-\infty}^{\infty} \text{sinc}^2\left(\pi T_d\left(f - \frac{k}{NT_c}\right)\right) \tag{2.26}$$

以 GPS C/A 码为例说明式(2.26):C/A 码码长为 1023,码速率为 1.023 Mchip/s,数据速率为 50bit/s,分别采用式(2.25)与式(2.26)求信号的功率谱包络与精细功率谱密度的解析值,同时计算机仿真得到信号的真实功率谱,如图 2.4 所示。从图中可以看出,考虑信号参数的理论值与仿真结果非常接近,这进一步验证了式(2.26)的正确性。此外,由于 C/A 码的码周期只有 1ms,远小于数据位长度(20ms),使得其功率谱中有一系列的类似 sinc 函数的梳状谱存在,每一组梳状谱的零点到零点的带宽为 $2/T_d = 100$ Hz,谱线间隔为 $1/(NT_c) = 1000$ Hz。码片波形的傅里叶变换函数决定了信号功率谱的主体,测距码又在此基础上加入了细微的变化,数据与测距码的共同作用使得真实功率谱与包络之差最大达到 20.4dB,这在评估信号性能时是不容忽略的。此外,梳状谱也是短测距码周期信号易受窄带干扰的一个重要因素。

2.4.1.3　相关函数

若测距码为随机码,信号的自相关函数等同于码片波形的自相关函数,则

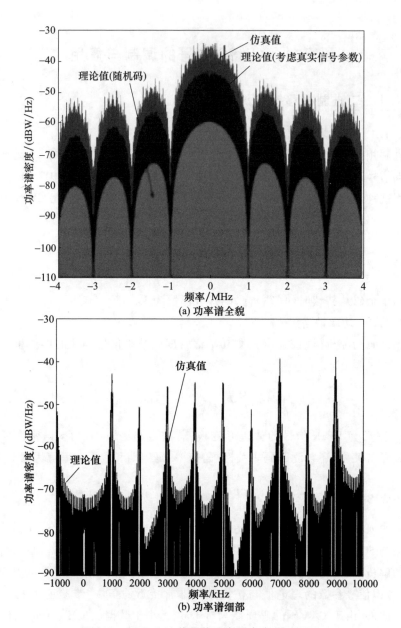

(a) 功率谱全貌

(b) 功率谱细部

图 2.4　GPS C/A 信号的功率谱密度(见彩图)

$$R_{\text{BPSK}}(\tau) = R_{p,T_c}(\tau) = \begin{cases} 1 - \dfrac{|\tau|}{T_c} & |\tau| < T_c \\ 0 & \text{其他} \end{cases} \qquad (2.27)$$

由式(2.27)可知,理想情况下信号的自相关函数为一个三角形尖峰。但考虑更加细微的变化,取一个周期的码做自相关,且时间延迟取为码片周期的整倍数,即 $\tau = iT_c$,则得到的码自相关函数为

$$R(\tau = iT_c) = \frac{1}{T_{code}} \int_0^{T_{code}} x_T(t+\tau) x_T(t) \, dt =$$

$$\frac{1}{T_{code}} \int_0^{T_{code}} \sum_{l=0}^{N-1} c_l \phi(t+\tau-lT_c) \sum_{n=0}^{N-1} c_n \phi(t-nT_c) \, dt \overset{l-i=n}{=}$$

$$\frac{1}{T_{code}} \sum_{n=0}^{N-1} c_n c_{n+i} \int_0^{T_c} \phi(t-nT_c)^2 \, dt =$$

$$\frac{1}{N} \sum_{n=0}^{N-1} c_n c_{n+i}$$

(2.28)

需要注意的是测距码都是循环的,即 $c_{n+i} = c_{n+i-N}$。若测距码是随机码,则式(2.28)可以写为

$$R(\tau = iT_c) = \frac{1}{N} \sum_{n=0}^{N-1} c_n c_{n+i} = \begin{cases} 1 & i = 0 \\ 0 & \text{其他} \end{cases}$$

(2.29)

若测距码不是随机码,则在 $i \neq 0$ 时自相关并不为零,以 GPS C/A 码为例,其自相关函数如图 2.5 所示。

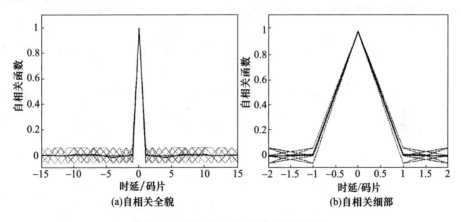

(a)自相关全貌　　　　　　(b)自相关细部

图 2.5　GPS C/A 信号的自相关函数

2.4.2　二进制偏移载波调制

2.4.2.1　基本原理

二进制偏移载波调制方式最早由美国于 1997 年提出。设计之初主要是围绕"导航战"的概念,导航战的定义为:在复杂电子环境中,保护己方和友军能够有效地接收和利用卫星导航信息,阻止敌方利用我方或其他卫星导航信息,并保证其他与作战无关区域的用户正常使用卫星导航信息。从导航战的概念,可以体会到一个深层含义,即要保证未来军信号与民用信号的频谱分离。而当时的军用信号 P 码与民用

信号 C/A 码是重叠在一起的,所以美国开始设计其现代化的军用信号,当然现代化的信号还要不影响当前信号的使用。J. W. Betz 教授提出了偏移载波调制(OCM)技术,起初采用的方案是将基带信号与正弦副载波相乘,这种方案也称为线性偏移载波(LOC)调制,但是这种方式产生的信号包络不稳定,不适合导航应用,因此,在 LOC 调制的基础上对信号进行改进,采用方波信号与原信号相乘,得到二进制偏移载波(BOC)信号。BOC 信号就是原 BPSK 信号与副载波信号的相乘,常记为 $BOC(m, n)$,其中,m 表示副载波的频率为 $m \times 1.023\,MHz$,n 表示伪码的码速率为 $n \times 1.023\,Mchip/s$。若一个扩频码片长度内方波的半周期数 $K = 2m/n$,$T_s = T_c/K$ 为方波的半周期,则当 K 为偶数时,有

$$x(t) = \omega(t) \sum_{l=-\infty}^{\infty} c_l \phi(t - lKT_s) \qquad (2.30)$$

当 K 为奇数时,会造成一个码片内的副载波周期不是一个整数,在这种情况下,需要修正码序列,有

$$x(t) = \omega(t) \sum_{l=-\infty}^{\infty} (-1)^l c_l \phi(t - lKT_s) \qquad (2.31)$$

此外,根据副载波的相位不同,可以进一步区分,当相位为 0 时,称为正弦 BOC,当相位为 90° 时,称为余弦 BOC,分别表示为

$$\phi_{\sin}(t) = \sum_{k=0}^{K-1} (-1)^k p\left(\frac{t - kT_s}{T_s}\right) \qquad (2.32)$$

$$\phi_{\cos}(t) = \sum_{k=0}^{K-1} (-1)^k q\left(\frac{t - kT_s}{T_s}\right) \qquad (2.33)$$

式中

$$p\left(\frac{t}{T_s}\right) = \begin{cases} 1 & 0 \leqslant t \leqslant T_s \\ 0 & \text{其他} \end{cases} \qquad (2.34)$$

$$q\left(\frac{t}{T_s}\right) = \begin{cases} 1 & 0 \leqslant t < T_s/2 \\ -1 & T_s/2 \leqslant t < T_s \\ 0 & \text{其他} \end{cases} \qquad (2.35)$$

2.4.2.2　功率谱密度

首先考虑正弦相位的 BOC 信号,其码片波形的傅里叶变换为

$$\int_{kT_s}^{(k+1)T_s} e^{-j2\pi ft} dt = \frac{-1}{2j\pi f}\left(e^{-j2\pi(k+1)fT_s} - e^{-j2\pi kfT_s}\right) =$$

$$e^{-j2\pi kfT_s} \frac{1}{2j\pi f}\left(1 - e^{-j2\pi fT_s}\right) =$$

$$e^{-j2\pi kfT_s}\frac{e^{-j\pi fT_s}}{2j\pi f}(e^{j\pi fT_s} - e^{-j\pi fT_s}) =$$

$$e^{-j2\pi kfT_s}\frac{e^{-j\pi fT_s}}{\pi f}\sin(\pi fT_s) \tag{2.36}$$

则式(2.32)的傅里叶变换结果为

$$\Phi_{\sin}(f) = \frac{e^{-j\pi fT_s}}{\pi f}\sin(\pi fT_s)\sum_{k=0}^{K-1}(-1)^k e^{-j2\pi kfT_s} \tag{2.37}$$

当 K 为偶数时,有

$$\sum_{k=0}^{K-1}(-1)^k e^{-j2\pi kfT_s} = \sum_{k=0}^{K-1}(-e^{-j2\pi fT_s})^k =$$

$$\frac{1 - (-e^{-j2\pi fT_s})^K}{1 + e^{-j2\pi fT_s}} =$$

$$\frac{1 - \cos2\pi fKT_s + j\sin2\pi fKT_s}{1 + \cos2\pi fT_s - j\sin2\pi fT_s} = \tag{2.38}$$

$$\frac{\sin\pi fKT_s(\sin\pi fKT_s + j\cos\pi fKT_s)}{\cos\pi fT_s(\cos\pi fT_s - j\sin\pi fT_s)} =$$

$$\frac{\sin\pi fKT_s}{\cos\pi fT_s}je^{-j(K-1)\pi fT_s}$$

当 K 为奇数时,有

$$\sum_{k=0}^{K-1}(-1)^k e^{-j2\pi kfT_s} = \frac{1 - (-e^{-j2\pi fT_s})^K}{1 + e^{-j2\pi fT_s}} =$$

$$\frac{1 + \cos2\pi fKT_s - j\sin2\pi fKT_s}{1 + \cos2\pi fT_s - j\sin2\pi fT_s} = \tag{2.39}$$

$$\frac{\cos\pi fKT_s(\cos\pi fKT_s - j\sin\pi fKT_s)}{\cos\pi fT_s(\cos\pi fT_s - j\sin\pi fT_s)} =$$

$$\frac{\cos\pi fKT_s}{\cos\pi fT_s}e^{-j(K-1)\pi fT_s}$$

将式(2.38)、式(2.39)代入式(2.37),得

$$\Phi_{\sin}(f) = \begin{cases} KT_s\,\mathrm{sinc}(\pi fKT_s)\tan(\pi fT_s)je^{-j\pi KfT_s} & K\text{ 为偶数} \\ KT_s\dfrac{\cos\pi fKT_s}{\pi fKT_s}\tan(\pi fT_s)e^{-j\pi KfT_s} & K\text{ 为奇数} \end{cases} \tag{2.40}$$

需要注意的是,当 K 为奇数时,$X_{\mathrm{code}}(f)$ 应由 $X'_{\mathrm{code}}(f)$ 代替,即

$$X'_{\text{code}}(f) = \sum_{n=0}^{N-1} (-1)^n c_n e^{-j2\pi fnT_c} \tag{2.41}$$

若是长码,且 $T_c = KT_s$,经化简,可得信号功率谱密度为

$$G_{\text{BOC}_{\sin}}(f) = \begin{cases} T_c \operatorname{sinc}^2(\pi fT_c) \tan^2(\pi fT_s) & K \text{ 为偶数} \\[3mm] T_c \dfrac{\cos^2(\pi fT_c)}{(\pi fT_c)^2} \tan^2(\pi fT_s) & K \text{ 为奇数} \end{cases} \tag{2.42}$$

其次,考虑余弦相位 BOC 调制时,采用与推导正弦相位信号相同的方法,得

$$\Phi_{\cos}(f) = \frac{-2\sin^2\dfrac{\pi}{2}fT_s \, e^{-j\pi fT_s}}{j\pi f} \sum_{k=0}^{K-1} (-1)^k e^{-j2\pi kfT_s} =$$

$$\begin{cases} -2KT_s \operatorname{sinc}(\pi fKT_s) \dfrac{\sin^2\left(\dfrac{\pi}{2}fT_s\right)}{\cos(\pi fT_s)} e^{-j2\pi kfT_s} & K \text{ 为偶数} \\[5mm] 2jKT_s \dfrac{\cos(\pi fKT_s)}{(\pi fKT_s)} \dfrac{\sin^2\left(\dfrac{\pi}{2}fT_s\right)}{\cos(\pi fT_s)} e^{-j2\pi kfT_s} & K \text{ 为奇数} \end{cases} \tag{2.43}$$

则信号的功率谱密度为

$$G_{\text{BOC}_{\cos}}(f) = \begin{cases} 4T_c \operatorname{sinc}^2(\pi fT_c) \dfrac{\sin^4\left(\dfrac{\pi}{2}fT_s\right)}{\cos^2(\pi fT_s)} & K \text{ 为偶数} \\[5mm] 4T_c \dfrac{\cos^2(\pi fT_c)}{(\pi fT_c)^2} \dfrac{\sin^4\left(\dfrac{\pi}{2}fT_s\right)}{\cos^2(\pi fT_s)} & K \text{ 为奇数} \end{cases} \tag{2.44}$$

图 2.6 给出了 m 和 n 不同组合的 BOC 信号功率谱密度,由此可以得出 BOC 信号具有如下特点:

(1)主瓣与主瓣之间的副瓣共有 K 个。

(2)当 $m \neq n$ 时,信号功率谱的主瓣宽度是伪码的码速率的 2 倍,旁瓣的宽度等于码速率,是主瓣的 1/2;而当 $m = n$ 时,信号功率谱的主瓣宽度仍为伪码的码速率的 2 倍,但是主瓣与旁瓣宽度都为码速率的 2 倍。

(3)主瓣的最大值并不在副载波频率处,这是由于上下边带之间相干交互的结果(对于正弦相位信号,主瓣最大值出现在略小于副载波频率处,余弦相反)。

2.4.2.3 相关函数

BOC 信号的相关函数也分为两种情况,即正弦相位相关函数与余弦相位相关函数。若仅考虑码片波形的自相关,则正弦相位时有

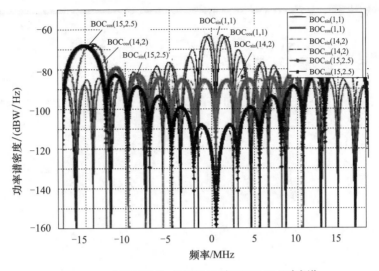

(a)BOC(1,1)、BOC(14,2)和BOC(15,2.5)功率谱

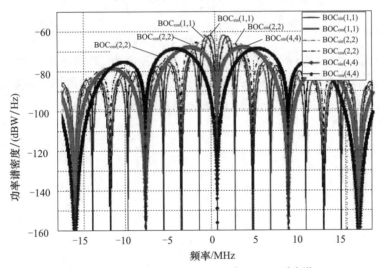

(b) BOC(1,1)、BOC(2,2)和BOC(4,4)功率谱

图2.6　BOC 信号功率谱密度(见彩图)

$$
\begin{aligned}
R_{\phi,\sin}(\tau) &= \frac{1}{T_c}\int_0^{T_c}\phi_{\sin}(t+\tau)\phi_{\sin}(t)\mathrm{d}t = \\
&\frac{1}{T_c}\int_0^{T_c}\sum_{k=0}^{K-1}(-1)^k p\left(\frac{t-kT_s+\tau}{T_s}\right)\sum_{m=0}^{K-1}(-1)^m p\left(\frac{t-mT_s}{T_s}\right)\mathrm{d}t = \\
&\sum_{k=0}^{K-1}\sum_{m=0}^{K-1}(-1)^{k+m}\frac{1}{T_c}\int_0^{T_c}p\left(\frac{t-kT_s+\tau}{T_s}\right)p\left(\frac{t-mT_s}{T_s}\right)\mathrm{d}t = \\
&\frac{1}{K}\sum_{k=0}^{K-1}\sum_{m=0}^{K-1}(-1)^{k+m}R_{p,T_s}(\tau-(k-m)T_s)
\end{aligned}
\tag{2.45}
$$

令 $k - m = n$，则式（2.45）可以写为

$$R_{\phi,\sin}(\tau) = \frac{1}{K} \sum_{k=0}^{K-1} \sum_{n=k-K+1}^{k} (-1)^n R_{p,T_s}(\tau - nT_s) =$$

$$\frac{1}{K} \left\{ \sum_{k=1}^{K-1} k \left[(-1)^{-K+k} R_{p,T_s}(\tau - (-K+k)T_s) + \right.\right.$$

$$(-1)^{K-k} R_{p,T_s}(\tau - (K-k)T_s) \right] + KR_{p,T_s}(\tau) \right\} = \tag{2.46}$$

$$\frac{(-1)^K}{K} \left\{ \sum_{k=1}^{K-1} (-1)^k k \left[R_{p,T_s}(\tau + (K-k)T_s) + \right.\right.$$

$$\left. R_{p,T_s}(\tau - (K-k)T_s) \right] \right\} + R_{p,T_s}(\tau)$$

式中

$$R_{p,T_s}(\tau) = \begin{cases} 1 - \dfrac{|\tau|}{T_s} & |\tau| < T_s \\ 0 & \text{其他} \end{cases} \tag{2.47}$$

可以看出，BOC 信号的自相关函数是一系列长度为 $2T_s$ 的三角函数的叠加。考虑 k 的取值，得出自相关函数只在 $-T_c \le \tau \le T_c$ 时有值，在其他范围内为零，且为分段线性函数，分段节点为 T_s 的整倍数，在这些节点上的值为

$$R_{\phi,\sin}(nT_s) = \begin{cases} \dfrac{1}{K} \sum_{k=n}^{K-1} (-1)^n & 0 \le n < K \\ \dfrac{1}{K} \sum_{k=0}^{K+n-1} (-1)^n & -K < n < 0 \end{cases} \tag{2.48}$$

自相关函数的第一零点的时延为

$$\tau_{\text{zero},\sin} = \pm 1/(2K-1) \quad （码片） \tag{2.49}$$

同样，与推导正弦相位的 BOC 信号方法相同，余弦相位 BOC 信号的自相关函数为

$$R_{\phi,\cos}(\tau) = \frac{1}{T_c} \int_0^{T_c} \phi_{\cos}(t+\tau) \phi_{\cos}(t) \mathrm{d}t =$$

$$\frac{1}{T_c} \int_0^{T_c} \sum_{k=0}^{K-1} (-1)^k p\left(\frac{t - kT_s + \tau}{T_s}\right) \sum_{m=0}^{K-1} (-1)^m p\left(\frac{t - mT_s}{T_s}\right) \mathrm{d}t =$$

$$\frac{(-1)^K}{K} \left\{ \sum_{k=1}^{K-1} (-1)^k k \left[R_{q,T_s}(\tau + (K-k)T_s) + \right.\right.$$

$$\left. R_{q,T_s}(\tau - (K-k)T_s) \right] \right\} + R_{q,T_s}(\tau) \tag{2.50}$$

式中

$$R_{q,T_s}(\tau) = \begin{cases} 1 - \dfrac{3|\tau|}{T_s} & |\tau| \leqslant T_s/2 \\[2mm] \dfrac{|\tau|}{T_s} - 1 & T_s/2 < |\tau| < T_s \\[2mm] 0 & \text{其他} \end{cases} \tag{2.51}$$

在 T_s 整倍数时延点上的自相关值为

$$R_{\phi,\cos}(nT_s) = R_{\phi,\sin}(nT_s) = \begin{cases} \dfrac{1}{K} \displaystyle\sum_{k=n}^{K-1} (-1)^n & 0 \leqslant n < K \\[3mm] \dfrac{1}{K} \displaystyle\sum_{k=0}^{K+n-1} (-1)^n & -K < n < 0 \end{cases} \tag{2.52}$$

自相关函数的第一零点的时延为

$$\tau_{\text{zero},\cos} = \pm 1/(2K+1) \quad （码片） \tag{2.53}$$

不管是正弦相位信号还是余弦相位信号，自相关函数都是线性分段函数。对于不同副载波与码速率组合的 BOC 信号，只要 K 值相等，则它们的自相关峰是一样的（在同为正弦信号或余弦信号的前提下）。图 2.7(a)所示为 BOC(1,1)信号的自相关函数，可知余弦相位要比正弦相位信号具有更窄的相关峰，第一零点分别为 $\pm1/5$ 码片和 $\pm1/3$ 码片；图 2.7(b)所示为 BOC(14,2)信号的自相关函数，第一零点分别

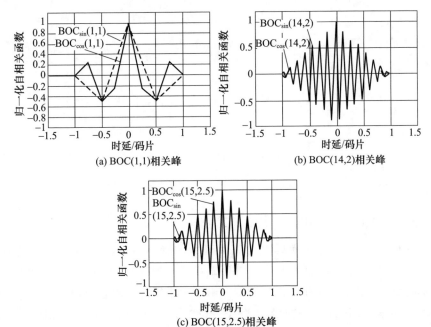

(a) BOC(1,1)相关峰   (b) BOC(14,2)相关峰

(c) BOC(15,2.5)相关峰

图 2.7 BOC 信号自相关函数

为 ±1/29 码片和 ±1/27 码片;图 2.7(c)所示为 BOC(15,2.5)信号的自相关函数,第一零点分别为 ±1/25 码片和 ±1/23 码片。

以上分析时考虑的是随机码,而在实际应用中采用的是伪码,所以其相关峰与理想情况不尽相同,下面讨论由于测距码的不理想而造成的相关峰斜率的变化。因为测距码的码片长度为 T_c,所以只有在 1 码片内的延时才存在不为零的自相关函数方差,而我们只关心第一个过零点之间相关峰斜率,因此为了定量给出自相关函数的变化范围,需要把随机码等效为码片长度为 T_s 的码,则平均自相关函数可以写为

$$\text{std}[R(iT_s)] = \sqrt{E[(R(iT_s))^2] - (E[R(iT_s)])^2} =$$

$$\sqrt{E\left[\left(\frac{1}{N}\sum_{n=0}^{NK-1} c_n c_{n+i} R_\phi(iT_s)\big|_{|i|<K}\right)^2\right] - \left\{E[R(iT_s)]\right\}^2} =$$

$$\sqrt{\frac{1}{N^2}\frac{(K-|i|)^2}{K^2}\bigg|_{|i|<K} \sum_{n=0}^{NK-1}\sum_{m=0}^{NK-1} E[c_n c_{n+i} c_m c_{m+i}] - K^2\delta_{n,n+i}} = \quad (2.54)$$

$$\begin{cases} 0 & i = 0 \\[2mm] \dfrac{K-|i|}{\sqrt{NK}} & |i| < K \text{ 且 } i \neq 0 \\[2mm] \sqrt{1/KN} & \text{其他} \end{cases}$$

$$E\{R(iT_s)\} = \frac{1}{T_{\text{code}}}\int_0^{T_{\text{code}}} x_T(t+\tau)x_T(t)\,\mathrm{d}t =$$

$$\frac{1}{T_{\text{code}}}\int_0^{T_{\text{code}}}\sum_{l=0}^{NK-1} c_l\phi(t+\tau-lT_s)\sum_{n=0}^{NK-1} c_n\phi(t-nT_s)\,\mathrm{d}t = \quad (2.55)$$

$$\frac{1}{N}\sum_{n=0}^{NK-1} E\{c_n c_{n+i}\} R_\phi(iT_s)\big|_{|i|<K} =$$

$$\begin{cases} K & i = 0 \\ 0 & \text{其他} \end{cases}$$

以 BOC(1,1)为例分析伪码对自相关函数的影响,进行两个试验:①以 Galileo E1 公开服务(OS)主码作为伪码,码长 4092;②以 GPS C/A 码作为伪码,码长 1023。得到的结果分别如图 2.8 和图 2.9 所示。由于测距码的不理想使相关函数主峰斜率产生变化,C/A 码的变化值大于 E1 OS 主码的情况,这说明 C/A 码的性能要差于 E1 OS 主码。也可以看出,1 倍方差可以近似评估由于伪码的不理想而造成的相关函数的变化。

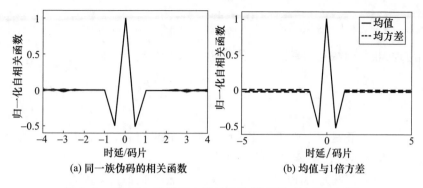

(a) 同一族伪码的相关函数　　　　(b) 均值与1倍方差

图 2.8　BOC(1,1)信号自相关函数(伪码为 E1 OS 主码)

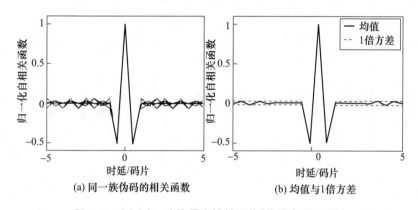

(a) 同一族伪码的相关函数　　　　(b) 均值与1倍方差

图 2.9　BOC(1,1)信号自相关函数(伪码为 C/A 码)

2.4.3　复用二进制偏移载波调制

2.4.3.1　基本原理

为了解决与其他 GNSS 间的兼容互操作,欧洲学者提出了复用二进制偏移载波(MBOC)这一调制方式,其基本原理是把两个 BOC 调制信号进行复合,用公式表示可以写为

$$\text{MBOC} = \alpha\text{BOC}(m_1,n_1) + \beta\text{BOC}(m_2,n_2) \tag{2.56}$$

式中:α、β 分别为两个 BOC 信号所占的比例,且 $\alpha + \beta = 1$;m_1、m_2 和 n_1、n_2 分别为副载波和伪码频率。

欧美在 2004 年达成了采用 BOC(1,1)信号作为 L1 频段的信号基线,经过近 3年的时间,信号设计专家们在 BOC(1,1)信号基础上进行了改进,最终采用 MBOC(6,1,1/11)的调制方式,表示为

$$\text{MBOC}(6,1,1/11) = \frac{10}{11}\text{BOC}(1,1) + \frac{1}{11}\text{BOC}(6,1) \tag{2.57}$$

由于 BOC(1,1)与 BOC(6,1)是正交的,因此功率谱密度可以表示为

$$G_{\text{MBOC}(6,1,1/11)} = \frac{10}{11}G_{\text{BOC}(1,1)}(f) + \frac{1}{11}G_{\text{BOC}(6,1)}(f) \tag{2.58}$$

相应地,相关函数是功率谱密度的反傅里叶变换,记为

$$R_{\text{MBOC}(6,1,1/11)}(\tau) = \int_{-\infty}^{\infty} G_{\text{MBOC}(6,1,1/11)}(f)e^{j2\pi ft}df = \frac{10}{11}R_{\text{BOC}(1,1)}(\tau) + \frac{1}{11}R_{\text{BOC}(6,1)}(\tau)$$

$$\tag{2.59}$$

可以看出,不管是功率谱还是相关函数都是 BOC(1,1) 与 BOC(6,1) 的叠加,有许多种组合方式,表 2.1 所列为一些可能的实现方式。

表 2.1   MBOC(6,1,1/11) 的几种可能的实现方式

方案	数据分量	导频分量	导频分量所占比例
1	BOC(1,1)	TMBOC(6,1,2/11)	50%
2	BOC(1,1)	TMBOC(6,1,4/33)	75%
3	TMBOC(6,1,1/11)	TMBOC(6,1,1/11)	50%
4	TMBOC(6,1,1/11)	TMBOC(6,1,1/11)	75%
5	BOC(1,1)	CBOC(6,1,2/11)	50%
6	BOC(1,1)	CBOC(6,1,4/33)	75%
7	CBOC(6,1,1/11)	CBOC(6,1,1/11)	50%
8	CBOC(6,1,1/11)	CBOC(6,1,1/11)	75%

表 2.1 中出现了两种最常用的 MBOC 调制方式,一个是时分复用二进制偏移载波(TMBOC),另一个是复合二进制偏移载波(CBOC),TMBOC 是通过时分复用的方式完成 BOC(1,1) 与 BOC(6,1) 信号的混合,而 CBOC 则是通过线性组合的方式实现 BOC(1,1) 与 BOC(6,1) 的混合。但是这两种组合方式等效的两个 BOC 信号对应的功率占比是一致的,所以最终绘制的频域与相关域的表达式是相同的,即

$$G_{\text{TMBOC}(6,1,2/11)} = G_{\text{CBOC}(6,1,2/11)} = \frac{9}{11}G_{\text{BOC}(1,1)}(f) + \frac{2}{11}G_{\text{BOC}(6,1)}(f) \tag{2.60}$$

$$G_{\text{TMBOC}(6,1,4/33)} = G_{\text{CBOC}(6,1,4/33)} = \frac{29}{33}G_{\text{BOC}(1,1)}(f) + \frac{4}{33}G_{\text{BOC}(6,1)}(f) \tag{2.61}$$

图 2.10 和图 2.11 所示为两种实现方式的自相关函数与功率谱。

图 2.10、图 2.11 还给出了 BOC(1,1) 的自相关函数与功率谱密度,可以看出,TMBOC(6,1,2/11)/CBOC(6,1,2/11) 的性能是最优的,因为它们的功率谱高频端占比最高,且相关峰斜率也最大。但不管是哪种方案,结合导频与数据分量的功率比,BOC(1,1) 与 BOC(6,1) 两部分的功率比总是 10:1,其中方案 1 至方案 3 分别参见式(2.62)~式(2.70)。

方案 1:

$$G_{\text{Pilot}}(f) = \frac{9}{11}G_{\text{BOC}(1,1)}(f) + \frac{2}{11}G_{\text{BOC}(6,1)}(f) \tag{2.62}$$

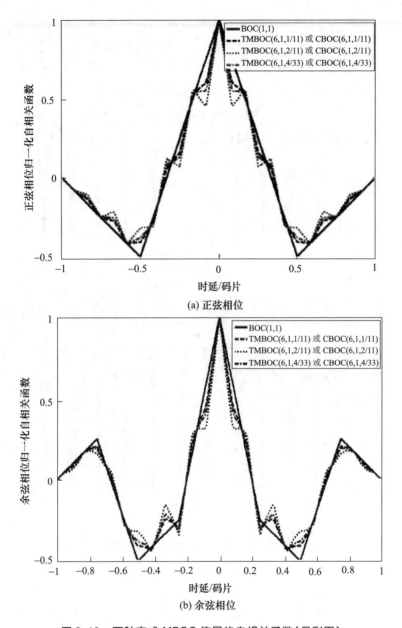

(a) 正弦相位

(b) 余弦相位

图 2.10　两种方式 MBOC 信号的自相关函数（见彩图）

$$G_{\text{Data}}(f) = G_{\text{BOC}(1,1)}(f) \qquad (2.63)$$

$$G_{\text{MBOC}(6,1,1/11)}(f) = \frac{1}{2}G_{\text{Pilot}}(f) + \frac{1}{2}G_{\text{Data}}(f) = \frac{10}{11}G_{\text{BOC}(1,1)}(f) + \frac{1}{11}G_{\text{BOC}(6,1)}(f) \qquad (2.64)$$

方案 2：

$$G_{\text{Pilot}}(f) = \frac{29}{33}G_{\text{BOC}(1,1)}(f) + \frac{4}{33}G_{\text{BOC}(6,1)}(f) \qquad (2.65)$$

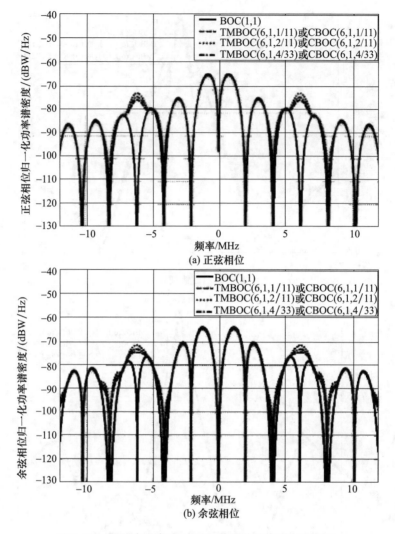

图 2.11　不同实现方式 MBOC 信号的功率谱(见彩图)

$$G_{\text{Data}}(f) = G_{\text{BOC}(1,1)}(f) \tag{2.66}$$

$$G_{\text{MBOC}(6,1,1/11)}(f) = \frac{3}{4}G_{\text{Pilot}}(f) + \frac{1}{4}G_{\text{Data}}(f) = \frac{10}{11}G_{\text{BOC}(1,1)}(f) + \frac{1}{11}G_{\text{BOC}(6,1)}(f) \tag{2.67}$$

方案 3:

$$G_{\text{Pilot}}(f) = \frac{10}{11}G_{\text{BOC}(1,1)}(f) + \frac{1}{11}G_{\text{BOC}(6,1)}(f) \tag{2.68}$$

$$G_{\text{Data}}(f) = \frac{10}{11}G_{\text{BOC}(1,1)}(f) + \frac{1}{11}G_{\text{BOC}(6,1)}(f) \tag{2.69}$$

$$G_{\text{MBOC}(6,1,1/11)}(f) = \frac{1}{2}G_{\text{Pilot}}(f) + \frac{1}{2}G_{\text{Data}}(f) = \frac{10}{11}G_{\text{BOC}(1,1)}(f) + \frac{1}{11}G_{\text{BOC}(6,1)}(f) \tag{2.70}$$

Galileo E1 OS 信号采用的是方案 1,而 GPS L1C 信号采用的是方案 2。两种方式各有优缺点,下面以 GPS L1C 和 Galileo E1 OS 为例说明 TMBOC 与 CBOC 两种 MBOC 信号的时域实现方式。

2.4.3.2 TMBOC

GPS L1C 信号从 2003 年 8 月开始设计,直到 2006 年才基本确定,L1C 设计目标分为两类:第一类为高层目标或战略目标;第二类为设计调研形成的指导意见。其中战略目标主要包括:与现有及已计划的 L1 信号兼容,并与 GNSS 其他信号开展兼容互操作。美国计划 GPS Ⅲ 继续发射 C/A 码,以便兼容旧体制信号接收机。GPS L1C 的同相分量采用 BOC(1,1) 调制方式,伪码是码长为 10230 的 Weil 序列,码速率为 1.023Mchip/s,用以传输导航电文,称为数据通道;正交分量采用 TMBOC(6,1,4/33) 调制方式,码长为 1800 × 10230,码速率为 1.023Mchip/s,称为导频通道[22]。GPS L1C 信号(TMBOC)时域实现形式如图 2.12 所示。

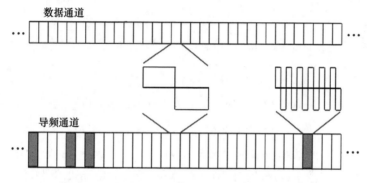

图 2.12　GPS L1C 信号(TMBOC)时域实现形式

导频通道用公式可表示为

$$\text{TMBOC}(6,1,4/33)(t) = \begin{cases} x(t) & t \in S_1 \\ y(t) & t \in S_2 \end{cases} \tag{2.71}$$

式中:$x(t)$、$y(t)$ 分别为 BOC(1,1) 和 BOC(6,1) 子载波;S_1 为使用子载波 BOC(1,1) 的时隙组合;S_2 为使用子载波 BOC(6,1) 的时隙组合。

导频通道中 33 码片为一个周期,并对这 33 码片进行编号,编号分别为 0,1,2,3,…,32,其中序号为 0、4、6 和 29 的位置上的码片采用的调制波形为 BOC(6,1),其余位置使用 BOC(1,1)。

2.4.3.3 CBOC

为了实现与其他 GNSS 的兼容与互操作,Galileo 系统最终决定在 E1 频段上采用 MBOC 调制,称为 E1 OS 信号,该信号主要由数据分量 E1B 和导频分量 E1C 组成,两路信号相互正交,两路信号都是利用 BOC(1,1) 和 BOC(6,1) 进行线性组合而得到,只是组合系数不同,E1 OS 信号的调制框图如图 2.13 所示。

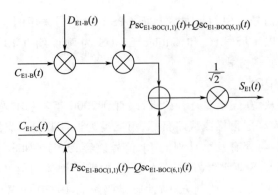

图 2.13　E1 CBOC 信号调制方式

表达式如下：

$$S_{E1}(t) = \frac{1}{\sqrt{2}}\left\{\begin{array}{l} e_{E1-B}(t)\left[P sc_{BOC(1,1)}(t) + Q sc_{BOC(6,1)}(t)\right] \\ e_{E1-C}(t)\left[P sc_{BOC(1,1)}(t) - Q sc_{BOC(6,1)}(t)\right] \end{array}\right\} = \tag{2.72}$$

$$\frac{1}{\sqrt{2}}\left\{ e_{E1-B}(t) sc_{E1B}(t) - e_{E1-C}(t) sc_{E1C}(t) \right\}$$

式中

$$sc_{E1B}(t) = P sc_{BOC(1,1)}(t) + Q sc_{BOC(6,1)}(t) \tag{2.73}$$

$$sc_{E1C}(t) = P sc_{BOC(1,1)}(t) - Q sc_{BOC(6,1)}(t) \tag{2.74}$$

$e_{E1-B}(t)$ 为 E1 的数据分量的扩频码序列；$e_{E1-C}(t)$ 为 E1 的导航分量扩频码序列；$sc_{BOC(1,1)}(t)$、$sc_{BOC(6,1)}(t)$ 分别为 BOC(1,1) 和 BOC(6,1) 形式的码片波形；$sc_{E1B}(t)$、$sc_{E1C}(t)$ 分别为对应信号分量上的副载波；P 和 Q 为权重系数，其中 $P = \sqrt{10/11}$，$Q = \sqrt{1/11}$。

这两种副载波的波形就是 CBOC 调制方式的码片波形，如图 2.14 所示。

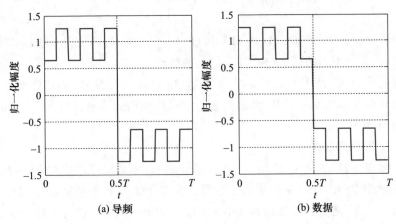

图 2.14　Galileo E1 CBOC 码片波形

2.4.4　交替二进制偏移载波调制

2.4.4.1　基本原理

交替二进制偏移载波(AltBOC)信号也是 BOC 信号的一种,只不过 BOC 信号相乘的副载波是实数,而 AltBOC 相乘的副载波是复数,这种调制方式可以将信号功率谱搬移到两个不同频段,频率高的称为上边带,频率低的称为下边带,在上、下边带可以调制不同伪码,用来提供不同类型的导航服务,其原理如图 2.15 所示。

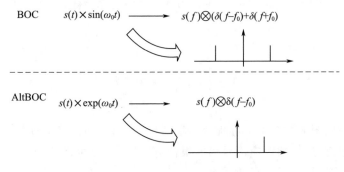

图 2.15　AltBOC 调制原理

AltBOC 信号可以在上、下边带调制 4 个不同的伪码(上、下边带又分为 I、Q 分量),也可以调制两个不同的伪码,首先考虑最简单的情况,即调制两个不同的伪码,则信号可以表示为

$$x(t) = c_U(t)\,\mathrm{er}(t) + c_L(t)\,\mathrm{er}^*(t) \tag{2.75}$$

式中

$$\mathrm{er}(t) = \mathrm{sgn}\big[\cos(2\pi f_s t)\big] + \mathrm{jsgn}\big[\sin(2\pi f_s t)\big] = \mathrm{sc}_c(t) + \mathrm{jsc}_s(t) \tag{2.76}$$

其中:$c_U(t)$、$c_L(t)$ 为两组不同的伪码序列,分别代表上边带和下边带;$\mathrm{er}(t)$ 为复数副载波;$\mathrm{sc}_c(t)$ 为余弦相位(相位起始值为 90°)的 BOC 副载波;$\mathrm{sc}_s(t)$ 为正弦相位(相位起始值为 0°)的 BOC 副载波。

式(2.75)也可以改写为

$$x(t) = c_U(t)\big[\mathrm{sc}_c(t) + \mathrm{jsc}_s(t)\big] + c_L(t)\big[\mathrm{sc}_c(t) - \mathrm{jsc}_s(t)\big] =$$

$$\big[c_U(t) + c_L(t)\big]\mathrm{sc}_c(t) + \mathrm{j}\big[c_U(t) - c_L(t)\big]\mathrm{sc}_s(t) = A\mathrm{e}^{j\theta} \tag{2.77}$$

由于 $\{c_U(t), c_L(t), \mathrm{sc}_c(t), \mathrm{sc}_s(t)\} \in [+1, -1]$,因此 4 种信号分量可以形成一共 16 种不同的组合,经过计算得

$$A = 2, \quad \theta = k\frac{\pi}{2} \quad k = 0,1,2,3 \tag{2.78}$$

可以看出,AltBOC 的已调信号是一个恒包络信号。若考虑存在导频分量的 AltBOC 信号,即调制有 4 个不同的伪码,信号可以写为

$$x(t) = \left[c_U(t) + jc_U'(t) \right] er(t) + \left[c_L(t) + jc_L'(t) \right] er^*(t) \tag{2.79}$$

式中：$c_U'(t)$、$c_L'(t)$ 为导频通道的伪码，分别对应上、下边带。

进一步推导得

$$x(t) = \left[c_U(t) + jc_U'(t) \right]\left[sc_c(t) + jsc_s(t) \right] + \left[c_L(t) + jc_L'(t) \right]\left[sc_c(t) - jsc_s(t) \right] =$$
$$\left[c_U sc_c - c_U' sc_s \right] + j\left[c_U sc_s + c_U' sc_c \right] + \left[c_L sc_c + c_L' sc_s \right] + j\left[-c_L sc_s + c_L' sc_c \right] =$$
$$\left\{ \left[c_U + c_L \right] sc_c - \left[c_U' - c_L' \right] sc_s \right\} + j\left\{ \left[c_U' + c_L' \right] sc_c + \left[c_U - c_L \right] sc_s \right\} =$$
$$A_k \cdot e^{jk\frac{\pi}{4}} \qquad k = \{0,1,2,3,4,5,6,7,8\} \tag{2.80}$$

式中

$$A_k = \begin{cases} 0 & k = 0 \\ 2\sqrt{2} & k\ 为奇数 \\ 4 & k\ 为偶数 \end{cases} \tag{2.81}$$

信号的星座图如图 2.16(a) 所示。很明显，调制后的信号 I、Q 分量有可能分布在坐标原点附近，这样的对应信号幅值很低，不是一个恒包络信号，会受到功放非线性的影响，造成导航信号失真的后果。

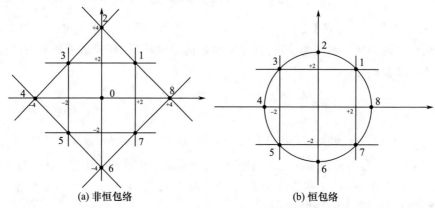

(a) 非恒包络　　　　　　　　　(b) 恒包络

图 2.16　AltBOC 信号星座图

为了达到恒包络调制的目的，修改 AltBOC 信号的复数副载波，并增加互调分量保证星座图上的有效点分布在一个圆上，加入互调分量后信号的星座图如图 2.16(b) 所示，各星座点分布在一个圆上，属于恒包络调制信号。恒包络的 AltBOC 信号的时域表达式为

$$x_{AltBOC}(t) = (c_U + jc_U')\left[sc_d(t) + jsc_d(t - \frac{T_s}{2}) \right] + (c_L + jc_L')\left[sc_d(t) - jsc_d(t - \frac{T_s}{2}) \right] +$$
$$(\overline{c_U} + j\overline{c_U'})\left[sc_p(t) + jsc_p(t - \frac{T_s}{2}) \right] + (\overline{c_L} + j\overline{c_L'})\left[sc_p(t) - jsc_p(t - \frac{T_s}{2}) \right] \tag{2.82}$$

其中

$$sc_d(t) = \frac{\sqrt{2}}{4}sc_c\left(t - \frac{T_s}{4}\right) + \frac{1}{2}sc_c(t) + \frac{\sqrt{2}}{4}sc_c\left(t + \frac{T_s}{4}\right) \tag{2.83}$$

$$sc_p(t) = -\frac{\sqrt{2}}{4}sc_c\left(t - \frac{T_s}{4}\right) + \frac{1}{2}sc_c(t) - \frac{\sqrt{2}}{4}sc_c\left(t + \frac{T_s}{4}\right) \tag{2.84}$$

式中：$\overline{c_U} = c_U'c_Lc_L'$，$\overline{c_U'} = c_Uc_Lc_L'$，$\overline{c_L} = c_Uc_U'c_L'$，$\overline{c_L'} = c_Uc_U'c_L$ 都为互调分量。AltBOC 信号的副载波波形如图 2.17 所示,其中 $sc_d(t)$ 是一个 4 电平的余弦函数量化波形,而 $sc_d(t \pm T_s/2)$ 是一个正弦函数的量化波形,$sc_p(t)$ 是为了满足恒包络而引入的副载波,相比 $sc_d(t)$,幅值较小,具体幅值如表 2.2 所列。

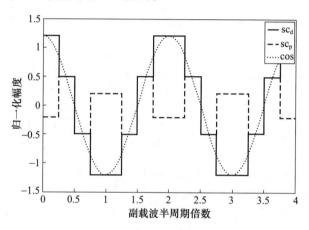

图 2.17 AltBOC 信号副载波波形

表 2.2 AltBOC 信号副载波幅值

信号	0	1	2	3	4	5	6	7
$2 \times sc_d(t)$	$\sqrt{2}+1$	1	-1	$-\sqrt{2}-1$	$-\sqrt{2}-1$	-1	1	$\sqrt{2}+1$
$2 \times sc_p(t)$	$-\sqrt{2}+1$	1	-1	$\sqrt{2}-1$	$\sqrt{2}-1$	-1	1	$-\sqrt{2}+1$

2.4.4.2 功率谱密度

首先绘制未加入互调分量的 AltBOC 信号的功率谱,由式(2.80)可知,信号的功率谱可以写为

$$G_{\mathrm{AltBOC\_NC}}(f) = G_{\mathrm{Alt\_I}}(f) + G_{\mathrm{Alt\_Q}}(f) = 2 \times G_{\mathrm{Alt\_I}}(f) =$$
$$\frac{4}{T_c}\left|\mathrm{FT}[sc_c(t)]\right|^2 + \frac{4}{T_c}\left|\mathrm{FT}[sc_s(t)]\right|^2 \tag{2.85}$$

分析可知

$$\left|\mathrm{FT}[sc_c(t)]\right|^2 = \begin{cases} 4K^2T_s^2\mathrm{sinc}^2(\pi fKT_s)\dfrac{\sin^4(\pi/2fT_s)}{\cos^2(\pi fT_s)} & K\ 为偶数 \\[3mm] 4K^2T_s^2\dfrac{\cos^2(\pi fKT_s)}{(\pi fKT_s)^2}\dfrac{\sin^4(\pi/2fT_s)}{\cos^2(\pi fT_s)} & K\ 为奇数 \end{cases} \tag{2.86}$$

$$\left|\mathrm{FT}\left[\,\mathrm{sc_s}(\,t\,)\,\right]\right|^2 = \begin{cases} K^2 T_{\mathrm{s}}^2 \mathrm{sinc}^2(\pi f K T_{\mathrm{s}}) \tan^2(\pi f T_{\mathrm{s}}) & K\ \text{为偶数} \\[2mm] K^2 T_{\mathrm{s}}^2 \dfrac{\cos^2(\pi f K T_{\mathrm{s}})}{(\pi f K T_{\mathrm{s}})^2} \tan^2(\pi f T_{\mathrm{s}}) & K\ \text{为奇数} \end{cases} \tag{2.87}$$

由式(2.85)~式(2.87),经过整理,得

$$G_{\mathrm{AltBOC}}(f) = \begin{cases} \dfrac{8}{\pi^2 f^2 T_{\mathrm{c}}} \dfrac{\sin^2(\pi f T_{\mathrm{c}})}{\cos^2(\pi f T_{\mathrm{s}})}(1 - \cos \pi f T_{\mathrm{s}}) & K\ \text{为偶数} \\[4mm] \dfrac{8}{\pi^2 f^2 T_{\mathrm{c}}} \dfrac{\cos^2(\pi f T_{\mathrm{c}})}{\cos^2(\pi f T_{\mathrm{s}})}(1 - \cos \pi f T_{\mathrm{s}}) & K\ \text{为奇数} \end{cases} \tag{2.88}$$

恒包络的 AltBOC 信号的功率谱为

$$G_{\mathrm{AltBOC}}(f) = 2G_{\mathrm{Alt\_I}}(f) =$$

$$\begin{cases} \dfrac{4}{\pi^2 f^2 T_{\mathrm{c}}} \dfrac{\sin^2(\pi f K T_{\mathrm{s}})}{\cos^2(\pi f T_{\mathrm{s}})} \left[\cos^2(\pi f T_{\mathrm{s}}) - \cos(\pi f T_{\mathrm{s}}) - 2\cos(\pi f T_{\mathrm{s}})\cos\left(\pi f \dfrac{T_{\mathrm{s}}}{2}\right) + 2 \right] & K\ \text{为偶数} \\[4mm] \dfrac{4}{\pi^2 f^2 T_{\mathrm{c}}} \dfrac{\cos^2(\pi f K T_{\mathrm{s}})}{\cos^2(\pi f T_{\mathrm{s}})} \left[\cos^2(\pi f T_{\mathrm{s}}) - \cos(\pi f T_{\mathrm{s}}) - 2\cos(\pi f T_{\mathrm{s}})\cos\left(\pi f \dfrac{T_{\mathrm{s}}}{2}\right) + 2 \right] & K\ \text{为奇数} \end{cases} \tag{2.89}$$

因为 Galileo 系统选用 AltBOC(15,10)作为导航信号,即 $K = 3$,得

$$G_{\mathrm{AltBOC(15,10)}}(f) = \frac{1}{2\pi^2 f^2 T_{\mathrm{c}}} \frac{\cos^2(\pi(f) T_{\mathrm{c}})}{\cos^2\left(\pi f \dfrac{T_{\mathrm{c}}}{3}\right)} \times \left[\cos^2(\pi f T_{\mathrm{s}}) - \cos(\pi f T_{\mathrm{s}}) - \right.$$

$$\left. 2\cos(\pi f T_{\mathrm{s}})\cos\left(\pi f \frac{T_{\mathrm{s}}}{2}\right) + 2 \right] \tag{2.90}$$

图 2.18 所示为由式(2.88)与式(2.89)得出的非恒包络与恒包络 AltBOC(15,10) 功率谱,以及通过计算机仿真得到的真实信号的功率谱,可以看出两者均较吻合,这也证明了式(2.88)与式(2.89)的正确性。图 2.19 中同时给出了非恒包络与恒包络

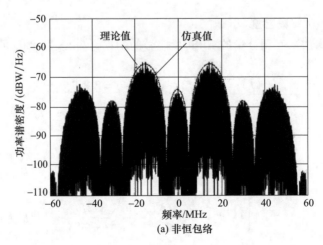

(a) 非恒包络

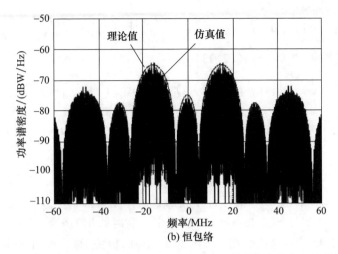

图 2.18　非恒包络与恒包络 AltBOC(15,10)功率谱仿真值与理论值比较

AltBOC(15,10)理论功率谱,可以看出恒包络信号的抗干扰能力更强,跟踪精度更高,这是因为与非恒包络信号相比,恒包络信号有更小的载频分量与更多的高频分量。

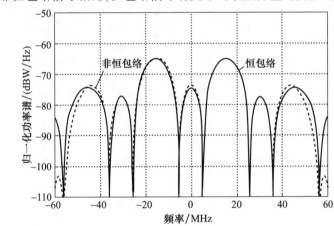

图 2.19　非恒包络与恒包络 AltBOC(15,10)功率谱比较

2.4.4.3　相关函数

由 AltBOC 的表达式知其有 4 路分量信号,高频端的 I 分量与 Q 分量、低频端的 I 分量与 Q 分量,Q 分量往往为导频通道,用于捕获与跟踪。接收时本地产生与接收信号相共轭的复载波,上、下边带可以同时接收,也可以分别接收。若 4 路分量信号的伪码相互正交,则 AltBOC 信号 Q 分量的自相关函数可以写为

$$R_{\text{AltBOC}}(\tau) = R_{\text{U}'\text{U}'}(\tau) + R_{\text{L}'\text{L}'}(\tau) \tag{2.91}$$

式中

$$R_{\text{U}'\text{U}'}(\tau) = \frac{1}{T_{\text{c}}} \int_0^{T_{\text{c}}} \left[\text{sc}_{\text{d}}(t+\tau) + j\text{sc}_{\text{d}}\left(t+\tau-\frac{T_{\text{s}}}{2}\right) \right] \left[\text{sc}_{\text{d}}(t) - j\text{sc}_{\text{d}}\left(t-\frac{T_{\text{s}}}{2}\right) \right] dt \tag{2.92}$$

$$R_{L'L'}(\tau) = \frac{1}{T_c} \int_0^{T_c} \left[sc_d(t+\tau) - jsc_d\left(t+\tau-\frac{T_s}{2}\right) \right] \left[sc_d(t) + jsc_d\left(t-\frac{T_s}{2}\right) \right] dt \qquad (2.93)$$

进一步计算式(2.92)与式(2.93),得

$$R_{U'U'}(\tau) = \frac{1}{T_c} \int_0^{T_c} \left\{ \left[sc_d(t+\tau) sc_d(t) \right] + \left[sc_d\left(t+\tau-\frac{T_s}{2}\right) sc_d\left(t-\frac{T_s}{2}\right) \right] \right\} dt +$$

$$j\frac{1}{T_c} \int_0^{T_c} \left\{ \left[sc_d\left(t+\tau-\frac{T_s}{2}\right) sc_d(t) \right] - \left[sc_d(t+\tau) sc_d\left(t-\frac{T_s}{2}\right) \right] \right\} dt =$$

$$(R_{qq} + R_{pp}) + j(R_{pq} - R_{qp}) \qquad (2.94)$$

$$R_{L'L'}(\tau) = (R_{qq} + R_{pp}) + j(R_{qp} - R_{pq}) \qquad (2.95)$$

利用 2.4.2.3 节中 BOC 信号自相关函数的结论,得到 R_{qq}、R_{pp}、R_{pq} 和 R_{qp} 分别如图 2.20 所示。图 2.21 所示为 AltBOC 双边带接收时的相关函数,图中同时也给出了余弦相位 BOC(15,10)与正弦相位 BOC(15,10)的相关函数,可知 AltBOC 的相关函数为实函数,虚部为零,且主峰斜率介于余弦相位 BOC(15,10)与正弦相位 BOC(15,10)信号之间。图 2.22 所示为单边带相关函数。

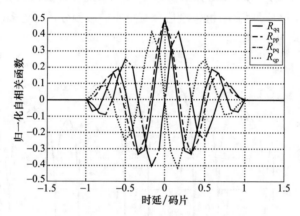

图 2.20 各副载波相关函数

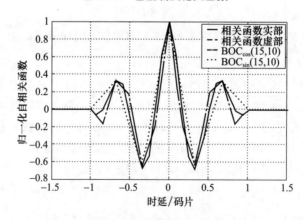

图 2.21 双边带相关函数

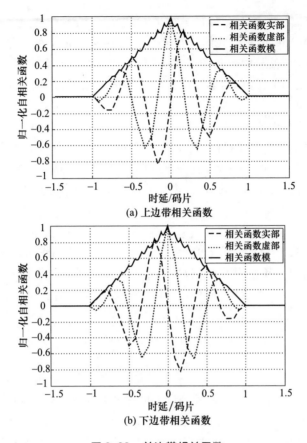

(a) 上边带相关函数

(b) 下边带相关函数

图 2.22　单边带相关函数

2.4.5　其他调制方式

2.4.5.1　QMBOC

一般的 MBOC 信号可以记作 $\mathrm{MBOC}(m,n,\gamma)$，其归一化功率谱密度（PSD）在不考虑发射带宽滤波时可以表示为

$$\Phi_{\mathrm{MBOC}(m,n,\gamma)} = (1-\gamma)\Phi_{\mathrm{MBOC}(n,n)} + \gamma\Phi_{\mathrm{MBOC}(m,n)} \tag{2.96}$$

在 QMBOC 中，$\mathrm{BOC}(m,n)$ 与 $\mathrm{BOC}(n,n)$ 分量的合成方式既没有使用 TMBOC 的时分复用，也没有使用 MBOC 的线性组合，而是将两个信号分量分别调制在载波的两个正交分量上。$\mathrm{BOC}(m,n,\gamma)$ 信号的基带信号可以表示为

$$S_{\mathrm{QMBOC}} = \sqrt{1-\gamma}\,S_{\mathrm{BOC}(n,n)}(t) \pm \mathrm{j}\sqrt{\gamma}\,S_{\mathrm{BOC}(m,n)}(t) \tag{2.97}$$

式（2.97）可根据信号设计情况取正号或负号，取正号称作正相 QMBOC，或者 QMBOC ＋，取负号称作反相 QMBOC，或者 QMBOC －。

QMBOC 调制虽然与 CBOC 比较类似，但二者在自相关函数上有很大不同。QMBOC 信号的自相关函数为

$$R_{\text{QMBOC}} = E\left\{ S_{\text{QMBOC}}(t) S_{\text{QMBOC}}^*(t) \right\} = (1-\gamma) R_{\text{BOC}(n,n)}(\tau) + \gamma R_{\text{BOC}(m,n)}(\tau) \quad (2.98)$$

由于组成 QMBOC 调制方式的两路信号分布在两个正交的信号支路上,因此信号内部不存在 CBOC 信号中存在的互相关项,因此,QMBOC 信号成功地消除了正相和反相信号功率之间的限制,对两路信号的功率分配来说,可以更加灵活,只要总功率满足式(2.96)即可。

2.4.5.2 ACE-BOC

AltBOC 由欧洲学者率先提出,且 4 路信号均为等功率。针对北斗的特殊需求以及知识产权的限制,我国学者提出了 ACE-BOC 复用方式,将 4 路需要复用的信号分别记为 $S_{\text{UI}}(t)$、$S_{\text{UQ}}(t)$、$S_{\text{LI}}(t)$、$S_{\text{LQ}}(t)$,需要分配的信号功率分别为 P_{UI}、P_{UQ}、P_{LI}、P_{LQ}。将总功率进行归一化,即

$$P_{\text{UI}} + P_{\text{UQ}} + P_{\text{LI}} + P_{\text{LQ}} = 1 \quad (2.99)$$

在复合信号中:$S_{\text{UI}}(t)$ 和 $S_{\text{UQ}}(t)$ 为调制上边带信号,分别作为正交信号中的数据分量和导频分量,中心频率为 f_{U};$S_{\text{LI}}(t)$ 和 $S_{\text{LQ}}(t)$ 为调制下边带信号,分别作为正交信号中的数据分量和导频分量,调制后的信号中心频率为 f_{L}。每路基带信号可以表示为

$$S_i(t) = \sqrt{P_i}\, b_i(t) \quad (2.100)$$

$$b_i(t) = \sum_{n=-\infty}^{\infty} c_n^{(i)} P_i\left(t - nT_{\text{c}}^{(i)}\right) \quad (2.101)$$

式中:$P_i \in \{P_{\text{UI}}, P_{\text{UQ}}, P_{\text{LI}}, P_{\text{LQ}}\}$ 为信号分量 i 的平均功率;$c_n^{(i)} \in \{\pm 1\}$ 为对应电文比特符号;$P_i(t)$ 为二进制伪码符号;$T_{\text{c}}^{(i)}$ 为码片周期。

使用副载波对分布于上、下边带的 4 路信号进行复用,构成分布在两个频点的频谱分裂信号。副载波形式为

$$\gamma_{\text{sc2}}(t) = \cos(2\pi f_{\text{s}} t) + \mathrm{j}\sin(2\pi f_{\text{s}} t) \quad (2.102)$$

式中:$f_{\text{s}} = (f_{\text{U}} - f_{\text{L}})/2$。

副载波用方波形式代替,有

$$\tilde{\gamma}_{\text{sc2}}(t) = \mathrm{sgn}\left[\cos(2\pi f_{\text{s}} t)\right] + \mathrm{jsgn}\left[\sin(2\pi f_{\text{s}} t)\right] \quad (2.103)$$

经副载波调制的复合基带信号为

$$S_{\text{DSB}}(t) = \left[S_{\text{UI}}(t) + \mathrm{j}S_{\text{UQ}}(t)\right]\tilde{\gamma}_{\text{sc2}}(t) + \left[S_{\text{LI}}(t) + \mathrm{j}S_{\text{LQ}}(t)\right]\tilde{\gamma}_{\text{sc2}}^*(t) \quad (2.104)$$

此时,生成的信号还不是恒包络调制信号,与 AltBOC 信号一样,需要添加相应的互调分量,保证信号的包络恒定。

首先对式(2.102)中采用的子载波波形进行变换。将副载波 $\gamma_{\text{sc2}}(t)$ 代入式(2.104)中,有

$$
\begin{aligned}
S_{\text{DSB}}(t) &= \left[S_{\text{UI}}(t) + \mathrm{j}S_{\text{UQ}}(t)\right]\tilde{\gamma}_{\text{sc2}}(t) + \left[S_{\text{LI}}(t) + \mathrm{j}S_{\text{LQ}}(t)\right]\tilde{\gamma}_{\text{sc2}}^*(t) = \\
&\quad \left[(S_{\text{UI}} + S_{\text{LI}})\cos(2\pi f_{\text{s}} t) - (S_{\text{UQ}} - S_{\text{LQ}})\sin(2\pi f_{\text{s}} t)\right] + \\
&\quad \mathrm{j}\left[(S_{\text{UQ}} + S_{\text{LQ}})\cos(2\pi f_{\text{s}} t) - (S_{\text{UI}} - S_{\text{LI}})\sin(2\pi f_{\text{s}} t)\right]
\end{aligned} \quad (2.105)
$$

可以简化为

$$S_{\mathrm{DSB}}(t) = \alpha_{\mathrm{I}}\sin(2\pi f_s t + \varphi_{\mathrm{I}}) + j\alpha_{\mathrm{Q}}\sin(2\pi f_s t + \varphi_{\mathrm{Q}}) \qquad (2.106)$$

式中

$$
\begin{cases}
\varphi_{\mathrm{I}} = -\arctan2(S_{\mathrm{UI}} + S_{\mathrm{UI}}, S_{\mathrm{UQ}} - jS_{\mathrm{LQ}}) \\
\varphi_{\mathrm{Q}} = \arctan2(S_{\mathrm{UQ}} + S_{\mathrm{LQ}}, S_{\mathrm{UI}} - jS_{\mathrm{LI}}) \\
\alpha_{\mathrm{I}} = -\sqrt{(S_{\mathrm{UI}} + S_{\mathrm{LI}})^2 + (S_{\mathrm{UQ}} - S_{\mathrm{LQ}})^2} \\
\alpha_{\mathrm{Q}} = \sqrt{(S_{\mathrm{UI}} - S_{\mathrm{LI}})^2 + (S_{\mathrm{UQ}} + S_{\mathrm{LQ}})^2}
\end{cases}
\qquad (2.107)
$$

其中：$\arctan2(\cdot)$ 为四象限反正切函数。

式（2.106）中，将 $\sin(x)$ 替换为 $\dfrac{\sqrt{2}}{2}\mathrm{sgn}[\sin(x)]$，可以得到 $S_{\mathrm{ACE}}(t)$ ACE – BOC 信号：

$$S_{\mathrm{ACE}}(t) = \frac{\sqrt{2}}{2}\{\alpha_{\mathrm{I}}\mathrm{sgn}[\sin(2\pi f_s t + \varphi_{\mathrm{I}})] + j\alpha_{\mathrm{Q}}\mathrm{sgn}[\sin(2\pi f_s t + \varphi_{\mathrm{Q}})]\} \qquad (2.108)$$

则信号的包络为

$$A^2 = \alpha_{\mathrm{I}}^2 + \alpha_{\mathrm{Q}}^2 = S_{\mathrm{UI}}^2 + S_{\mathrm{LI}}^2 + S_{\mathrm{UQ}}^2 + S_{\mathrm{LQ}}^2 = P_{\mathrm{UI}} + P_{\mathrm{LI}} + P_{\mathrm{UQ}} + P_{\mathrm{LQ}} = 1 \qquad (2.109)$$

信号包络保持恒定，因此实现了信号恒包络复用。

2.4.6　GPS 导航信号

传统的 GPS 卫星只在 L1（中心频率为 1575.42MHz）和 L2（中心频率为 1227.60MHz）两个载波频率上发射导航信号，其中 L1 上发射民用信号 C/A 码（或称为粗捕获信号，承载卫星为 Block Ⅰ～Block Ⅲ），采用 BPSK-R(1) 调制方式，伪码为 GOLD 码，码长为 1023，码速率为 1.023Mchip/s，由两个 10 位移位寄存器异或产生，电文速率为 50bit/s。军用信号 P(Y) 码（或称为精捕获信号，承载卫星为 Block Ⅰ～Block Ⅲ）在 L1 与 L2 两个频段上发射用以消除电离层影响，采用 BPSK-R(10) 调制方式，伪码由 4 个 12 位寄存器产生，码长为 6.1871×10^{12}（重复周期为 7 天），码速率为 10.23Mchip/s，数据速率为 50bit/s[23-25]。

随着 GPS 应用的深入，美国提出了 GPS 现代化计划。其核心有 3 点：①保证在敌方实施导航战的情况下己方能够正常使用卫星导航系统；②阻止敌方利用卫星导航系统进行导航和定位；③保障战区外民用用户能够正常使用卫星导航系统。为此，在 L1、L2 和 L5（中心频率为 1176.45MHz）频段上新增了 3 个民用信号，并且在 L1、L2 信号上新增 M 码作为新的军用信号，这些新型信号完全向下兼容原有的信号。L2 频点上增加的民用信号称为 L2C（承载卫星为 Block ⅡR-M、Block Ⅲ），首次设计了导频与数据两个相互正交的通道，测距码由 CM 和 CL 两种码复合而成，导航信息采用与 C/A 码相同的格式，采用速率为 1/2、约束长度为 7 的卷积编码。GPS L5 信号的设计是与 L5 频段的选择同时开展的，在 2000 年完成，是为与生命安全相关的服务而专门设置的,承载该信号的卫星为ⅡF卫星,采用了导频/数据通道、高的 PRN 码速率、长的伪码周期、带纠错的电文以及附加的纽曼-霍夫曼码等新理念。美国专门研究了 L5 信号与多个使用 1176.45MHz 附近频率资源系统的兼容性。L1C (1575.42MHz)是从 2003 年 8 月开始设计的,直到 2006 年才基本确定,L1C 设计目标为与现有及已计划的 L1 信号兼容,及尽可能与其他系统信号互操作(与 Galileo E1 公开服务(OS)信号实现互操作)。最终 L1C 选取 TMBOC 调制技术,采用 I、Q 两路: 一路为数据通道,伪码是 Weil 序列码,码速率为 1.023Mchip/s,码长为 10230;另一路为导频通道,码速率为 1.023Mchip/s,码长为 1800 × 10230。

最终,GPS 占用了 3 个频段:L1、L2 和 L5,在这 3 个频段上发射了 8 种信号,见表 2.3 和图 2.23。

表 2.3　GPS 信号

频段	信号	调制方式	码型	码长	带宽/MHz	服务
L1 (中心频率 1575.42MHz)	C/A 码	BPSK-R(1)	GOLD 码	1023	2.046	OS
	P(Y)码	BPSK-R(10)	复合码	6187104000000	20.46	AS
	L1C-I	BOC(1,1)	Weil 码	10230	14.322	OS
	L1C-Q	TMBOC(6,1,4/33)	Weil 码	1800 × 10230		OS
	M 码	BOC(10,5)	未公开	未公开	30.69	AS
L2 (中心频率 1227.60MHz)	P(Y)码	BPSK-R(10)	复合码	6187104000000	20.46	AS
	M 码	BOC(10,5)	未公开	未公开	30.69	AS
	L2C	BPSK-R(1)	截断 m 码	10230(CM) 767250(CL)	2.046	OS
L5 (中心频率 1176.45MHz)	L5	BPSK-R(10)	复合码	10230	20.46	OS

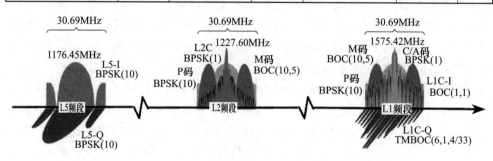

图 2.23　GPS 信号分布(见彩图)

2.4.7　GLONASS 导航信号

GLONASS 采用频分多址(FDMA)体制,这一点与其他采用 CDMA 体制的导航系统存在很大不同,在 L1PT 频段发射 14 个中心频率的民用信号,对应的中心频率分布在 1598.0625 ~ 1605.3750MHz 之间,相邻信号频率间隔为 0.5625MHz;在 L2PT 频段发射 14 个中心频率的民用信号,对应的中心频率分布在 1242.9375 ~ 1248.6250MHz 之间,相邻信号频率间隔为 0.4375MHz[26]。长码(P 码)与民码采用相同的频段,但是信号之间相位正交且码速率也不同,即频率间隔为 5.11MHz。目前 GLONASS 的新型卫星不仅播发旧体制的 L1PT 信号和 L2PT 信号,还播发新体制的 L3PT,L3PT 信号的中心频率为 1202.025MHz,采用 CDMA 体制。

此外,在未来 GLONASS 中还计划播发 L1CR 和 L5R 信号,其中 L1CR 能够与 BD B1C/GPS L1C/Galileo E1 OS 进行兼容互操作,而 L5R 信号则与 GPS L5/Galileo E5a 进行兼容互操作,但是信号具体的播发方式还处于研究试验阶段。具体的信号见表 2.4 与图 2.24。

表 2.4　GLONASS 信号

频段	信号	调制方式	带宽/MHz	服务
L1PT (1598.0625 ~ 1605.3750MHz)	L1PT C/A 码	BPSK-R(0.511)	1.022	OS
	L1PT P 码	BPSK-R(5.11)	10.22	AS
L2PT (1242.9375 ~ 1248.6250MHz)	L2PT C/A 码	BPSK-R(0.511)	1.022	OS
	L2PT P 码	BPSK-R(5.11)	10.22	AS
L3PT(1202.025MHz)	L3PT P 码	BPSK-R(10)	20.46	AS

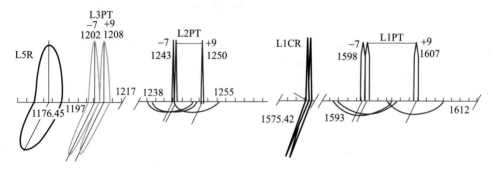

图 2.24　GLONASS 信号分布(见彩图)

2.4.8　Galileo 系统导航信号

欧盟 1999 年 7 月的政策文件规定:"Galileo 系统必须是一个开放的全球系统,它与 GPS 完全兼容,但又独立于 GPS。"这就要求 Galileo 系统既有与 GPS 相互重叠的频率,也有独立的频率与信号。最终在 E1/L1 与 E5a(与 GPS L5 频段相同)发送与 GPS 频谱相互重叠的信号,在 E5b 和 E6 上发送独立的信号以提供商业及开放式服务。

E1 频段(1563 ~ 1592MHz,中心频率 1575.42MHz)内,发射 3 种信号,E1B、E1C

和 E1A。E1A 采用 BOC(15,2.5)调制方式,它的测距码与电文采用官方的加密算法,支持公开特许服务(PRS)。E1B 与 E1C 是一对信号,载频相位一致,都采用 CBOC 调制方式。E1C 为导频通道,码速率为 1.023Mchip/s,主码长为 4092,是存储码(Memory Code),副码长为 25,称为 tiered codes。E1B 为数据通道,码速率为 1.023Mchip/s,是存储码,数据速率为 250bit/s。支持公开服务(OS)、商业服务(CS)和生命安全(SOL)服务[27]。

E6 频段(1260～1300MHz,中心频率 1278.75MHz)内,发射 3 种信号,即 E6A、E6B 和 E6C。E6A 采用 BOC(10,5)调制方式,码速率为 5.115Mchip/s,伪码结构未知,支持 PRS。E6B-I 和 E6B-Q 是一对信号,载频相位相互正交,采用 BPSK(5)调制方式,码速率为 5.115Mchip/s,E6B-I 是数据通道,数据速率为 1000bit/s。E6B-Q 是导频通道,支持 CS。

E5 频段(1164～1215MHz,中心频率 1191.795MHz)内发射 4 种信号,即 E5a-I、E5a-Q、E5b-I、E5b-Q。E5a 是公开信号,内部包括 E5a-I 和 E5a-Q,分别对应数据通道和导频通道,伪码为组合截短 M 序列,码速率为 10.23Mchip/s,主码长为 10230,数据通道副码长为 20,导频通道副码长为 100。支持 OS。E5b 也是一个可公开访问信号,伪码为组合截短 M 序列,码速率为 10.23Mchip/s,主码长为 10230,数据通道副码长为 4,导频通道副码长为 100。支持 OS、CS 和 SOL。

Galileo 信号分布见表 2.5 和图 2.25。

表 2.5 Galileo 信号

频段	信号		调制方式	码型	码长	带宽/MHz	服务
E1(中心频率 1575.42MHz)	E1B		CBOC(6,1,1/11)	存储码	4092	14.322	OS/CS/SOL
	E1C				4092×25		
	E1A		$BOC_{cos}(15,2.5)$	未公开	未公开	35.805	PRS
E5(中心频率 1191.795MHz)	E5	E5a-I	AltBOC(15,10)	GOLD	10230×20	51.15	OS/CS/SOL
		E5a-Q			10230×100		
		E5b-I			10230×4		
		E5b-Q			10230×100		
E6(中心频率 1278.75MHz)	E6A		$BOC_{cos}(10,5)$	未公开	未公开	40.92	PRS
	E6B		BPSK-R(5)	存储码	4092	5.115	CS
	E6C				4092×25		

2.4.9 北斗二代区域导航系统信号

北斗二代区域导航系统信号占用了 3 个频段:B1、B2 和 B3,在这 3 个频段上发射了 6 种信号,面向不同用户分别提供公开和授权服务。

B1 频段(1550～1572MHz,中心频率 1561.098MHz)内,发射公开服务 B1I 信号,

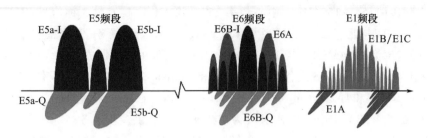

图 2.25　Galileo 信号分布(见彩图)

使用的调制方式为 BPSK,码速率为 2.046Mchip/s。

B2 频段(1181 ~ 1232MHz,中心频率 1207.14MHz)内,发射公开服务 B2I 信号,使用的调制方式为 BPSK,码速率为 2.046Mchip/s。

B3 频段(1242 ~ 1294MHz,中心频率 1268.52MHz)内,发射公开服务 B3I 信号,使用的调制方式为 BPSK,码速率为 10.23Mchip/s[28]。

具体的信号见表 2.6 和图 2.26。

表 2.6　北斗二代区域导航信号

频段	信号	调制方式	码长	带宽/MHz	服务
B1(中心频率 1561.098MHz)	B1I	BPSK(2)	2046	20	OS
	B1Q	—	—		AS
B2(中心频率 1207.14MHz)	B2I	BPSK(2)	2046	50	OS
	B2Q	—	—		AS
B3(中心频率 1268.52MHz)	B3I	BPSK(10)	10230	50	OS
	B3Q	—	—		AS

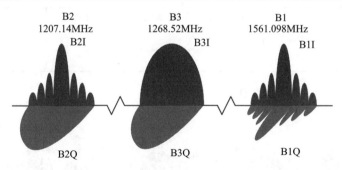

图 2.26　北斗二代区域导航系统信号(见彩图)

2.4.10　北斗三号全球导航系统信号

北斗三号全球导航系统信号占用了 3 个频段:B1、B2、B3,在这 3 个频段上发射了 9 种信号。面向不同用户分别提供公开和授权服务。

B1 频段(1556~1594MHz,中心频率 1575.42MHz)内,发射 3 种信号:B1I、B1C、B1A,其中:B1I 与北斗二代区域系统 B1I 一致,提供公开服务,使用的调制方式为BPSK,码速率为 2.046Mchip/s;B1C 提供公开服务,采用的调制方式为 MBOC(6,1),这样设计的目的是与 GPS 现代化信号 L1C 和 Galileo E1 信号兼容互操作,B1C 包括数据分量 B1Cd 和导频分量 B1Cp,B1Cd 采用 BOC(1,1)调制方式,B1Cp 采用QMBOC(6,1,4/33)调制方式,码长均为 10230;B1A 提供授权服务。

B2 频段(1155~1227MHz,中心频率 1191.795MHz)内,发射两种信号:B2a、B2b,提供公开服务,B2a 和 B2b 分量使用 ACE-BOC 调制方式,各自占用1176.45MHz 频点和 1207.14MHz 频点,分别具备数据和导频分量,码速率为10.23Mchip/s。

B3 频段(1242~1294MHz,中心频率 1268.52MHz)内,发射 3 种信号:B3I、B3Q、B3A,其中:B3I 与北斗二号卫星 B3I 一致,提供公开服务,使用的调制方式为 BPSK,码速率为 10.23Mchip/s;B3Q、B3A 提供授权服务。具体的信号见表 2.7 和图 2.27[29]。

表 2.7　北斗三号全球导航系统信号

频段	信号	调制方式	码长	带宽/MHz	服务
B1(中心频率 1575.42MHz)	B1I	BPSK(2)	2046	36	OS
	B1Cd	BOC(1,1)	10230		OS
	B1Cp	QMBOC(6,1,4/33)	10230		OS
	B1A	—	—		AS
B2(中心频率 1191.795MHz)	B2a	ACE-BOC	10230	70	OS
	B2b		10230		OS
B3(中心频率 1268.52MHz)	B3I	BPSK(10)	10230	40	OS
	B3Q	—	—		AS
	B3A				AS

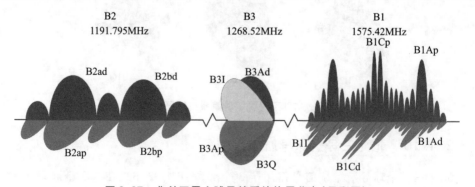

图 2.27　北斗三号全球导航系统信号分布(见彩图)

2.5　导航信号接收模型

普通接收机采用全向天线接收卫星信号,由于全向天线没有指向性,因此能够接收所有可见导航卫星发射的导航信号,且这些信号强度一般远低于背景噪声。除此之外,为了更好地分析相关前信号质量,也可以采用专门的信号质量监测天线专门接收某一颗卫星发射的导航信号,进行相关前监测。专门的信号质量监测天线包括阵列天线、抛物面天线等,这些天线在本书中统称定向天线,能够实现对卫星导航信号的高增益接收。

2.5.1　全向天线接收信号模型

GNSS 信号主要包括 3 个层次:数据码(电文)、伪码、载波。3 个层次的信号组合在一起组成了导航信号。数据码首先与伪码进行异或相加运算,从而实现数据码的扩频,二者的组合再通过相移键控方式与载波进行组合,调制后的信号即为卫星播发的导航信号。在 GPS 的现代化信号规划、Galileo 系统的信号规划,以及北斗三号的信号规划中,加入了一个新的信号层次:子载波。载波在进行调制时,先要与子载波进行组合,才能再去和数据码与伪码的组合码进行调制。为了简便,本书的讨论中,暂时不对子载波分量进行考虑,因为在实际应用中,子载波的码速率较低,可以在解扩时等效为伪码或者数据码的一部分来处理,对信号的解调和解扩并没有产生本质的影响。

3 个层次组合成的导航信号可以表示为

$$s_{RF}(t) = \mathrm{Re}\left\{ \sqrt{2P} s(t) \exp[j(\omega_c t + \varphi)] \right\} \qquad (2.110)$$

式中:$s(t)$ 为复基带信号;P 为发射功率;ω_c 为以 rad/s 为单位的载波角频率;φ 为载波的初始相位。

为了充分利用频谱资源,通常在一个载波频率上发送多个扩频信号分量,多个信号分量之间采用正交的方式进行组合(复用),则复用信号可由式(2.110)写为

$$S(t) = \sum_{i=1}^{N} s_{RFi}(t) \qquad (2.111)$$

其中

$$s_{RFi}(t) = \mathrm{Re}\left\{ \sqrt{2P} s_i(t) \exp[j(\omega_c t + \varphi_i)] \right\} \qquad (2.112)$$

式中:$s_i(t)$ 为第 i 个信号分量的基带复信号;φ_i 为 i 个信号分量的初始相位。

对于全向天线,接收信号为所有可见卫星传输到天线表面的信号及环境噪声之和:

$$S_r(t) = \sum_{j=1}^{M} S_j(t) + n(t) = \sum_{j}^{M} \sum_{i=1}^{N} s_{RFij}(t) + n(t) \qquad (2.113)$$

式中：$S_j(t)$ 为第 j 颗卫星的输出信号；$n(t)$ 为双边带功率谱密度为 $N_0/2$ 的高斯白噪声信号。

2.5.2　定向天线接收信号模型

导航卫星发射的导航信号传输到地面天线口面时的信号功率在 -130dBm 左右，远低于噪声电平，因此天线输入端的信号实际是负信噪比信号。信噪比为负值时，信号淹没在噪声以下，只能通过相关计算的方式，利用扩频码信号的相关特性，对导航信号进行接收，而无法看到导航信号频谱、时域波形等特性。因此，为了对导航信号质量进行监测，需要采用定向天线对导航信号进行高增益接收，以获得较高的信噪比。

假设定向天线的增益为 G，则其输出信号可以表示为

$$S_r(t) = GS_j(t) + n(t) = G\sum_{i=1}^{N} s_{\text{RF}ij}(t) + n(t) \tag{2.114}$$

当增益 G 足够大时，定向天线输出信号的信噪比可以足够大，信号功率可以远大于噪声功率，从而使相关前信号质量分析成为可能。

◢ 2.6　导航信号的捕获与跟踪

对信号质量监测设备来说，如何从导航信号中获取所需的信息，是其最核心的任务。地面接收机接收信号的过程可以分为捕获、跟踪两个阶段。捕获获得粗略的码相位和载波多普勒频移的估计值，跟踪则基于捕获得到的参数，对导航信号进行精确解析，最终获得电文和测量信息。

2.6.1　传统信号的捕获与跟踪

导航信号由载波、伪码、电文 3 个层次组成。

载波主要作为伪码和电文的载体存在；

伪码主要用来对载波进行扩频，对不同卫星间的信号进行复用，及精确定时；

对于定位，最关键的信息主要包含在电文中。接收导航信号的过程就是一个在本地对载波和伪码进行恢复、剥离，最终得到导航电文的过程。这一过程得以实现，主要基于伪码信号的相关特性。

信号捕获主要涉及载波和伪码信号的重构。图 2.28 所示为信号捕获的框图。

如图 2.28 所示，在接收机对某一卫星信号进行捕获时，需要先将数字中频信号分别与正交的两路本地载波进行混频，将中频信号变换为基带信号，基带信号再与码数字控制振荡器（NCO）输出的伪码进行相关，并进行相干积分，相干积分结果再经非相干积分得到积分值 V，V 值和设定的阈值 V_0 进行比较，如果 $V \geqslant V_0$，则视为检测到信号，如果 $V < V_0$，则通过捕获控制模块，对载波 NCO 和码 NCO 进行调整，调整载波

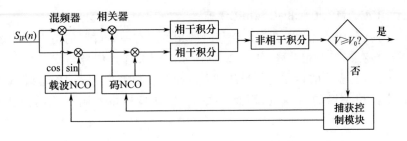

图 2.28　信号捕获原理框图

信号的频率及伪码的码相位,直到 $V \geqslant V_0$ 为止。V_0 值的确定,主要与期望的捕获概率有关。对于积分的时间长度需要根据所接收信号的具体参数及具体的应用场景进行选择。

捕获得到的信号粗略估计结果,用于跟踪环路的初始化。跟踪环路主要包括载波跟踪环路(简称载波环)和伪码跟踪环路(简称码环),它们分别用来准确地复现接收信号中的载波和伪码。

载波环主要有频率锁定环路(锁频环)和相位锁定环路(锁相环)。基本的锁相环路主要包括三大部分:相位鉴别器(简称鉴相器)、环路滤波器以及压控振荡器。其基本构成如图 2.29 所示。锁相环可以理解为一个负反馈系统,鉴相器可以简单地认为是一个乘法器,用来鉴别输入信号 $u_i(t)$ 和输出信号 $u_o(t)$ 之间的相位差异。当锁相环工作在稳定状态时,压控振荡器输出的信号与鉴相器输入的信号通常非常接近。环路滤波器主要完成对环路中噪声的抑制,最终输出的结果既能反映当前输入信号与环路估计值的差别,又能防止噪声导致对压控振荡器的调整出现过激行为。当鉴相结果 $u_d(t)$ 经过环路滤波器后,其高频成分和噪声被滤除。环路滤波器的输出结果 $u_f(t)$ 是压控振荡器的输入。压控振荡器的主要功能是输出周期振荡信号。通过 $u_f(t)$ 的变换来调整压控振荡器的输出 $u_o(t)$,直至输入信号和输出信号相位达到一致,环路才工作在稳定状态。锁频环主要用于鉴别输入载波和复制载波的频率差异,将锁相环鉴相器由相位鉴别改为频率鉴别,即得到锁频环的结构。

图 2.29　相位锁定环路结构

2.6.2　新体制信号的捕获与跟踪

在初期,QPSK 调制是卫星导航信号采用的主要调制方式。QPSK 信号具有结构简单、接收复杂度低的特点。其信号的自相关峰只有一个峰值,易于捕获和跟踪。但是用于无线电导航的频谱资源非常有限,因此研究人员提出了新型调制方式用于卫星导航,如 BOC、TMBOC、CBOC、AltBOC 等。

相比于传统 QPSK 信号,新型调制信号的相关峰有一个鲜明的特点——多峰,即其自相关函数存在多个相关峰,如图 2.30 所示。相关峰是信号捕获、跟踪能够实现的最重要的特性,多峰的存在使信号的捕获和跟踪变得困难,因为捕获和跟踪很有可能不是锁定在相关峰的主峰上,而是副峰上,这样显然得不到正确的捕获和跟踪结果。

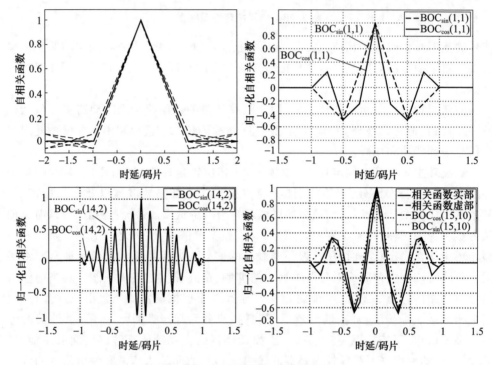

图 2.30　不同调制方式相关峰对比

针对新体制信号的捕获和跟踪,研究人员提出了多种方法来改进传统的捕获和跟踪方法,如单边带组合技术、Bump-Jump 技术、无模糊跟踪鉴别器算法、ASPeCT 算法等。这些算法的本质是如何消除新体制信号副峰影响,使捕获和跟踪锁定在主峰上[30-31]。

2.6.3　高信噪比信号跟踪

在高信噪比条件下,通常信号噪声较小,因此可以使用 Costas 环实现环路跟踪,这样可以降低信号接收的复杂度。Costas 环的基本工作流程为对数字中频信号进行载波多普勒频移和伪码相位的剥离后,对每个码片的信号进行相关累加运算,得到 I、Q 支路的相关积分值,然后将相关积分值通过鉴相器鉴别得到载波相位和码相位误差,最终通过环路滤波器和压控振荡器完成本地载波的控制。

常用的鉴别器主要有一般点积型、带判决的点积型、比值型和二象限反正切型 4 种,不同类型的鉴别器对输入信号信噪比适应能力是不同的[32-35]。一般点积型鉴别器是经典的 Costas 鉴别器,在低信噪比时接近最佳,斜率与信号幅度的平方成正比,运算量适中;带判决的点积型鉴别器在高信噪比时接近最佳,斜率与信号幅度 A 成正比,运算量最低;比值型鉴别器属于次最佳鉴别器,在高、低信噪比时良好,在 $\pm 90°$ 处存在一定的误差;二象限反正切型鉴别器在高、低信噪比时是最佳的(最大似然估计器),斜率与信号幅度无关,运算量最高,通常用查表法实现。

信号质量监测系统一般采用高增益天线接收导航信号,输出信号为高信噪比单载波多路复用信号,其信噪比远高于普通全向天线输出信号的信噪比。因此信号质量监测系统在对导航信号跟踪时一般采用二象限反正切型鉴别器进行鉴相,其优点是在高、低信噪比时表现均良好,且斜率与信号幅度无关。

2.7 电离层对导航信号的影响

电离层分布在大气层中距离地面 50～1000km 的区域。电离层中的自由电子会对导航信号的传播造成影响。大多数情况下,自由电子对信号的主要影响是信号延迟。偶尔出现的自由电子密度不规则性会对信号造成干扰。在赤道区域,日落以后这种不规则性最为常见和严重。高纬度地区经常出现闪烁现象,但程度与赤道区域相比要小,持续时间可能较长。电离层闪烁现象在太阳活动较为频繁的周期中更严重和常见。

对于高精度测量的用户,电离层是距离和距离变化率的重要误差源。有时,对流层和电离层的距离误差是可比拟的,但是电离层的多变性要比对流层大得多,因而电离层电子密度更难以精确估计和预测。在天顶的电离层距离误差的变化范围小的为几米,大的达几十米;而在天顶上的对流层距离误差最大值通常在 2～3m 之间。幸运的是,电离层是一种色散介质,即折射率是工作频率的函数,卫星导航双频用户可以利用电离层的这一特性直接测量并修正电离层距离和距离变化率。与对流层不同,电离层的电子密度绝对值可迅速改变,每天电离层电子密度会频繁改变至少一个数量级。电离层可对导航信号产生的主要影响是:①信号调制的群延迟,或绝对距离误差;②载波相位超前,或相对距离误差;③多普勒频移,或距离变化率误差;④线性极化信号的法拉第旋转;⑤无线电波的折射或弯曲;⑥脉冲波形的畸变;⑦信号幅度衰落或幅度闪烁;⑧相位闪烁。

2.7.1 电离层的折射率

为了对无线电波在电离层中传播时所受到影响做定量描述,必须确定该介质的折射率。电离层的折射率可以表示为

$$n^2 = 1 - \frac{X}{1 - iZ - \frac{Y_T^2}{2(1 - X - iZ)} \pm \left[\frac{Y_T^4}{4(1 - X - iZ)^2} + Y_L^2\right]^{1/2}} \tag{2.115}$$

式中

$$X = Ne^2/\varepsilon_0 m\omega^2 = f_n^2/f^2, \quad Y_L = eB_L/m\omega = f_H\cos\theta/f,$$

$$Y_T = eB_T/m\omega = f_H\sin\theta/f, \quad Z = f_V/\omega$$

其中:$\omega = 2\pi f$,f 为系统的工作频率(Hz);e 为电子电荷,$e = -1.602 \times 10^{-19}$ C;ε_0 为空气的介电常数,$\varepsilon_0 = 8.854 \times 10^{-12}$ F/m;m 为电子的静质量,$m = 9.107 \times 10^{-31}$ kg;θ 为射线相对于地球磁场的夹角;f_V 为电子与中性粒子的碰撞频率;f_H 为电子自旋频率。

等离子体频率 f_n 很少超过 20MHz。电子自旋频率设定为 1.5MHz,碰撞频率 f_V 约为 104Hz。这样,以优于 1% 的精度,电离层的折射率为

$$n = 1 - (X/2) \tag{2.116}$$

电离层折射率对于导航信号的影响是固有的,对于大多数情况而言,一阶形式就够用了。

2.7.2 电离层对卫星导航的主要影响

借助测量电离层的折射率,可以推导出群延迟或绝对距离误差、载波相位超前或相对距离误差,以及多普勒频移或距离变化率误差。还可以计算法拉第旋转和无线电波折射或弯曲等潜在影响。另外,也可简单地描述脉冲波形的畸变及因信号衰减或幅度闪烁或相位闪烁造成的影响。所有这些影响产生的原因是电离层的折射率不等于 1。

2.7.2.1 电离层的群延迟

1)单频群延迟

电离层的群延迟会产生距离误差,这一误差可以用距离单位,也可以用时间延迟的单位表示给导航用户。群延迟可以用下式确定:

$$\Delta t = \frac{1}{c} \int (1 - n)\,\mathrm{d}l \tag{2.117}$$

式中:c 为光速;l 为传播路径;n 为折射率。在 L 频段,一阶折射率 $n = 1 - (X/2)$,其中

$$X = \frac{40.3}{f^2} \int N\mathrm{d}l \tag{2.118}$$

则电离层的群延迟为

$$\Delta t = \frac{40.3}{cf^2} \int N\mathrm{d}l \tag{2.119}$$

$\int N\mathrm{d}l$ 值是传播路径上的电子总含量(TEC),沿着观测到的卫星路径进行积分。TEC 在时间和空间上的变化会使用户的电离层延迟不同。

2）双频群延迟

通过在相隔很远的两个导航频率 f_1 及 f_2 上独立地测量群路径延迟可以直接测定沿卫星到接收机路径上的 TEC。双频接收机测量在 f_1 及 f_2 上电离层中的时间延迟差值,记为 $\delta(\Delta t)$。从式(2.119)可得到

$$\Delta t_1 = \left[f_2^2 / (f_1^2 - f_2^2) \times \delta(\Delta t) \right] \tag{2.120}$$

式中: Δt_1 为 f_1 上的电离层时间延迟。

数值 $\delta(\Delta t)$ 是从对整个距离测量值的差值求得的,整个距离测量值中包括 f_1 及 f_2 两个频率上的电离层时间延迟,原因是在所有频率上几何距离是一样的。$f_2^2 / (f_1^2 - f_2^2)$ 称为电离层比例换算系数。

2.7.2.2　电离层载波相位超前

1）单频电离层载波相位超前

载波相位的超前可表示为

$$\Delta \phi = \frac{1}{\lambda} \int (1 + n) \, \mathrm{d}l \tag{2.121}$$

或

$$\Delta \phi = \frac{f}{2c} \int X \mathrm{d}l = \frac{40.3}{cf} \int N \mathrm{d}l = \frac{1.34 \times 10^{-7}}{f} \int N \mathrm{d}l \tag{2.122}$$

式中: $c = v_g v_\phi$, v_g 、 v_ϕ 分别为群速度与相位速度。

2）差分载波相位超前

差分载波相位超前是指无线电频率传输的载波在穿越电离层后,载波相位会超前于在自由空间中传播。实际上,除非发射机和接收机都具有超出想象的振荡器稳定度,且对卫星轨道特性也知道得极为清楚,否则无法在一个单频率上直接测量出相位超前量。此种测量通常需要有两个相干导出频率。例如,对于 GPS 卫星,发射的载波 L1 和 L2 是相位相干的,都是从公用的 10.23MHz 振荡器导出的。所以可测出 L1 和 L2 两个载波频率之间的差分相移 (δ_ϕ)。此差分测量值与 TEC 的关系如下:

$$\Delta \delta_\phi = \left[(1.34 \times 10^{-7}) / f_L \times (m^2 - 1) / m^2 \right] / \text{TEC} \tag{2.123}$$

式中: $m = f_1 / f_2$。导航系统使用差分载波相位自动修正其系统中的距离变化率误差。在卫星过境期间,差分载波相位可以为相对 TEC 的变化提供非常精确的测度,但是,由于不知道相位的差分周期数,所以 TEC 绝对值必须从差分群延迟测量中得出。

3）载波相位超前与群延迟之间的关系

群延迟与载波相位之间的关系为

$$\Delta \phi = -f \Delta t \tag{2.124}$$

或者,对于载波相位超前的每一周期,存在 $1/f(s)$ 的时间延迟。例如,在 GNSS 信号最常用的 1575.42MHz 频点上,当载波相位超前一个周期,对应的群延迟为 0.635ns。式(2.124)中的负号表示差分码群延迟与差分载波相位超前在相反方向上移动。

2.7.2.3　电离层幅度闪烁

地球电离层的不规则性既产生衍射效应,也产生折射效应,都可能引起短时间的

信号衰落,而信号衰落会对导航接收机的跟踪能力造成严重压力。信号增强的情况也会发生,但是导航用户无法以任何有用方式来利用短时间较强的信号。信号衰落可以严重到使信号电平完全降低到接收机的锁定门限以下,导致接收机必须不断重新捕获。有些衰落甚至超出常用导航接收机平均信噪比(约20dB),当信号在数秒时间内维持在一个较低的常量电平上时,将使接收机失去部分或者全部相位锁定,并试图重新捕捉信号。强衰落在傍晚时可能持续长达数小时,期间也存在无衰减时间段。

2.7.2.4 电离层相位闪烁

在振幅衰落强烈时,电离层引起距离变化率误差的不规则性通常也会迅速地横跨观测者的视线运动路径,引起接收机载波相位的迅速变化。这是导航接收机在自然环境中接受的最严峻的考验。信号相位的迅速变化称为相位闪烁,主要是因为电离层中电子数发生迅速但又非常微小的变化。这时,由于电离层的闪烁效应,信号振幅一般也要衰落,而接收机的锁定要经受严重考验。

在严重相位闪烁期间,相位不会以一种一致的、迅速的方式变化产生较大的电离层多普勒频移,而是接收的射频信号的相位将有较大的随机波动,叠加在 TEC 的变化之上。这一大的随机分量可能使接收到的信号频谱展宽,以致只有 1Hz 或更窄带宽的接收机失去相位锁定,这是因为接收机信号相位可能在载波上留下能量较少,但却可能扩展到几赫上,只留下难以辨认的载波。需要知道相位闪烁速率才能确定接收机信号相位的扩展。如果电离层产生的相位变化比接收机带宽允许的还快,就会发生 GPS 接收机相位锁定问题。典型情况下,在接收机的积分时间内,L1 频率上只需要有 1rad 的相位变化,就会引起接收机环路锁定的问题。如果接收机载波跟踪环路的带宽只有约 1Hz,刚好能够接纳几何多普勒频移,那么将出现这样的时刻:电离层的变化速率使得视在多普勒相位变化大于 1Hz,从而导致失锁。

2.8 对流层对导航信号的影响

本节讨论对流层对 L 频段导航信号的影响以及由此产生的对定位的影响。所讨论的具体影响包括对流层衰减、闪烁和延迟效应。为了精确,特别说明本章中所用到的"对流层"一词多少有些不妥,因为大约有 25% 的延迟效应是由对流层以上的大气层气体,特别是对流层上限和平流层中的气体引起的。对流层产生的衰减效应通常低于 0.5dB,而延迟效应通常在 2 ~ 25m 的级别上。这些影响都随仰角而变化,仰角越低,在对流层中的路径越长;同时,也随大气层大气密度-高度剖面而变化。

1)大气衰减

1 ~ 2GHz 频段中的大气衰减主要由氧气衰减引起,但影响通常较小。这种衰减对于在天顶的卫星来说为 0.035dB 的数量级。不过,在低仰角上会扩大 10 倍。水蒸气、雨水及氮气在导航频段上的衰减效应可以忽略。

2）降雨引起的衰减

对于 2GHz 的频率，即使是 100mm/h 的大降雨量引起的衰减也小于 0.01dB/km；因此，雨水的影响非常小。当频率低于 2GHz 时，雨水引起的衰减效应更小。所以在导航 L 频段上，雨水的衰减效应没有什么影响。

3）对流层闪烁

对流层闪烁产生的主要原因是大气层折射系数不规则，卫星与地球之间的信号传播链路需要穿越对流层，在对流层中经过传播介质的吸收和散射，会造成接收波形幅度和相位的随机变化。这种变化的主要影响因素包括信号频率、卫星仰角以及天气状况。对于导航频率，除去很小的时间因素和低仰角之外，上述影响一般相对较小。

对于地面信号质量监测系统来说，要规避和减轻对流层闪烁效应，最好选择天气状况较好的时段，观测卫星的仰角最好大于 10°，且避开乌云。

4）对流层延迟

所收到的来自导航卫星的信号在沿地球表面或接近地球表面传向用户时要受到大气层的折射。大气层折射引起的延迟取决于射线的实际路径（稍微有些弯曲）以及沿路径的气体的折射率。如果用户天线方位对称，则延迟只取决于大气层的垂直剖面和到卫星的仰角。

对流层延迟的影响可以分为两类：①由空气中的氮气和氧气引起，主要原因是大气中水蒸气较少而引起附加延迟，一般延迟程度达到 2～3cm，但是这种延迟变化较为缓慢，在天气不变的前提下，几小时内的延迟的变化不超过 1%；②由空气中的水蒸气引起，这类延迟仅占干燥大气延迟效应的 1/10，但是却随时间变化明显，一般几小时的变化为 10%～20%。

对于地面信号质量监测系统，我们主要关注对流层对信号幅度和相位的影响，因为这些因素将影响信号质量，而对导航信号在对流层里的延迟不太关注。

2.9　多径对导航信号的影响

卫星导航的核心功能是完成测距，即测定卫星天线与接收天线间的相位中心距离，但是在实际场景下，会有很多因素导致测量产生误差，尤其在某些高精度应用中，轨道误差、星历误差、对流层误差和电离层误差都需要进行考虑，对于以上误差，可以通过差分或者建模的方式进行抑制或消除，但是对于多径产生的影响，则无法预知，因为多径产生的原因是外界环境的变化导致卫星导航信号产生反射和散射，这些信号一旦和直达信号一起被接收机完成接收，会严重影响测距精度。多径误差是影响高精度测距的主要误差源，当信号体制确定后，通过信号处理方法来消除多径，这样做代价较大，但效果不明显。

一般的多径信号分为反射信号和散射信号：反射信号是指电磁波经过较平滑的平

面反射后形成的多径信号,一般只有一路反射信号;散射信号是指电磁波经过不规则平面产生的多路反射信号,考虑到散射信号的每一路功率较低,可以忽略不计,所以下面重点分析反射的多径信号对于信号接收的影响。多径接收信号的基带等效形式为

$$r(t) = a_0 \mathrm{e}^{j\varphi_0} x(t - \tau_0) + \sum_{n=1}^{N} a_n \mathrm{e}^{j\varphi_n} x(t - \tau_n) \qquad (2.125)$$

式中:a_0 为直达信号幅度;φ_0 为直达信号的相位;$x(t)$ 为发送信号的复包络;τ_0 为直达信号的传播时延;N 为反射多径信号的路径数目;a_n 为多径信号的幅度;φ_n 为多径反射信号的相位;τ_n 为多径反射信号的时延。

考虑最简单的情况,即只存在一路反射的多径信号,此时跟踪环路的鉴相器输出为

$$D = \frac{1}{2} \frac{\sqrt{I_E^2 + Q_E^2} - \sqrt{I_L^2 + Q_L^2}}{\sqrt{I_E^2 + Q_E^2} + \sqrt{I_L^2 + Q_L^2}} \qquad (2.126)$$

连续跟踪时,有

$$R^2(\varepsilon + d/2) - R^2(\varepsilon - d/2) + \beta_1^2 [R^2(\varepsilon + d/2 - \tau_1(t)) - R^2(\varepsilon - d/2 - \tau_1(t))] +$$
$$2\beta_1 \cos\theta_1(t) [R(\varepsilon + d/2) R(\varepsilon + d/2 - \tau_1(t)) - R(\varepsilon - d/2) R(\varepsilon - d/2 - \tau_1(t))] = 0$$

$$(2.127)$$

式中:ε 为伪码跟踪环路鉴别得到的跟踪误差;$\tau_1(t)$ 为反射的多径信号与直达信号时延偏差;β_1 为反射的多径信号的功率衰减系数;$\theta_1(t)$ 为由于路径传播距离不同而引起的反射多径信号与直达信号间的载波相位差;d 为相关间距,即超前支路和滞后支路间的时间长度。根据前面的推导,在多径信号接收情况下,伪码跟踪环路的输出与相关间隔、码相位跟踪误差以及多径导致的码相位延迟和载波相位延迟直接相关,当直达信号和多径信号相位差为 0° 或 180° 时,跟踪误差最大。

从信号质量角度来看,在多径信号接收情况下,天线接收的信号包含直达路径信号,还包括其他反射、散射信号,使得接收信号产生一定的畸变,这种畸变会使基带信号的眼图迹线变模糊,星座图迹线变宽,星座散点图发散[36]。

对于信号质量监测系统,首先要在接收端链路设计时尽可能采取必要措施,减小和消除接收链路多径,然后排除地面多径,根据具体信号体制和多径特征参数,分析卫星发射链路多径产生原因。

◢ 2.10   接收信道对导航信号质量的影响

从地面设备接收到导航信号,到输出信号质量监测结果,需要经过放大、变频、数字化、滤波等过程。由于信号质量监测是在信号层面对导航信号进行分析,所以对信号接收信道要求较高。

在实际工程中发现,接收信道可能会存在谐波、交调、干扰、带内不平衡问题,对导航信号影响主要体现在信噪比、带内平坦度方面,导致信号质量监测结果出现偏差。

因此,需要选择高性能、高稳定度、谐波和交调较小、带内平衡度好、噪声系数小的接收设备,最大限度地降低接收信号对导航信号的影响。

在数字化过程中,信号的采样率和量化位数也会对最终分析结果产生影响。根据奈奎斯特采样定理,采样率达到信号带宽的两倍以上,则可以无损地将信号中包含的信息保留下来。但是为了保证信号质量监测的高精度,通常选择较高的采样率对信号进行采样。对于数字化设备,由于量化位数、信噪比和信噪谐波比成正比关系,因此,通常选择高量化位数的数字化设备来保证数字化后的信号具有较高信噪比,防止因数字化设备的性能影响原始导航信号质量。

设计不良的数据预处理过程也会对导航信号质量产生影响。由于数据速率较高,计算量较大,因此在实时性要求较高的场合,数据预处理过程通常被放在数字信号处理硬件中进行。硬件平台处理速度快、实时性强,但由于硬件平台大多采用定点形式来表示数据,且在数据处理过程中为防止数据位数不断扩展,需要对数据进行截位等操作,这些操作都会对信号本身产生影响,在信号质量监测结果中引入误差。因此,数据预处理过程也需要进行精心设计,防止引入不必要的误差,影响后续信号质量监测工作的进行。

参考文献

[1] BETZ J W. The offset carrier modulation for GPS modernization[C]//ION NTM 1999, San Diego, USA, January 25-27, 1999:639-648.

[2] BETZ J W. Binary offset carrier modulations for radionavigation[J]. Journal of the Institute of Navigation, 2001, 48(4):227-246.

[3] 吕成财. 多模 GNSS 兼容与互操作技术[D]. 哈尔滨:哈尔滨工程大学, 2014.

[4] AVILA-RODRIGUEZ J A, HEIN G W, WALLNER S, et al. The MBOC modulation: the final touch to the galileo frequency and signal plan[C]//ION GNSS 2007, Fort Worth, USA, September 25-28, 2007, 1515-1529.

[5] HEIN G W, BETZ J W, AVILA-RODRIGUEZ J A, et al. MBOC the new optimized spreading modulation recommended for Galileo L1 OS and GPS L1C[C]//Proceedings of IEEE/ION PLANS 2006, Coronado, USA, April 25-27, 2006:883-892.

[6] 李春霞, 楚恒林. GPS 与 Galileo 共用的 MBOC 信号研究[J]. 全球定位系统, 2009, (4):47-51.

[7] LESTARQUIT L, ARTAUD G, ISSLER J L. AltBOC for dummies or everything you always wanted to know about AltBOC[C]//ION GNSS 2008, Savannah, USA, September 16-19, 2008:961-970.

[8] European Union. European GNSS(Galileo) open service: signal in space interface control document[M]. Luxembourg: Publications Office of the European Union, 2010.

[9] SLEEWAEGEN J M, DE WILDE W, HOLLREISER M. Galileo ALTBOC receiver[C]//Proceedings of ENC GNSS, Rotterdam, Netherlands, May 17-19 2004:1-9.

[10] HEGARTY C, BETZ J W, SAIDI A. Binary coded symbol modulations for GNSS[C]//ION AM

2004,Dayton,USA,June 7-9,2004:56-64.

[11] AVILA-RODRIGUEZ J A,WALLNER S,HEIN G W,et al. A vision on new frequencies,signals and concepts for future GNSS systems[C]//ION GNSS 2007,Fort Worth,USA,September 25-28, 2007:517-534.

[12] 姚铮,陆明泉,冯振明. 正交复用 BOC 调制及其多路复合技术[J]. 中国科学:物理学·力学·天文学,2010,40(5):575-580.

[13] YAO Z,ZHANG J,LU M. ACE-BOC:dual-frequency constant envelope multiplexing for satellite navigation[J]. IEEE Transactions on Aerospace and Electronic Systems,2016,52(1):466-485.

[14] DAFESH P A,GUYEN T M. Coherent adaptive subcarrier modulation(CASM) for GPS modernization[C]//Proceedings of the 12th National Technical Meeting of the Institute of Navigation,San Diego,USA,January 25-27,1999:649-660.

[15] DAFESH P A,CAHN C R. Phase-optimized constant-envelope transmission(pocet) modulation method for GNSS signals[C]//22nd International Technical Meeting of the Satellite Division of the Institute of Navigation 2009,Savannah,USA,2009,September 22-25,2009(2):1206-1212.

[16] ZHANG K. Generalised constant-envelope dualQPSK and altBOC modulations for modern GNSS signals[J]. Electronics Letters,2013,49(21):1335-1337.

[17] YAN T,TANG Z,WEI J,et al. A quasi-constant envelope multiplexing technique for GNSS signals [J]. Journal of Navigation,2015,68(4):791-808.

[18] 严涛. GNSS 恒包络调制及 BOC 信号跟踪方法研究[D]. 武汉:华中科技大学,2015.

[19] YAO Z,GUO F,MA J,et al. Orthogonality-based generalized multicarrier constant envelope multiplexing for dsss signals[J]. IEEE transactions on aerospace & electronic systems,2017,53(4): 1685-1698.

[20] 唐祖平. 采样率约束下的最佳多频恒包络复用[C]//第八届中国卫星导航学术年会,上海,中国,5 月 23—25 日,2017.

[21] 严涛,王瑛,曲博,等. 现代化 GNSS 信号恒包络复用方法[J]. 空间电子技术,2017,14(5): 27-33.

[22] KAPLAN E D,CHRISTOPHER J H. GPS 原理与应用[M]. 寇艳红,译. 北京:电子工业出版社,2007.

[23] GPS Joint Program Office. Interference specification IS-GPS-200:Revision D,IRN-200D-001 [EB/OL]. [2006-03-07]. https://www. gps. gov/technical/icwg/IS-GPS-200D. pdf.

[24] GPS Joint Program Office. GPS interference specification IS-GPS-70 5[EB/OL]. [2005-09-22]. https://www. gps. gov/technical/icwg/IS-GPS-705. pdf.

[25] GPS Joint Program Office. GPS interference specification IS-GPS-800[EB/OL]. [2008-09-04]. https://www. gps. gov/technical/icwg/IS-GPS-800. pdf.

[26] Coordination scientific information center. GLONASS Interface Control Document [EB/OL]. https://www. unavco. org/help/glossary/docs/ICD_GLONASS_4. 0_(1998)_en. pdf.

[27] EGSA. European GNSS(Galileo) Open service signal in space interface control document [EB/OL]. [2015-11-11]. https://galileognss. eu/wp-content/uploads/2015/12/Galileo_OS_SIS_ICD_v1. 2. pdf.

[28] INSIDE GNSS. China adds details to compass(Beidou Ⅱ)signal plans[EB/OL].[2008-09-12].
https://insidegnss.com/china-adds-details-to-compass-beidou-ii-signal-plans/.

[29] CNAGA. Compass view on compatibility and interoperability[EB/OL].[2019-06-31].http://
www.unoosa.org/documents/pdf/icg/activities/2009/wga1/04.pdf.

[30] 罗显志,赵宏伟,闫浩.基于复子载波信号无模糊跟踪的组合环路设计[J].西北工业大学学
报,2018,36(1):176-181.

[31] 杨再秀,杨俊武,郑晓冬,等.现代 GNSS 信号捕获性能评估理论与应用[J].中国科学:物理
学·力学·天文学,2021,51(1):187-200.

[32] YU W,LACHAPELLE G,SKONE S. PLL performance for signals in the presence of thermal noise,
phase noise,and Ionospheric scintillation[C]//Proceedings of International Technical Meeting of
the Satellite Division of the Institute of Navigation,2006:1341-1357.

[33] YU W. Selected GPS receiver enhancements for weak signal acquisition and tracking[D].Calgary:
University of Calgary,2007.

[34] 姚铮,陆明泉.新一代卫星导航系统信号设计原理与实现技术[M].北京:电子工业出版
社,2016.

[35] DIERENDONCK A J V,FENTON P,Ford T. Theory and performance of narrow correlator spacing in
a GPS receiver[J].Navigation,1992,39(3):265-283.

[36] 贺成艳.GNSS 空间信号质量评估方法研究及测距性能影响分析[D].西安:中国科学院国家
授时中心,2013.

第3章 卫星导航信号异常建模与分析

◢ 3.1 引　言

自从 GPS SVN19 卫星发现信号异常以来,导航卫星的信号质量越来越受到重视,卫星异常对用户的影响更受到重视[1-3]。

GNSS 的卫星导航信号生成载荷主要包括导航信号生成和频段发射两部分:导航信号生成部分主要完成导航信号扩频码和导航电文的生成,以及单路基带信号的合成,并且提供高精度和高稳定度的频标;频段发射部分主要完成各路基带信号的复用、上变频和高功率放大。在分析 GNSS 卫星载荷电路组成的基础上,将导航信号生成过程表示为图 3.1,包括频标及时间控制、基带信号生成、数字低中频调制、数模转换、模拟上变频调制、滤波器(功放前的等效)、高功率放大器和多路合成器等功能单元。

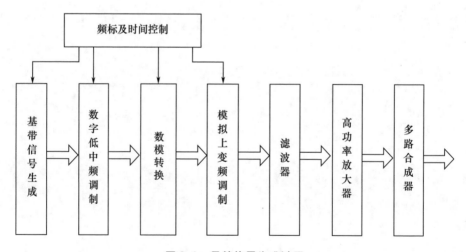

图 3.1　导航信号生成过程

调研与分析表明,电文、星钟、载波、伪码在导航信号中容易出现异常,因此本章主要对电文、星钟、载波、伪码异常、I/Q 分量正交性异常等进行分析与仿真。

这些异常出现在导航信号生成过程的各个部分,如图 3.2 所示,由于在异常信号模拟过程中,频标、滤波器、变频器、天线等硬件设备无法调整其参数,因此通过改进基带信号生成程序来完成多种信号异常的模拟是一种可行的途径。

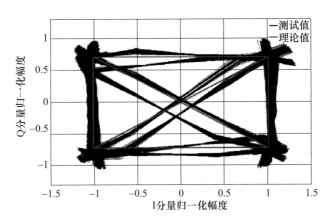

图 1.2　Green Bank 信号监测系统观测结果

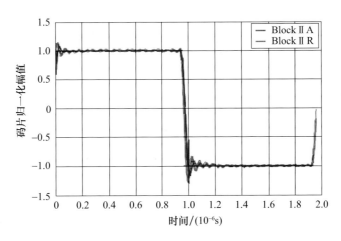

图 1.5　导航信号时域码片波形

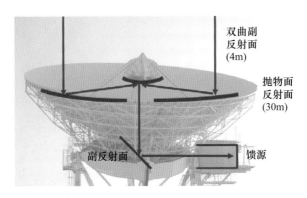

图 1.8　德国宇航中心通信导航研究所 30m 抛物面高增益天线

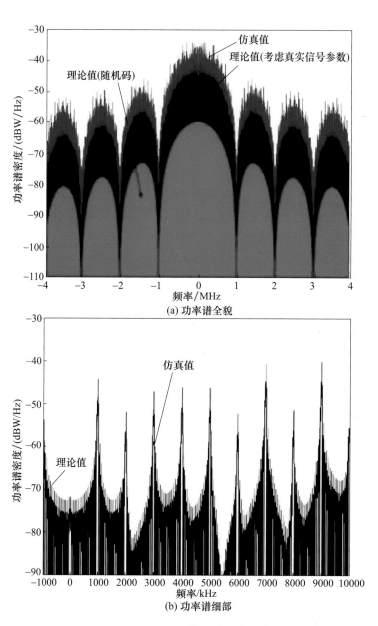

(a) 功率谱全貌

(b) 功率谱细部

图 2.4　GPS C/A 信号的功率谱密度

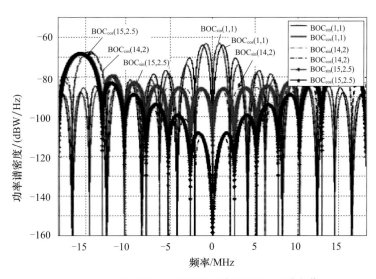

(a)BOC(1,1)、BOC(14,2)和BOC(15,2.5)功率谱

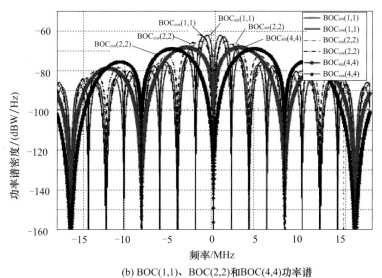

(b) BOC(1,1)、BOC(2,2)和BOC(4,4)功率谱

图 2.6　BOC 信号功率谱密度

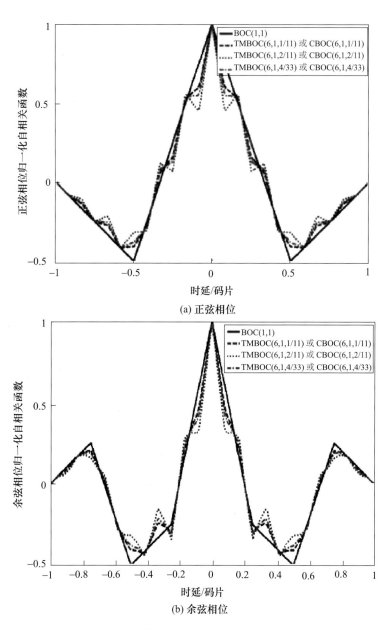

(a) 正弦相位

(b) 余弦相位

图 2.10　两种方式 MBOC 信号的自相关函数

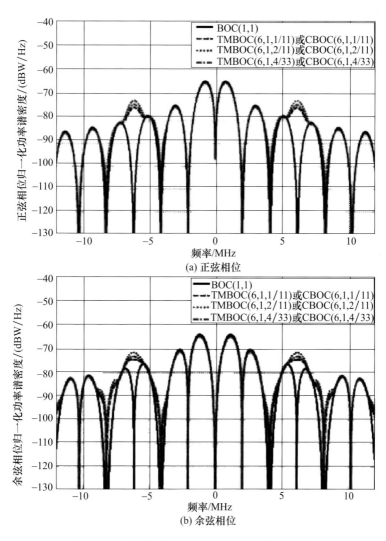

图 2.11 不同实现方式 MBOC 信号的功率谱

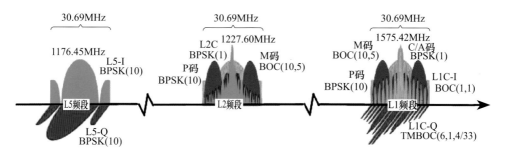

图 2.23 GPS 信号分布

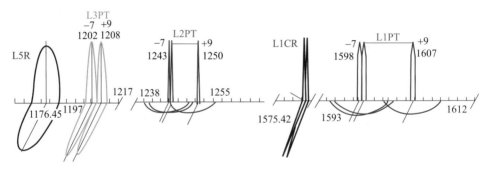

图 2.24　GLONASS 信号分布

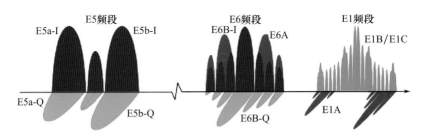

图 2.25　Galileo 信号分布

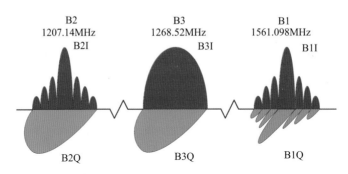

图 2.26　北斗二代区域导航系统信号

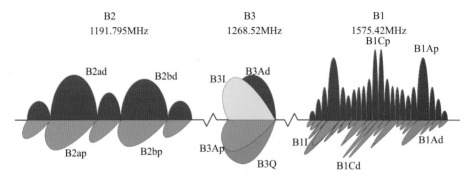

图 2.27　北斗三号全球导航系统信号分布

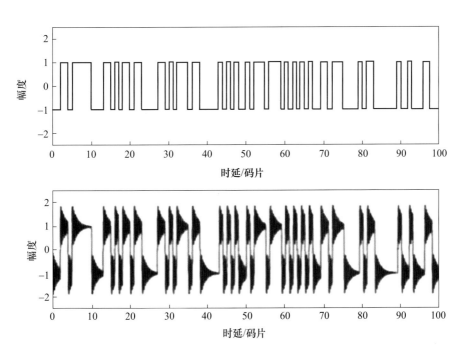

图 3.8　TMB 时域波形

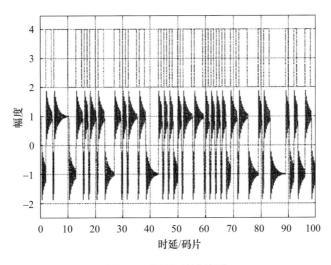

图 3.9　TMC 时域波形

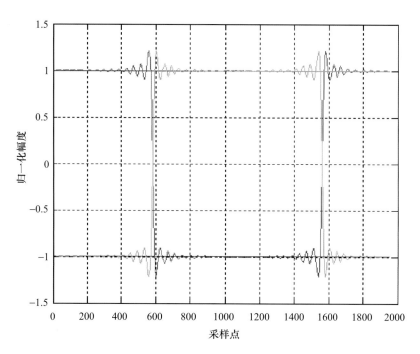

图 5.6　理想 C/A 码的眼图

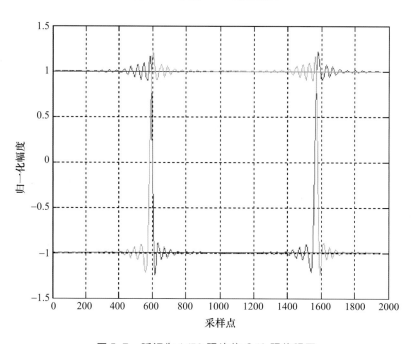

图 5.7　延迟为 1/50 码片的 C/A 码的眼图

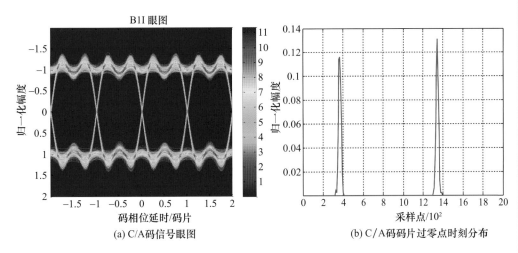

(a) C/A 码信号眼图

(b) C/A 码码片过零点时刻分布

图 5.8　实际 C/A 码信号眼图与 C/A 码码片过零点时刻分布

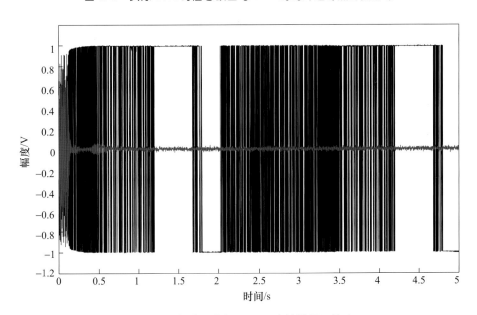

图 5.16　软件接收机 I/Q 两路基带解调输出

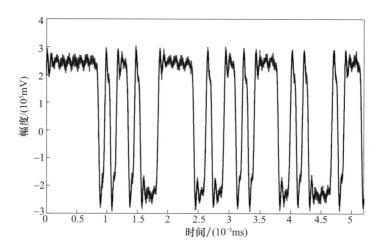

图 5.22 dither 采样并序列重组后恢复的时域波形

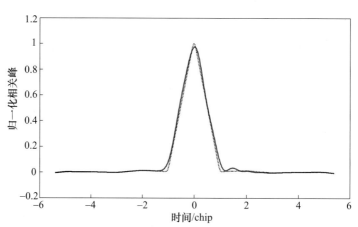

图 5.23 频域滤波前信号的归一化相关峰

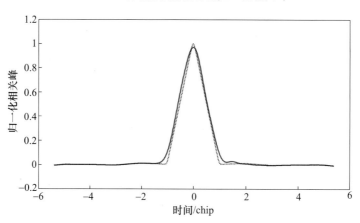

图 5.24 频域滤波后信号的归一化相关峰

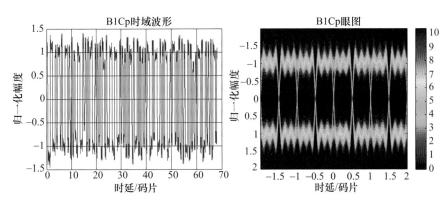

图 5.25　北斗三号 M1 卫星信号 B1Cp 时域波形和眼图

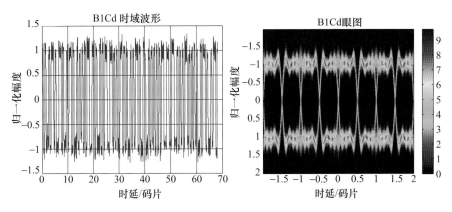

图 5.26　北斗三号 M1 卫星信号 B1Cd 时域波形和眼图

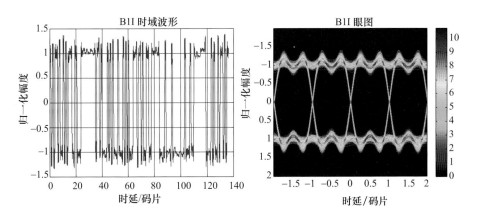

图 5.27　北斗三号 M1 卫星信号 B1I 时域波形和眼图

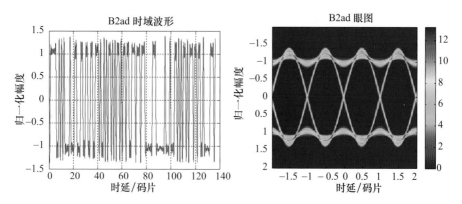

图 5.28　北斗三号 M1 卫星 B2ad 信号时域波形和眼图

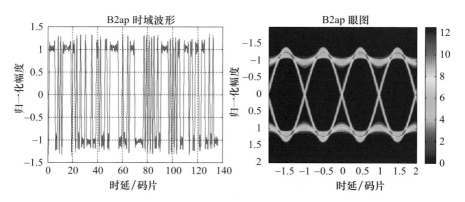

图 5.29　北斗三号 M1 卫星 B2ap 信号时域波形和眼图

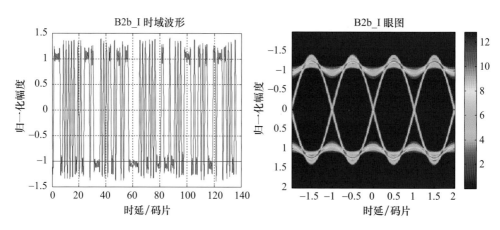

图 5.30　北斗三号 M1 卫星 B2b_I 信号时域波形和眼图

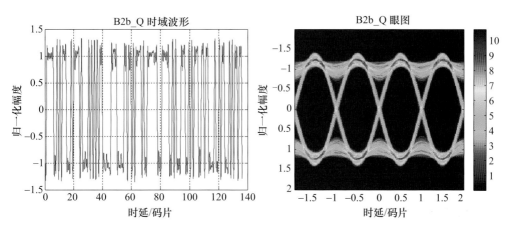

图 5.31　北斗三号 M1 卫星 B2b_Q 信号时域波形和眼图

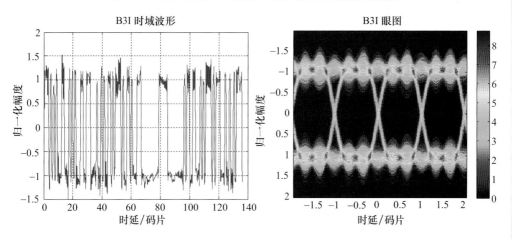

图 5.32　北斗三号 M1 卫星 B3I 信号时域波形和眼图

表6.4 北斗三号某卫星 B1 信号合成功率谱及偏差

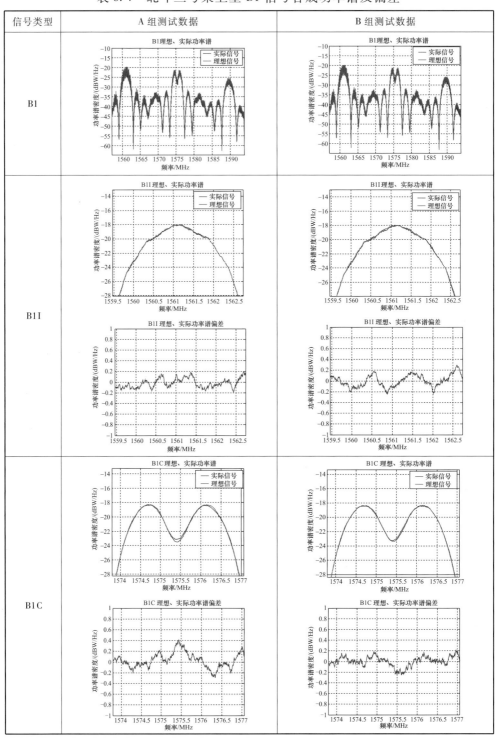

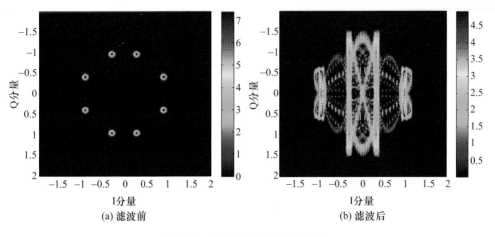

(a) 滤波前 (b) 滤波后

图 7.8 滤波前后的星座图比较

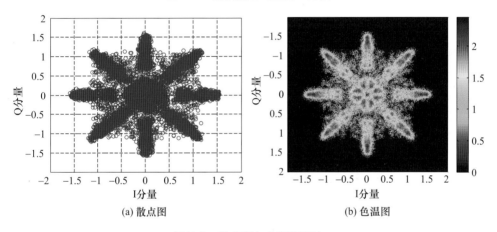

(a) 散点图 (b) 色温图

图 7.9 散点图与色温图对比

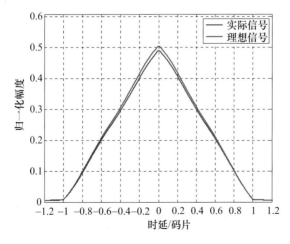

图 8.3 B1I 发射带宽相关峰测试结果

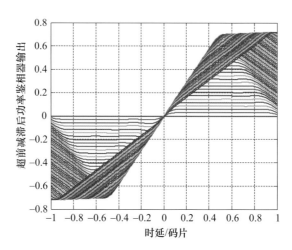

图 8.7　不同相关间隔下的 S 曲线

15m口径天线

2.4m口径天线

办公区

信息处理机房

图 11.3　监测评估中心实物构成

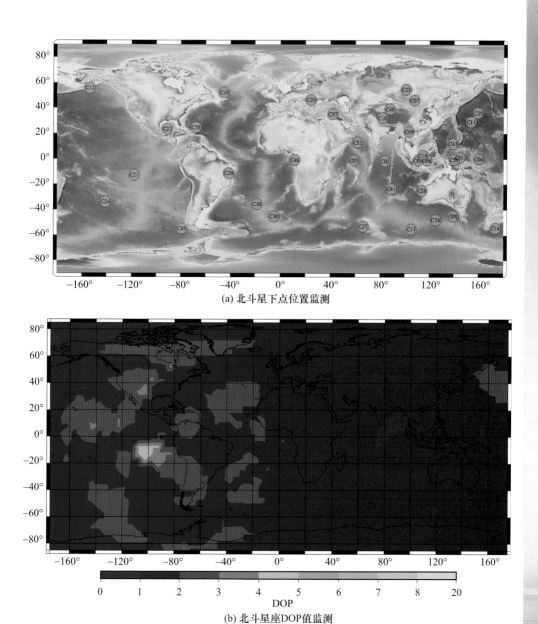

(a) 北斗星下点位置监测

(b) 北斗星座DOP值监测

图 11.4　监测评估中心监测评估可视化效果图

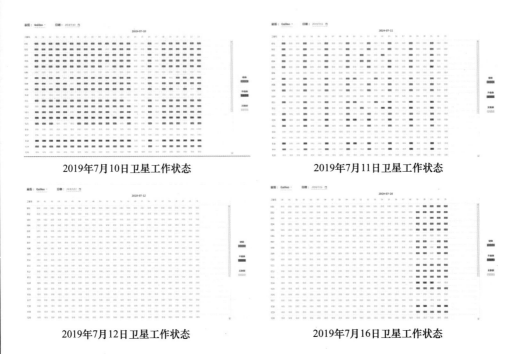

2019年7月10日卫星工作状态　　　　　　　2019年7月11日卫星工作状态

2019年7月12日卫星工作状态　　　　　　　2019年7月16日卫星工作状态

图 11.5　Galileo 系统瘫痪期间卫星工作状态监测

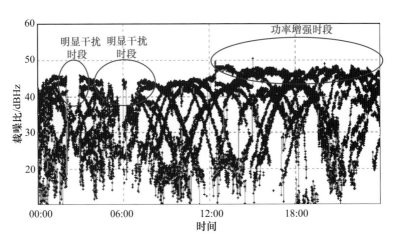

图 11.7　美国精确打击叙利亚期间授权 GPS 信号载噪比变化情况

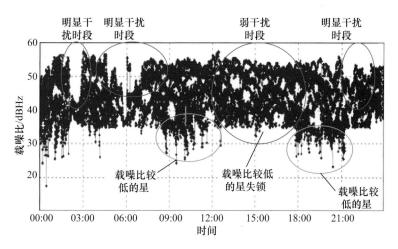

图 11.8　美国精确打击叙利亚期间 GPS 民用信号载噪比变化情况

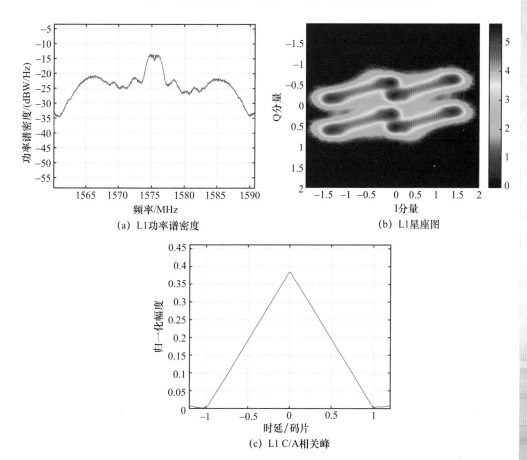

(a) L1功率谱密度

(b) L1星座图

(c) L1 C/A相关峰

图 11.9　GPS Ⅲ卫星 L1 信号频域、调制域和相关域监测情况

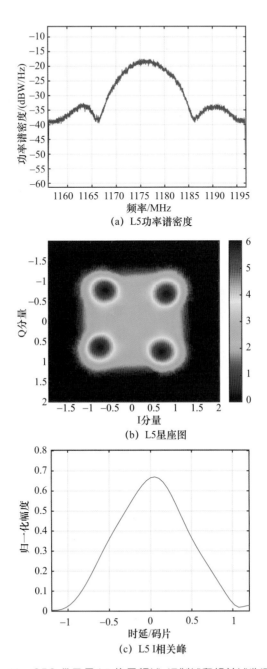

(a) L5功率谱密度

(b) L5星座图

(c) L5 I相关峰

图 11.10　GPS Ⅲ卫星 L5 信号频域、调制域和相关域监测情况

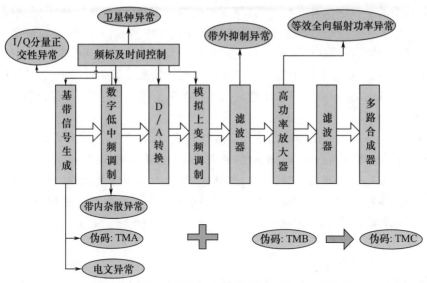

TMA—威胁模型A; TMB—威胁模型B; TMC—威胁模型C。

图 3.2　异常模拟总体框图

3.2　扩频码异常

卫星导航信号会受到有效载荷的数字与模拟电路、功率放大器与天线及空间环境的影响而产生异常。为解释 GPS SVN19 卫星信号的异常,国外研究人员开发研究了多种导航信号异常模型,其中应用最广泛的为二阶阶梯异常(2OS)模型,由于其可以很好地解释故障卫星在频谱和定位方面的异常,同时还与导航信号产生的机理相吻合,因此被国际民用航空组织(ICAO)采纳为标准的导航信号异常模型[4-5]。

3.2.1　扩频码异常机理

卫星导航信号的异常主要是由有效载荷的非线性影响引起的,有效载荷的一般模型[6]如图 3.3 所示。

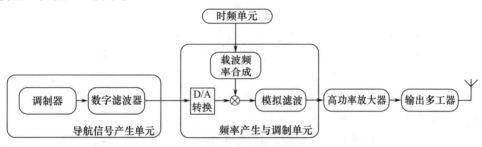

图 3.3　有效载荷的一般模型

有效载荷由导航信号产生单元、频率产生与调制单元、高功率放大器、输出多工器和天线组成。导航信号产生单元用于产生导航基带信号,其中数字滤波器带宽等于信号发射带宽;频率产生与调制单元首先通过数模转换器(DAC)把数字信号转换为模拟信号,然后通过多级上变频把基带信号调制到载波射频频率上;高功率放大器将信号功率放大,然后由输出多工器对同频点多路信号进行合路,并耦合到一个天线上,由天线发射输出。

有效载荷可以引起信号的线性与非线性畸变:线性畸变包括码片波形的下降沿或上升沿超前与滞后、滤波器造成的信号畸变、上变频器造成的相位噪声等;非线性畸变包括高功率放大器引入的影响。此外,信号异常也可能是线性与非线性的混合模型。卫星电路故障导致的信号畸变对接收性能的影响模型有多种,包括简单模型[7]、最坏波形(MEWF)模型[8-9]、最可能子集(MLS)模型[10]和二阶阶梯异常(2OS)模型[11]。

简单模型只是在标准信号上叠加了另一个信号,不能完全反映异常信号的所有特征;MEWF 模型是非因果的,难以实现,ICAO 和其他民航组织均不采纳该模型;MLS 模型是针对 SVN19 卫星异常进行的建模,不够全面,而且模型对应的取值范围较小。

相对于其他几种模型,2OS 模型能更全面地反映卫星故障。故障类型分为 3 类:威胁模型 A(TMA),代表数字故障;威胁模型 B(TMB),代表模拟故障;威胁模型 C(TMC),代表数字故障和模拟故障组合[12]。这 3 种类型几乎涵盖了所有卫星信号异常的故障原因,如图 3.4 所示。2000 年 5 月,ICAO 采用 2OS 故障模型作为其信号异常模型,因此该模型也称为 ICAO 模型,模型示意图如图 3.5 所示。

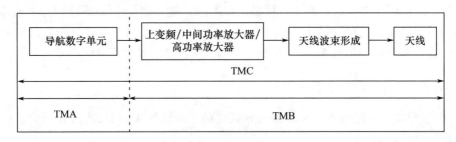

图 3.4　卫星故障模式划分

ICAO 模型中有 3 个关键参数,分别为码片的提前/延迟时间 Δ(chip)、阻尼系数 σ(MNeper/s,1Neper = 8.686dB)和阻尼振荡频率 f_d(MHz),各参数的含义及其取值范围如图 3.6 所示。3 个参数具体含义如下:

Δ:畸变码的上升沿或下降沿相对于理想码的上升沿或下降沿的延时或滞后量,其主要引起相关峰的平顶。

f_d:二阶模型中的阻尼振荡频率,引起相关峰斜率的随机抖动。

σ:二阶模型的阻尼振荡系数,表征相关峰斜率的抖动强度。

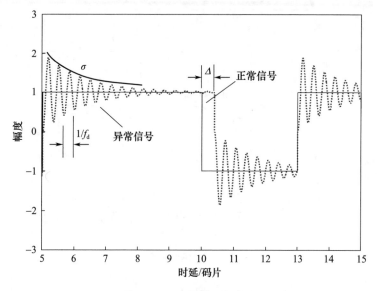

图 3.5　ICAO 模型示意图

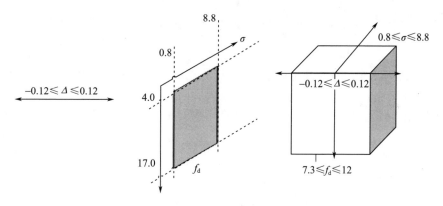

图 3.6　ICAO 模型参数取值范围

3.2.1.1　TMA

　　TMA 用于表述由有效载荷数字电路引起的卫星信号异常,表现为扩频码片上升沿或者下降沿超前或者延时 Δ,不受模拟部分的影响,TMA 时域波形如图 3.7 所示。

　　接收的异常信号由参数 Δ 确定,分为两种情况,即扩频码下降沿超前相关函数 $R_{\text{lead}}(\tau)$ 与扩频码下降沿滞后相关函数 $R_{\text{lag}}(\tau)$,如式(3.1)所示:

$$R_{\text{TMA}}(\tau,\Delta) = \begin{cases} R_{\text{lag}}(\tau) & \Delta \geqslant 0 \\ R_{\text{lead}}(\tau) = R_{\text{lag}}(\tau + \Delta T_{\text{c}}) & \Delta \leqslant 0 \end{cases} \qquad (3.1)$$

式中

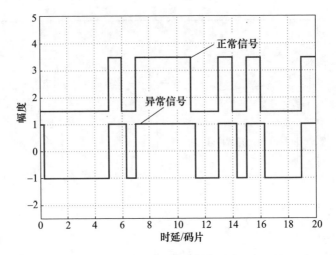

图 3.7 TMA 时域波形

$$R_{lag}(\tau) = \langle x_{lag}(t), x_{nom}(t-\tau) \rangle =$$
$$\langle x_{lag}(t) - x_{nom}(t) + x_{nom}(t), x_{nom}(t-\tau) \rangle =$$
$$\langle x_{lag}(t) - x_{nom}(t), x_{nom}(t-\tau) \rangle + \langle x_{nom}(t), x_{nom}(t-\tau) \rangle = \qquad (3.2)$$
$$\langle x_{lag}(t) - x_{nom}(t), x_{nom}(t-\tau) \rangle + R_{nom}(\tau)$$

式中:$x_{lag}(t)$为畸变信号的基带波形;$x_{nom}(t)$为无畸变信号的基带波形;$R_{nom}(\tau)$为标准信号的相关函数,$R_{nom}(\tau) = \langle x_{nom}(t), x_{nom}(t-\tau) \rangle$。

经计算,得

$$\langle x_{lag}(t) - x_{nom}(t), x_{nom}(t-\tau) \rangle = \begin{cases} -\dfrac{1}{2T_c}(\tau + T_c) & -T_c < \tau \leqslant -T_c + \Delta T_c \\[2mm] \dfrac{-\Delta}{2} & -T_c + \Delta T_c < \tau \leqslant 0 \\[2mm] \dfrac{\tau}{T_c} + \dfrac{-1}{2} & 0 < \tau \leqslant \Delta T_c \\[2mm] \dfrac{\Delta}{2} & \Delta T_c < \tau \leqslant -T_c \\[2mm] -\dfrac{1}{2T_c}(\tau - T_c - \Delta T_c) & -T_c < \tau \leqslant -T_c + \Delta T_c \\[2mm] 0 & \text{其他} \end{cases}$$

$$(3.3)$$

3.2.1.2　TMB

TMB 可以由一个二阶系统响应表示,如式(3.4)所示,时域波形如图 3.8 所示。

$$e(t) = \begin{cases} 0 & t < 0 \\ 1 - \mathrm{e}^{-\sigma t}\left[\cos\omega_d t + \sigma / \omega_d \sin\omega_d t\right] & t \geqslant 0 \end{cases} \quad (3.4)$$

式中：σ 为阻尼系数；$\omega_d = 2\pi f_d^2$，其中 f_d 为阻尼振荡频率。

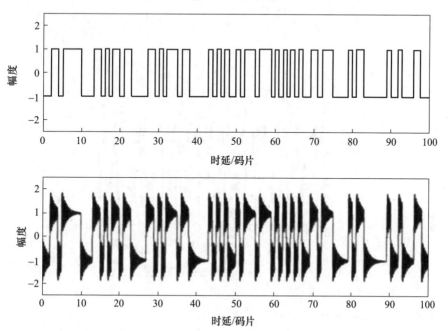

图 3.8　TMB 时域波形（见彩图）

接收的异常信号由两个参数 (σ, f_d) 确定，两个参数的取值构成一个二维空间。TMB 畸变信号是由正常信号通过一个二阶系统所生成。TMB 自相关数可以写为

$$R_{\mathrm{TMB}}(\tau, \sigma, f_d) = R_{\mathrm{nom}}(\tau) * h(\tau) =$$

$$\int_{-\infty}^{\tau} \frac{\partial R_{\mathrm{nom}}(\tau)}{\partial \tau} * h(\tau)\,\mathrm{d}t = \quad (3.5)$$

$$E\Big|_0^{\tau+T_c} - 2E\Big|_0^{\tau} + E\Big|_0^{\tau-T_c}$$

式中：E 是式(3.4)的单位阶跃响应积分形式，可表示为

$$E(\tau) = \int_0^{\tau} e(t)\,\mathrm{d}t = \begin{cases} 0 & \tau < 0 \\ \tau - \dfrac{2\sigma}{\sigma^2 + \omega_d^2} + \dfrac{\exp(-\sigma\tau)}{\sigma^2 + \omega_d^2}\left[2\sigma\cos\omega_d t + \left(\dfrac{\sigma^2}{\omega_d} - \omega_d\right)\sin\omega_d t\right] & \tau \geqslant 0 \end{cases}$$

$$(3.6)$$

3.2.1.3　TMC

TMC 为 TMA 与 TMB 的组合，其时域波形如图 3.9 所示。

TMC 类型的相关函数可表示为参数 Δ, σ, f_d 构成的函数，由 TMA 相关函数经过一个二阶系统后生成，推导过程如下：

$$R_{\text{TMC}}(\tau, \sigma, f_d) = R_{\text{TMA}}(\tau) * h(\tau) =$$

$$\int_{-\infty}^{\tau} \frac{\partial R_{\text{TMA}}(\tau)}{\partial \tau} * h(\tau)\, \mathrm{d}t = \tag{3.7}$$

$$\frac{1}{2}E\Big|_0^{\tau+T_c} + \frac{1}{2}E\Big|_0^{\tau+T_c-\Delta} - E\Big|_0^{\tau} - E\Big|_0^{\tau-\Delta} + \frac{1}{2}E\Big|_0^{\tau-T_c} + \frac{1}{2}E\Big|_0^{\tau-T_c-\Delta}$$

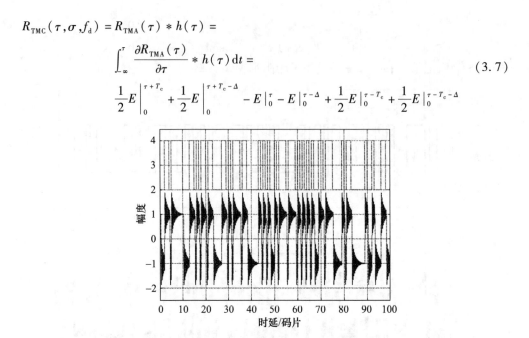

图 3.9　TMC 信号波形(见彩图)

3.2.2　卫星导航信号异常仿真

在 TMA、TMB 和 TMC 三类信号仿真中,3 类异常信号均在基带信号生成单元中通过相应的数据处理操作完成,TMA 对应的信号可以通过对扩频码进行延时得到,TMB 对应的信号可通过对扩频码添加阻尼振荡得到,TMC 对应的信号可通过对扩频码进行延时的同时添加阻尼振荡得到。

在完成上述基带处理后,还需要进行数字低中频调制,数字低中频调制后需要注意两点:

(1) 码片延时量相对于整个码片长度要小得多,需要在进行数模转换时,使采样率 f_s 在满足奈奎斯特采样定理的条件下尽量大,避免 D/A 转换时发生码片延迟量混叠。

(2) 使用的 DAC 的分辨率也要足够大,保证在 TMB 和 TMC 基带信号中添加的阻尼振荡能够逼真地反馈到模拟信号中,如采样速率设定为100Msample/s,位宽采用大于 12 位的 DAC。

为了实现精细的伪码波形异常仿真,基带信号产生单元采用 100MHz 的伪码时钟驱动伪码生成模块。下面给出了不同异常模拟参数下的异常信号发射板卡输出信号的频谱图。

3.2.2.1　TMA 实现结果

图 3.10 为 TMA 滞后或超前不同采样点时的功率谱图。

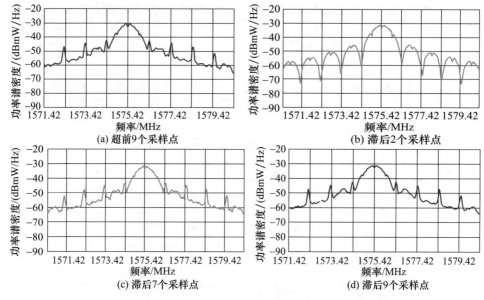

(a) 超前9个采样点　　　　　　(b) 滞后2个采样点

(c) 滞后7个采样点　　　　　　(d) 滞后9个采样点

图 3.10　TMA 滞后或超前不同采样点时的功率谱图

由上述 TMA 模拟结果可知,TMA 超前和滞后在频域上表现是一致的,均在瓣与瓣的间隙产生尖峰,且超前或滞后的程度越大,尖峰在频域上表现得越明显。

3.2.2.2　TMB 模拟实现

图 3.11 为 TMB σ 和 f_d 取不同值时的功率谱图,图 3.12 为时域图。

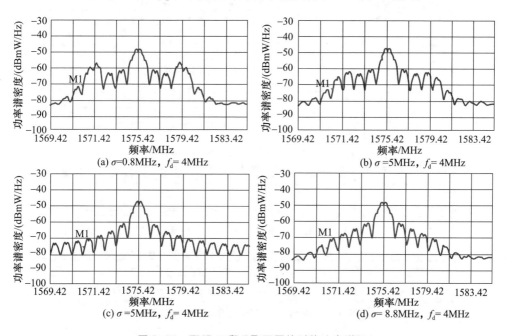

(a) $\sigma=0.8\mathrm{MHz}$, $f_d=4\mathrm{MHz}$　　　　(b) $\sigma=5\mathrm{MHz}$, $f_d=4\mathrm{MHz}$

(c) $\sigma=5\mathrm{MHz}$, $f_d=4\mathrm{MHz}$　　　　(d) $\sigma=8.8\mathrm{MHz}$, $f_d=4\mathrm{MHz}$

图 3.11　TMB σ 和 f_d 取不同值时的功率谱图

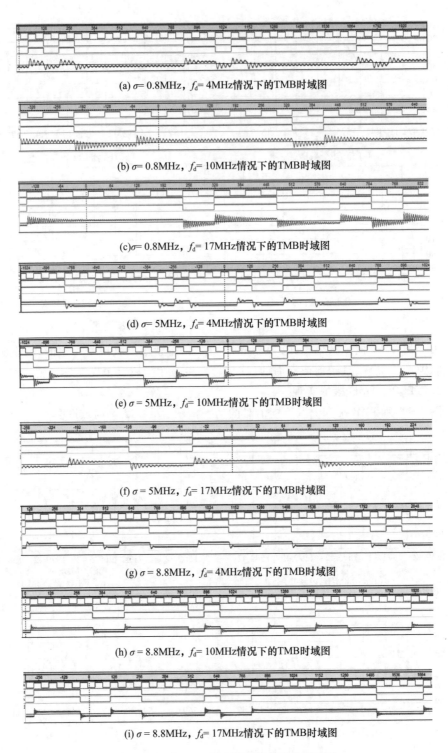

(a) $\sigma = 0.8\text{MHz}$，$f_\text{d} = 4\text{MHz}$情况下的TMB时域图

(b) $\sigma = 0.8\text{MHz}$，$f_\text{d} = 10\text{MHz}$情况下的TMB时域图

(c) $\sigma = 0.8\text{MHz}$，$f_\text{d} = 17\text{MHz}$情况下的TMB时域图

(d) $\sigma = 5\text{MHz}$，$f_\text{d} = 4\text{MHz}$情况下的TMB时域图

(e) $\sigma = 5\text{MHz}$，$f_\text{d} = 10\text{MHz}$情况下的TMB时域图

(f) $\sigma = 5\text{MHz}$，$f_\text{d} = 17\text{MHz}$情况下的TMB时域图

(g) $\sigma = 8.8\text{MHz}$，$f_\text{d} = 4\text{MHz}$情况下的TMB时域图

(h) $\sigma = 8.8\text{MHz}$，$f_\text{d} = 10\text{MHz}$情况下的TMB时域图

(i) $\sigma = 8.8\text{MHz}$，$f_\text{d} = 17\text{MHz}$情况下的TMB时域图

图 3.12　TMB σ 和 f_d 取不同值时的时域图

从上述 TMB 实现结果来看：σ 越大在时域上衰减得越快，在频域上旁瓣抑制效应越明显；f_d 越大在时域上的振荡频率越高，在频域上的旁瓣带宽越小。由上述实现结果可知，TMB 异常的实现结果与仿真结果相一致。

3.2.2.3　TMC 模拟

图 3.13 为延迟 6 个采样点情况下 TMC σ 和 f_d 取不同值时的功率谱图，图 3.14 为时域图。

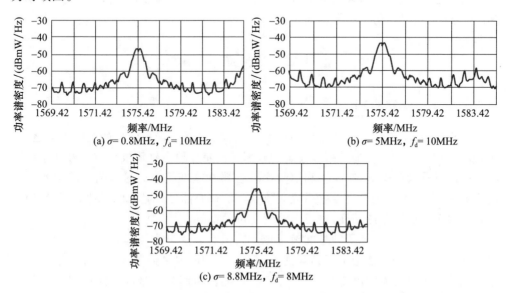

图 3.13　延迟 6 个采样点情况下 TMC σ 和 f_d 取不同值时的功率谱图

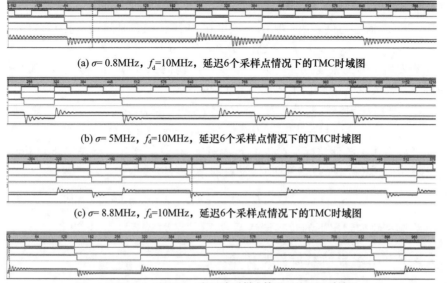

(a) $\sigma = 0.8\text{MHz}$，$f_d = 10\text{MHz}$，延迟 6 个采样点情况下的 TMC 时域图

(b) $\sigma = 5\text{MHz}$，$f_d = 10\text{MHz}$，延迟 6 个采样点情况下的 TMC 时域图

(c) $\sigma = 8.8\text{MHz}$，$f_d = 10\text{MHz}$，延迟 6 个采样点情况下的 TMC 时域图

(d) $\sigma = 5\text{MHz}$，$f_d = 12\text{MHz}$，延迟 6 个采样点情况下的 TMC 时域图

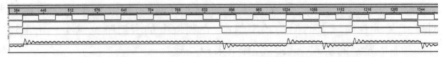

(e) σ=5MHz，f_d=8MHz，延迟6个采样点情况下的TMC时域图

图 3.14　延迟 6 个采样点情况下 TMC σ 和 f_d 取不同值时的时域图

由上述 TMC 的时频域异常模拟实现结果可知，TMC 是 TMA 和 TMB 的有效叠加，并且实现结果与仿真结果相同。

◢ 3.3　载波异常

3.3.1　异常机理

高精度、高稳定性的星载原子钟是卫星导航系统精确导航定位的关键因素之一。星载原子钟为导航系统提供精确稳定的频率源。星载原子钟形成导航信号和系统测距的时间基准及频率基准，卫星利用频率综合器在基准频率 f_0 的基础上产生所需要的载波频率，原子钟是卫星导航系统有效载荷的核心部分。星载原子钟的精确、稳定与否直接影响到测距的精度，进而影响到定位的精度。

通常情况下，星载原子钟是准确、稳定的，但有时受自身物理特性改变和复杂太空电磁环境的影响可能会出现异常扰动。经常出现的卫星钟异常包括相位跳变和频率跳变。当卫星钟发生跳变时，这种异常有可能会引起数千米的伪距和载波相位误差，漂移的载波频率也会引起观测量出错，严重情况下会让信号失锁。

所以当卫星钟发生跳变时，会导致导航系统基准频率的变化，异常的基准频率通过频率综合器后产生异常载波信号。

以 GPS L1 信号为例。第 j 颗 GPS 卫星在 t 时刻（GPS 时间）发射的信号为

$$S_j(t) = A_j G_j(t) D_j(t) \cos(\omega_1 t + \varphi_{j0}) \tag{3.8}$$

式中：A_j 为发射信号的幅度；$G_j(t)$ 为卫星发射的伪码；$D_j(t)$ 为信号上调制的导航信息；ω_1 为 L1 载波频率；φ_{j0} 为 L1 载波信号的初相。

当卫星钟出现相位跳变异常时，发射的信号可以表示为

$$S_j(t) = A_j G_j(t) D_j(t) \cos\left[\omega_1 t + \varphi_{j0} + \varphi_{sv}^j(t)\right] \tag{3.9}$$

式中：$\varphi_{sv}^j(t)$ 为相位跳变情况下产生的异常相位；其他参数意义与式(3.8)相同。

同理，当卫星钟出现频率跳变时，发射的信号可以表示为

$$S_j(t) = A_j G_j(t) D_j(t) \cos\left(\omega_1 t + \varphi_{j0} + 2\pi d_j \frac{t^2}{2}\right) \tag{3.10}$$

式中：d_j 为频率跳变情况下的频率漂移系数；其他参数意义与式(3.8)相同。

3.3.2　卫星导航载波异常仿真

载波异常仿真在载波生成模块中进行，通过调节载波生成模块的相位和频率这

两个参数进行故障仿真,也可以通过对载波信号频率和相位的控制来模拟由时钟异常引起的故障。

1)相位跳变异常情况

由前面的分析可知,当原子钟出现相位跳变时,可以通过叠加一定幅度的相位抖动作用于载波的采样值来进行模拟。

2)频率跳变异常情况

若星钟频率异常,这时频漂系数不再是常数,而是时间 t 的函数,这里可令 $d_j(t) = at + \varepsilon$,其中 a 量级很小(10^{-14}量级左右),ε 为随机小量。

载波异常的模拟也是在基带信号产生单元中进行,该异常的模拟需要独立的载波生成模块,且在载波生成模块的输入端,载波相位和频率是可调的。

图 3.15 所示为不同载波频率跳变时的信号功率谱图。

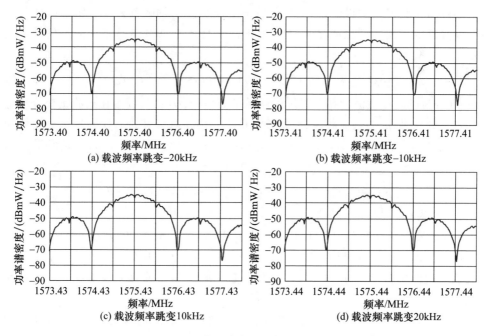

图 3.15　不同载波频率跳变时的信号功率谱图

从图 3.15 可以看出载波频率发生了有效偏移,采用的方法达到了模拟异常的效果。

3.4　I/Q 分量正交性异常

3.4.1　异常机理分析

GNSS 导航信号通常采用 QPSK 调制方式,I 分量与 Q 分量采用正交调制方式,因此理论上 I、Q 之间相位应具有 90° 的正交性。由于载波相位误差和信道衰落等原因,二者之间的相位差不再是 90°,而是在此基础上增加了一个附加值。

I/Q 载波的非正交性会导致信号的幅度和相位误差。其中,幅度误差会影响 GNSS 信号的恒包络特性,从而导致更大的信号畸变。在卫星导航系统中,同相分量和正交分量传递不同的服务信号,使用不同的扩频序列。因此,传统接收机对信号进行解调实际是分别对同相分量和正交分量进行解调,并没有利用两个信号之间的相对相位关系。在一种针对同时带有导频通道和数据通道,且二者分别占据同相分量和正交分量信号的两信道融合跟踪中,由于接收机需要利用两信道相对相位关系,因此正交性的不理想会对使用这种算法的接收机造成影响。

3.4.2 异常现象仿真

通过对正交模块的操作,在 I/Q 分量 π/2 相位差上加入额外值 θ 实现 I/Q 分量正交性异常的建模。理想情况下,卫星发射的信号中 I、Q 分量是正交的。信号可以表示为

$$S(t) = I(t)\cos(2\pi f_c t + \phi) + Q(t)\sin(2\pi f_c t + \phi) \qquad (3.11)$$

式中:$I(t)$ 为调制在载波同相分量上的基带扩频信号;$Q(t)$ 为调制在载波正交分量上的基带扩频信号;f_c 为载波频率;ϕ 为载波相位。当发射信号的 I、Q 分量正交模块异常时,二者之间的相位差不再是 π/2,而是在此基础上增加了一个 θ,于是发射的信号可以写为

$$S(t) = I(t)\cos(2\pi f_c t + \phi) + Q(t)\sin(2\pi f_c t + \phi + \theta) \qquad (3.12)$$

式中:θ 为 I/Q 载波的相位误差。

I/Q 分量正交性的模拟要求正交模块的相移可控,可在 90° 基础上产生附加相移。该异常现象模拟可以与载波相位异常模拟合并进行,即在基带信号产生单元中留有载波相位控制接口,通过调整 I 或 Q 分量的附加相位偏移完成 I/Q 分量非正交模拟。

图 3.16 所示为正常中频载波和异常中频载波的波形图。由图 3.16 可知,I/Q 分量非正交的异常现象能够正确模拟。

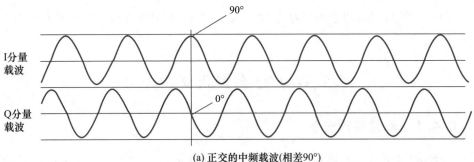

(a) 正交的中频载波(相差90°)

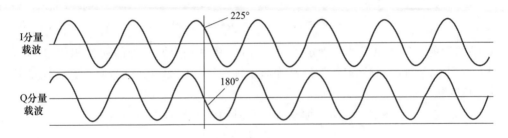

(b) 非正交的中频载波(相差45°)

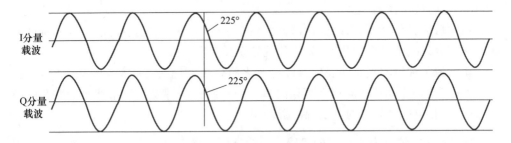

(c) 非正交的中频载波(相差0°)

图 3.16　正常中频载波和异常中频载波的波形图

⚠ 3.5　卫星星钟异常

3.5.1　异常机理分析

一台原子钟的核心部分是它的频率源,频标的输出信号可以表示为

$$V(t) = [V_0 + \varepsilon(t)]\sin[2\pi f_0 t + \varphi(t)] \tag{3.13}$$

式中:V_0 为标称振幅;$\varepsilon(t)$ 为振幅的起伏;f_0 为标称频率或长期平均频率;$\varphi(t)$ 为相位偏差。对于原子钟这类精密频率源,$|\varepsilon(t)| \ll V_0$,$\varphi(t) \ll 2\pi f_0$。因此,原子钟的瞬时频率偏差和瞬时相对频率偏差可分别表示为

$$f(t) - f_0 = \frac{1}{2\pi}\varphi(t) \tag{3.14}$$

$$y(t) = \frac{f(t) - f_0}{f_0} = \frac{\varphi(t)}{2\pi f_0} \tag{3.15}$$

瞬时频率偏差是描述频标瞬时输出功率相对于标称频率的偏差,它是一个相对量,不能用来衡量原子钟时频特性;而瞬时相对频率偏差是描述频标瞬时频率偏差相对于标称值的离散程度,是一个无量纲的量。

卫星钟的时间偏差 $x(t)$ 可以用确定性变化分量和随机变化分量描述,即

$$x(t) = x_0 + y_0 t + \frac{1}{2}Dt^2 + \varepsilon_x(t) \tag{3.16}$$

式中:右边前 3 项为原子钟的确定性时间分量,其中 x_0 为原子钟的初始相位(时间)偏差,y_0 为原子钟的初始频率偏差,D 为原子钟的线性频漂;$\varepsilon_x(t)$ 为原子钟时间偏差的随机变化分量。

结合式(3.15)和式(3.16),原子钟的瞬时相对频率偏差 $y(t)$ 可表示为

$$y(t) = y_0 + Dt + \varepsilon_y(t) \tag{3.17}$$

式中:y_0、D 与式(3.16)相同;等号右边前两项为原子钟瞬时相对频率偏差的确定性分量;$\varepsilon_y(t)$ 为其随机变化分量。

由此可见,原子钟的系统变化部分可用一个确定性函数模型描述,而原子钟的随机变化部分是一个随机变化量,只能从统计意义上来分析。

星载原子钟钟差随时间表现为确定变化部分 X 和随机变化部分 δX。随机变化部分 δX 可视为零均值各态历经高斯过程。当星载原子钟发生异常扰动时,δX 的稳态被破坏,相应的时间序列会出现离群现象。

令历元 t 的钟差为 $\tilde{X}(t)$,随机噪声 ε 为高斯白噪声,且 $E(\varepsilon) = 0$,与 δX 独立,则 $\{\delta X + \varepsilon\}$ 也为零均值各态历经高斯过程。星载原子钟钟差模型可写为

$$\tilde{X}(t) = X(t) + \delta X(t) + \varepsilon = \sum_{i=0}^{m} \alpha_i t^i + \delta X(t) + \varepsilon \tag{3.18}$$

当对钟差数据做一次差分时,若采样间隔足够小,则可看作钟速,也可看作频率偏差项引起的变化量;当对钟差数据做二次差分时,若采样时间足够小,则可看作钟漂,也可看作频漂项引起的变化量。为消除星载原子钟钟差变化的趋势项 $X(t)$,对式(3.18)进行二阶差分,得

$$\nabla^2 \tilde{X}(t) = \frac{1}{2}D\big[T(t_{k+1} - t_{k-1})\big] + \big[\varepsilon_x(t_{k+1}) - \varepsilon_x(t_{k-1})\big] = DT^2 + \big[\varepsilon_x(t_{k+1}) - \varepsilon_x(t_{k-1})\big]$$

$$\tag{3.19}$$

式中:T 为采样点时间间隔;当星载原子钟状态正常时,D 为常数,且量级很小(小于 5×10^{-14}/天),可近似认为式(3.19)第一项为 0,式(3.19)第二项为 $\delta X(t_j) + \varepsilon_j$ 的线性组合,由于 $\{\delta X(t_j) + \varepsilon_j\}$ 是零均值各态历经高斯平稳过程,有高斯分布的线性变化的不变性,可认为 $\nabla^2 \tilde{X}(t)$ 为零均值各态历经高斯平稳过程。

3.5.2 异常仿真

3.5.2.1 异常模型

正常情况下,卫星钟差数据与时间 t 大致呈线性关系,主要是因为星钟的频漂项很小,比频率偏差项小 4 个数量级,因此可近似看作线性关系。

与正常情况相对应的,经常出现的卫星钟异常情况有相位跳变和频率跳变。

相位跳变在原子钟稳定性中是不可避免的,相位数据跳变对应于频率数据峰值,

这种异常现象将会使频标出现调频白噪声特性。除了相位跳变之外,原子钟还会出现频率跳变,这也是原子钟频率不稳定的表现。

对于相位跳变和频率跳变的异常情况,当相位异常时,$\{\delta X(t_j) + \varepsilon_j\}$不再是零均值各态历经高斯平稳过程;当发生频率异常时,D不再是常数而是时间 t 的函数 $D(t)$。

3.5.2.2　仿真方法

卫星钟在定位过程中的重要性无需重复,卫星钟的误差会直接带入接收机定位解算的各个环节。在具体的原子钟异常模拟过程中,我们无法模拟异常情况下的原子钟,所以只能用其他方法近似模拟卫星钟的跳变。

(1)星钟的异常将造成电文中钟差的异常,所以可以将星钟的异常通过钟差异常体现出来。

(2)时间误差造成的接收机伪距误差效果与由于载波突变带来的定位结果影响归根结底是一致的,这启发我们在原子钟异常模拟过程中用突变的载波来近似模拟卫星钟的突变现象。

3.5.2.3　仿真结果

钟差参数异常可在异常配置界面中配置,共 22bit。配置完成后,单击"仿真开始"按钮,系统就会将配置的参数替换到正常导航电文的相应位形成异常电文,如图 3.17 所示。此图对应钟差参数配置成"1111111111111111111111"。

图 3.17　钟差异常仿真

参考文献

[1] 卢晓春,周鸿伟 . GNSS 空间信号质量分析方法研究[J]. 中国科学:物理学・力学・天文学,2010,40(5):528-533.

［2］王斌,庞岩,刘会杰. 导航信号有害波形检测技术研究［J］. 电子与信息学报,2011,33(7)：1713-1717.

［3］徐赟,刘建成,桑怀胜. 卫星导航信号波形畸变引起的码跟踪偏差［J］. 全球定位系统,2014,39(2):5-8.

［4］PHELTS R E,ENGE,PER K,et al. Multicorrelator techniques for robust mitigation of threats to GPS signal quality［D］. Palo Alto:Stanford University,2001.

［5］PHELTS R E,WALTER T,ENGE P. Characterizing nominal analog signal deformation on GNSS signals［C］//ION GNSS 2009,Savannah,USA,September 22-25,2009:1343-1350.

［6］罗显志,解剑,高东博,等. 卫星导航信号时域波形畸变仿真及 FPGA 实现［J］. 全球定位系统,2015,40(2):17-20.

［7］SHLOSS P,PHELTS R E,TODD W,et al. A simple method of signal quality monitoring for WAAS LNAV/VNAV［C］//ION GPS 2002,Portland,USA,September 24-27,2002:800-808.

［8］BRODIN G,CARTMELL A,WALSH D,et al. LAAS evil waveforms in stand-alone GPS aviation applications［C］//ION GPS 2001,Salt Lake City,USA,September 11-14,2001:2376-2385.

［9］MITELMAN A M,JUNG J,ENGE P K. LAAS monitoring for a most evil satellite failure ［C］//Proceedings of the 1999 National Technical Meeting of The Institute of Navigation,San Diego,USA,January 25-27,1999:129-134.

［10］PHELTS R E,AKOS D M,et al. Robust signal quality monitoring and detection of evil waveforms ［C］//ION GPS 2000,Salt Lake City,USA,September 19-22,2000:1180-1190.

［11］PHELTS R E,AKOS D M. Effects of signal deformations on modernized GNSS signals［J］. Journal of Global Positioning Systems,2006,5(1):2-10.

［12］MITELMAN A M. Signal quality monitoring for GPS augmentation systems［D］. California:Standford University,2004.

第4章 导航信号低失真接收

4.1 引　言

导航信号质量精准分析和评估的前提是信号质量监测系统能够对信号进行低失真接收、采样和存储。低失真接收一方面要求接收系统在设计上尽可能减少接收链路对信号质量的影响,另一方面要求信号接收系统能够对链路的非理想性进行测试和补偿。

导航信号从卫星天线发出,依次经过电离层、对流层后到达接收天线,再经过馈源滤波器、低噪放、分路器、变频器、后置滤波器、放大器等模拟信道到达模数转换器,模数转换器对信号进行采样,然后系统对采样后的信号进行数字化处理。因此,如果要对导航信号进行低失真接收,必须针对接收链路的每一个环节进行具体分析和处理,尽可能降低接收系统对信号质量的影响。

4.2 导航信号传输模型

4.2.1 导航信号发射模型

图4.1给出了卫星导航信号发射信道模型,由导航信号生成单元生成基带导航信号,再经过数模转换器(DAC)生成模拟中频信号,经过混频器调制到射频信号,射频信号通过前置带通滤波器(BPF)1消除谐波分量,再通过高功率放大器(HPA)对信号进行功率放大,并通过后置带通滤波器(BPF)2消除带外杂散和谐波分量,最后通过天线进行发射。

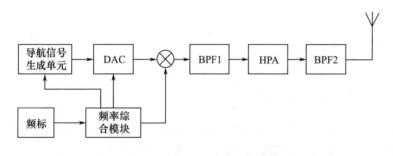

图4.1　卫星导航信号发射信道模型

从图 4.1 可以看出,整个导航信号发射是以频率综合模块生成的频标信号为基准产生基带信号与调制信号,因此星载原子钟的准确性和稳定性直接影响导航信号的性能。同时,HPA 的非线性也会影响导航信号性能。卫星导航信号发射失真主要由导航载荷混频器、滤波器、高功率放大器等引入[1],其中线性失真主要包括相位、幅度和群延时波动等失真,非线性失真则主要是信道中非线性器件导致的调幅-调幅失真及调幅-调相失真[2]。

4.2.2 导航信号接收模型

导航信号接收按采样方式和处理方式可以简单分为中频采样处理和射频采样处理。

基于中频采样的导航信号接收处理流程如图 4.2 所示,首先由天线接收的导航信号经过带通滤波器滤除带外干扰,经过低噪声放大器对信号进行放大,然后经过下变频将射频信号变频到中频频段,再经过带通滤波器滤除带外干扰,最后通过模数转换器形成数字中频信号,进行捕获和跟踪等数字信号处理。

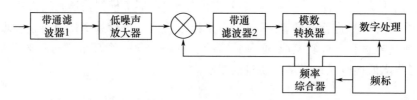

图 4.2 基于中频采样的导航信号接收处理信道模型

基于射频直接采样的导航信号接收处理流程如图 4.3 所示。首先由天线接收的导航信号经过带通滤波器滤除带外干扰,再经过低噪声放大器对信号进行放大,最后通过模数转换器(直接射频采样)形成数字中频信号,进行捕获和跟踪等数字信号处理。

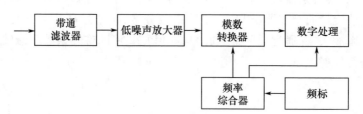

图 4.3 基于射频直接采样的导航信号接收处理信道模型

4.2.3 导航信号全链路模型

根据 4.2.1 节和 4.2.2 节的分析,可以形成如图 4.4 所示的卫星导航信号整个链路模型,由发射部分和接收部分组成,发射部分即为星上整个发射链路,接收部分包含环境因素、电离层和对流层,以及用户部分。

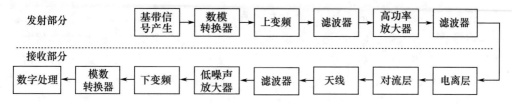

图 4.4　卫星导航信号全链路信道模型

▲ 4.3　接　收　天　线

4.3.1　天线增益和天线方向图

导航信号接收天线根据方向性不同,分为全向天线和定向天线。全向天线在360°水平方向图上都可以均匀接收或者辐射信号,如图 4.5 所示。定向天线在一定角度范围内水平方向图上能够接收或者辐射信号,如图 4.6 所示。

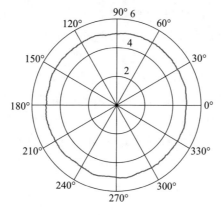

图 4.5　全向天线波瓣示意图

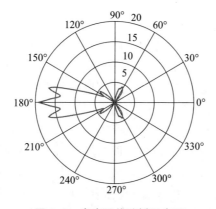

图 4.6　定向天线波瓣示意图

抛物面天线属于定向天线,在水平方向图上具有一定的方向性,表现为一定角度范围内接收或者辐射,在方向图上表现为一定宽度的波束,波束宽度越小,增益越大。通过对全球范围内信号质量监测系统工作原理的研究可以发现,大多都采用大口径抛物面天线(定向天线)来接收导航信号,且一般来说天线口径越大,增益越大,监测误差越小。

典型的抛物面天线系统主要由主反射体、伺服控制系统和馈源网络三部分组成。其中:主反射体由一系列特定形状的金属板组成,主要用来收集空间的无线电信号,并将收集到的信号进行反射,将无线电反射到馈源网络进行接收;伺服控制系统主要由天线控制单元、天线驱动单元、方位俯仰传感器、方位俯仰驱动器等组成,用来驱动天线转动,以指向不同的方位,对天线的当前方位俯仰进行监控;馈源网络是抛物面天线的心脏,它用作抛物面天线的初级辐射器,为天线提供有效辐射,对反射面反射的电磁波进行处理,使其极化方向一致,并进行阻抗变化,提高天线效率。

在对空间导航信号进行接收时,采用大口径抛物面天线主要考虑到导航信号到达地面时的信号电平较低,远处于噪声电平以下。以北斗系统 B1 频点信号为例,在北斗系统提供的接口控制文件中规定,"当卫星仰角大于 5°,在地球表面附近的接收机右旋圆极化天线增益为 0dBi 时,卫星发射的导航信号到达接收机天线输出端 I 分量的最小电平为 −133dBm"[3],而天线输入端噪底为 −108dBm(4MHz 带宽时),信号比噪声电平小了约 25dB。全向天线在水平方向图上表现为 360°均匀辐射,不能将信号电平提高到噪声电平以上。在接收机相关运算前需要对导航信号进行分析,要求导航信号电平要高于噪声电平,这是因为随着信噪比的提高,信号监测结果的精度也相应提高。

抛物面天线的增益较大,能够有效提高接收到的导航信号电平,其增益与天线口径成正比,与信号波长成反比,与天线的辐射效率成正比[4],其计算公式为

$$G = 10 \lg \left(\frac{4\pi S}{\lambda^2} \eta \right) = 10 \lg \left[\left(\frac{\pi D}{\lambda} \right)^2 \eta \right] \tag{4.1}$$

式中:S 为主反射面面积;D 为主反射面直径;η 为天线总的辐射效率;λ 为信号波长。

4.3.2 天线相位中心

天线的相位中心是指天线轴线的平面与距离天线一定距离的等相位面交汇曲线的曲率中心。理论上,天线辐射信号是以天线相位中心点为圆心向外辐射信号。实际中,天线的相位中心不是一个唯一的点,而是一个区域。

描述天线相位中心特性通常有平均相位中心、相位中心偏移量、相位中心变化量和相位中心稳定度 4 个参数。使用理想等相球对天线波束远场实际等相面进行拟合,当拟合残差的平方和最小时,拟合球面的球心为天线平均相位中心,实际等相面与理想等相面的偏移即为相位中心偏移量。一般将天线表面的中心点定义为天线参考点,天线参考点与平均相位中心的偏移称为相位中心偏移量。

在实际应用中,天线实际的相位中心会随着卫星方位和入射功率的不同而改变,

即实际的瞬时相位中心与理论的相位中心有差异,这将造成毫米级或者厘米级的测距误差,这对于高精度用户将造成很大的影响,因此在卫星导航高精度应用领域,天线相位中心测量问题已经成为重点关注的问题。

4.4　低噪声放大器和超低温低噪声放大器

在卫星有效全向辐射功率(EIRP)值一定的条件下,为提高地面接收机导航信号的接收质量,需要提高增益与噪声温度之比 G/T 值。实际工程应用中,通常采用增大接收天线的口径或使用噪声系数较低的低噪声放大器(LNA)等方法。

噪声温度和噪声系数之间的关系[5]可表示为

$$N_F = 1 + \frac{T_e}{T} \tag{4.2}$$

或

$$T_e = (N_F - 1)T \tag{4.3}$$

式中:T 为所处环境的物理温度(K);T_e 为噪声温度;N_F 为噪声系数。

式(4.3)表明,对理想的无噪声电路,由于 $N_F = 1$,故其噪声温度为零。降低低噪声放大器的噪声系数或降低低噪声放大器的工作环境的物理温度都可降低噪声温度。

一般情况下,低噪声放大器的输入接射频预选滤波器,输出接镜像抑制滤波器或直接接混频器,其主要作用是将来自天线的微伏级甚至更低的电压信号进行小信号放大,然后再送往后续电路进行处理。接收机的灵敏度主要决定于接收前端放大器的输入噪声系数(极低噪声系数通常用噪声温度表示),一个具有前置低噪声放大器的接收系统,其整机噪声系数将大大降低,从而灵敏度大大提高,信噪比也得到改善。所以,低噪声放大器的噪声性能对整个接收机系统的灵敏度有着极为重要的影响。

另外,研究如何降低 LNA 的噪声温度是 LNA 的一个重要发展方向。近几年,该领域应用最广泛且最具代表性的技术是将低温制冷技术与低噪声放大器结合起来,得到噪声温度极低的低噪声放大器系统,即超低温低噪声放大器。小型化微型制冷机的使用,使可靠性大幅度提高。微波半导体电路集成化、模块化以及性能的进一步改善,极大地推动了超低温低噪声放大器新产品的研制和推广,在国防建设和国民经济中的应用范围正在不断拓宽。LNA 还要能够提供足够高的增益,以减小后续电路对系统的噪声影响以及降低对天线增益的要求,使得整个接收机系统噪声系数主要取决于 LNA 的噪声系数,并能够减少成本费用。

4.4.1　低噪声放大器

射频接收链路首先需要保证整个链路的噪声系数最小,而整个链路的第一级放大器对链路的噪声系数起到决定性作用。低噪声放大器就是噪声系数很低的放大器。低噪声放大器作为整个射频链路的第一级放大器,低噪声放大器噪声系数越小,增益越大,则整个链路的噪声系数越小。对于信号质量监测接收链路,要求低噪声放大器具有较佳的噪声系数和足够大的增益特性,要求单个低噪声放大器兼容更多的频点。

设计低噪声放大器的指标主要包含增益(Gain)、工作频率、带宽、噪声系数(NF)、阻抗匹配度和线性度(Linearity)等。增益定义为输出信号和输入信号的功率之比,即功率增益,单位常用 dB 表示。噪声系数定义为输入端信噪比/输出端信噪比,单位常用 dB 表示,描述的是由于 LNA 的有源器件内部噪声而导致的信噪比下降。低噪声放大器为有源器件,当输入信号功率正常时,低噪声放大器工作在线性区域,输入信号被线性放大,失真度低,当输入信号功率较强时,低噪声放大器进入非线性工作区域,造成信号失真,因此线性度是低噪声放大器表征信号失真程度的重要指标。在设计电路中,信号输入端应与信号源进行阻抗匹配以获得最大的传输功率。在卫星导航空间信号监测评估中,要求低噪声放大器能够在一个很宽的带宽范围内实现阻抗匹配和良好的低噪声放大能力。

4.4.2 超低温低噪声放大器

在使用噪声温度衡量 LNA 的噪声性能时,噪声系数一定的条件下,低温放大器的噪声温度与其工作环境温度成正比。将低噪声放大器置于极低工作温度中,其噪声温度也将极低,从而改善整个接收系统的噪声性能。

噪声温度 T 可以定义为天线输出端的噪声温度,其主要由天线噪声温度 T_{eT} 和低噪声放大器噪声温度 T_{eA} 组成,即

$$T = T_{eT} + T_{eA} \tag{4.4}$$

现今,随着制冷技术和电子技术的迅速发展,低温电子技术也得到了迅速发展。低温接收机一般由微波子系统、制冷机与杜瓦子系统和电源与监测子系统三大部分组成,原理框图如图 4.7 所示。微波部分由低温单元和常温单元两部分组成,将微波部分的低温单元置于 20K 以下的低温平台以获取极低噪声温度,实现对接收微波信

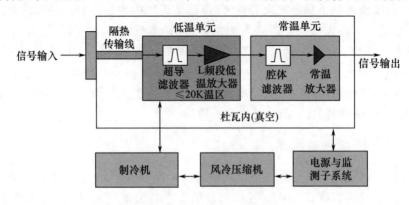

图 4.7 低温接收机原理框图

号的低噪声放大并抑制带外信号的干扰。常温单元安装在杜瓦内壁,以提供相对恒定的工作环境温度,保证接收机增益的稳定性。制冷机与杜瓦子系统通过制冷的方式提供微波系统工作所需要的低温环境。电源与监测子系统提供低温放大器和常温放大器的直流电压/电流,并检测温度、真空度等参数,在液晶显示屏显示。

　　以美国 QUINSTAR 公司生产的低噪声放大器 QCA-L-1.5-30H 为例,其在 20K 的物理温度下增益为 33dB,噪声温度为 5K,由式(4.2)得该低温放大器在物理温度为 20K 时的噪声系数为 1.25,而在常温(以物理温度为 300K 为例)下的噪声温度为 75K。因此,通过采用超低温措施,使接收链路的噪声温度降低了近 70K。低噪声放大器和低温杜瓦组件实物图分别如图 4.8 和图 4.9 所示。

图 4.8　超低温低噪声放大器实物图

图 4.9　低温杜瓦组件实物图

4.5 滤波器

滤波器的作用是滤除有用信号以外的噪声,提高信号载噪比,导航信号通过滤波器后,滤除了大量的高频成分和噪声,同时,滤波器的相位响应呈现出非线性特性,滤波器的这两个特性均会导致信号相关曲线的非对称,造成测距误差。

信号的接收带宽要小于信号的发射带宽,信号经过接收端的滤波器后,信号功率损失,信号损失的功率 ρ 可以表示为

$$\rho = 1 - \int_{-\beta_r/2}^{\beta_r/2} G(f)\,\mathrm{d}f \tag{4.5}$$

式中:β_r 为接收机前端带宽;$G(f)$ 为归一化功率谱密度。

从式(4.5)可以看出,功率谱密度越是远离中心频率,带外损耗越大,而实际上越是远离中心频率,跟踪精度越好。

滤波器的非理想性主要包括幅度失真和相位失真,为了减小这两种失真对信号质量的影响,后端数字处理算法需对幅度失真和相位失真进行补偿,例如有限脉冲响应(FIR)滤波器可对幅度失真进行补偿,全通滤波器可对相位进行补偿。

4.6 信号的采样

4.6.1 采样定理

采样定理又称香农采样定理或奈奎斯特采样定理,即在模拟信号量化中,为了无失真地恢复模拟信号,采样频率需大于信号频谱最高频率的 2 倍。对于带通型信号,此时需要依据带通采样定理进行采样,即一个频带限制在 (f_L, f_H) 内的带通信号 $x(t)$,信号带宽 $B = f_H - f_L$,N 为不大于 f_H/B 的最大正整数。如果采样频率 f_s 满足

$$\frac{2f_H}{m+1} \leqslant f_s \leqslant \frac{2f_L}{m} \qquad 0 \leqslant m \leqslant N-1 \tag{4.6}$$

则由采样序列可以无失真地恢复原始模拟信号 $x(t)$。

大部分导航信号所覆盖的频率范围一般在 1150～1650MHz 范围内,主瓣带宽最小为 2.046MHz(例如 GPS C/A 码信号),最大为 51.15MHz(例如 Galileo AltBOC(15,10)信号)。在如此宽的频带采用奈奎斯特低通采样所需的采样速率至少大于 3.3GHz,这在目前显然不现实。所以,对于 L 频段导航信号是无法采用奈奎斯特采样技术来实现的。可以有两种方法对导航信号进行采样:一种方法是通过变频将信号中心频率从射频变到中频,然后采用奈奎斯特或带通采样技术来采样;另一种方法是采用射频直接采样电路进行带通采样。

4.6.2　中频采样

导航信号位于 L 频段,目前的全球卫星导航系统信号频率处于 $1.1 \sim 1.65\,\text{GHz}$ 之间,单个频点信号带宽在几兆赫到几十兆赫不等,由于信号频率较高,通常采用中频采集方式。中频采集机制是将感兴趣的导航信号进行下变频处理,再用相应的 A/D 器件对信号进行采样。首先,对射频信号进行带通滤波,保留感兴趣的射频信号,滤波后,将射频信号进行下变频,转变为中频信号,将中频信号进行放大,调整信号的电平位于采样器件要求的电平范围内,最后将信号接入采样设备,变换为数字信号,最后在数字域实现信号分析评估[6],如图 4.10 所示。

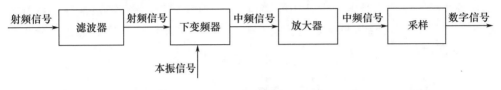

图 4.10　中频采集原理图(一个频段)

下变频后的信号频率一般在几十兆赫范围内,选用 A/D 器件的采样率在 $100 \sim 200\,\text{Msample/s}$ 即可满足要求。随着器件技术的发展,$200\,\text{Msample/s}$ 采样率的 A/D 器件在技术上已经成熟。以 ADI 公司的器件为例,AD9467-250 器件最大采样率可以达到 $250\,\text{Msample/s}$,量化位数达到 16bit[7]。如果降低采样率的要求和量化位数的要求,器件的选择余地会更大,价格也更便宜。

相比于 $1\,\text{GHz}$ 以上的射频信号,对中频信号进行数字化需要的采样率会显著降低,几十兆 sample/s 或者几百兆 sample/s 的采样率即可满足要求,可以明显降低对 A/D 采样设备的要求和成本。但是,本振电路、滤波电路、放大电路等射频链路的非理想性也将影响信号质量评估精度,而当接收链路导致的非线性误差大于发射链路误差时,系统信号质量监测结果将不具备说服力。

4.6.3　射频采样

射频采集也叫射频直接采集,它与中频采集主要区别是射频采集不需要下变频器,只利用射频采集芯片采样率高的特点进行吉赫级别的采样[8]。射频采集仍然遵循奈奎斯特采样定理和带通采样定理。对于图 4.11 所示的多频 GNSS 信号,一个典型的射频采集电路如图 4.12 所示。

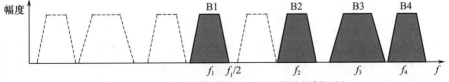

图 4.11　多频 GNSS 频谱分布示意图(采集前)

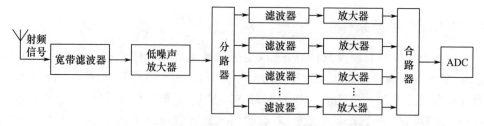

图 4.12　低信噪比多频 GNSS 信号射频采集原理图

对图 4.12 所示信号的每个频段进行滤波和放大,合路后用一个 ADC 进行直接射频采集,这种方式适用于低信噪比多频射频 GNSS 信号(全向天线输出信号一般满足这种情况),由于信号电平远低于噪声电平,为避免频谱混叠,需根据导航信号中心频点和带宽进行滤波,并根据带通采样定理选择采样率[9]。采样后的频谱分布如图 4.13 所示。

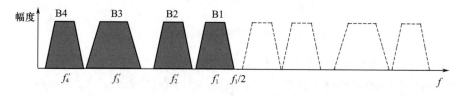

图 4.13　多频 GNSS 频谱分布示意图(采集后)

导航信号射频采集具有时域分辨率高、交调小,带内幅频、相频特性好等优点[10-12],对某些监测项目来说,基于射频采集数据的信号质量监测结果明显优于基于中频采集的处理结果。但射频采集有数据传输带宽较大、幅度有效分辨率相对较小、信噪比相对较低、数据处理实时性差等缺点,需要结合信号频段与射频采集芯片的采样率、分辨率、信噪比等因素进行综合考虑。

相比于图 4.10 所示的中频采集体制,图 4.12 所示的射频采集体制没有变频器,故一定程度上减小了变频器的非理想性导致的分析误差,但滤波器导致的误差仍然存在。如果信号电平远高于噪声电平(大口径高增益天线输出信号和卫星地面测试一般满足这种情况),则不需要针对每个导航频段分别进行滤波,而只需要在低噪声放大器前端进行一次抗混叠滤波,如图 4.14 所示。

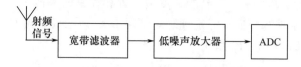

图 4.14　高信噪比多频 GNSS 信号射频采集原理图

相比于图 4.12 所示的针对低信噪比多频 GNSS 信号的射频采集体制,图 4.14 所示的针对高信噪比多频 GNSS 信号的射频采集体制减少了分路器、合路器、滤波器等射频器件,能够进一步降低模拟电路带来的误差。

4.6.4　射频采样和中频采样芯片性能比较

在查阅了现今大多数厂家的高速 ADC 芯片手册之后,基本上可以得到的结论是,大多数的高速 ADC,高采样率芯片往往分辨率不高,高分辨率的芯片,采样率很难进一步提高,即系统很难实现采样率和分辨率同时兼顾。

目前,市场上采样率大于 1Gsample/s、前端模拟带宽大于 2.6GHz 的芯片分辨率有 14bit、12bit 或 10bit 三种,而采样率 200Msample/s 左右适合对导航信号中频采样的芯片分辨率一般在 14bit 以上,甚至 16bit。一般来说,采样芯片的分辨率越高,对应的信噪比(SNR)、无杂散动态范围(SFDR)、有效位数(ENOB)越高,采样信号的失真越小。表 4.1 所列为常用采样芯片的指标。

表 4.1　常用采样芯片参数指标

芯片厂家	型号	模拟带宽/GHz	最大采样率/(Gsample/s)	量化位数	有效位数	信噪比/dB	噪底/(dBm/Hz)
ADI	AD9467-250	0.3	0.25	16	11.9 (300MHz)	75.5 (250MHz)	
	AD9625	4.2	2.6	12	8.9 (1.8GHz)	56.7 (1.8GHz)	-149.5
TI	ADC12D1800RF	2.7	1.8	12	8.7 (1.48GHz)	54.3 (1.48GHz)	-154
	ADC32RF45	4.0	3	14	9.2 (1.8GHz)	58 (1.8GHz)	-155
E2V	EV10AQ190	4.2	5	10	7.2 (1.2GHz)	45 (1.2GHz)	-140

时间交叉采样技术(采用多片 ADC 芯片并联实现高采样率、高分辨率的高速、高精度采样)需要采用额外的芯片时钟延迟控制技术和通道补偿技术实现,工程实现代价较大且性能提高有限。

综上所述,射频采样和中频采样各有优势,要根据实际情况进行选用。

4.7　GNSS 多频宽带信号低失真采样

根据第 2 章 GNSS 信号的频段分布,现代化 GNSS 信号具备多频段宽带特征,且多个系统间也通过频段共享实现兼容互用。根据现代化 GNSS 信号的频段分布特点,结合国内外导航信号采集与分析设备的调研,导航信号 A/D 采样大致可分为变频窄带滤波欠采样、变频宽带滤波欠采样、奈奎斯特采样、无混叠欠采样 4 种。

4.7.1　变频窄带滤波欠采样

变频窄带滤波欠采样是指将 4 个频点的导航信号分别针对各自信号带宽滤波,变频到较低的中频,采用较低采样率的芯片进行采样,如图 4.15 所示。

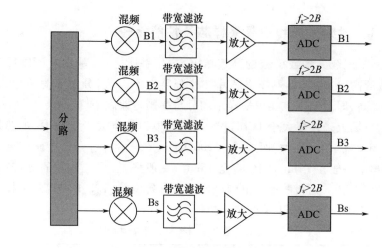

图 4.15　变频窄带滤波欠采样

　　这里的窄带是相对概念,即滤波器只对我们感兴趣的导航频段进行滤波,滤波器带宽即导航信号的分析带宽。变频窄带滤波欠采样优点主要体现在中频采样芯片的SNR、ENOB、SFDR 等指标较好、精度较高[13],如果射频单元设计良好、性能优良,则整个采集系统的噪底将非常低,但由于射频单元结构复杂,对射频器件的性能要求较高,因此实现难度较大。射频单元(分路、变频、滤波、放大)设计中,最难保证的是滤波器的带内平坦度和相位非线性(群时延),通过对变频和滤波链路进行通道补偿是较常用的手段,但补偿过程复杂。

　　目前,绝大部分卫星导航接收机都采用变频窄带滤波欠采样方式进行采样,但这种采样方式受射频链路非线性的影响,不适合信号质量监测接收设备。

4.7.2　变频宽带滤波欠采样

　　变频宽带滤波欠采样与变频窄带滤波欠采样结构基本相同,不同之处主要体现在滤波器带宽较宽,且 A/D 采样芯片的采样率较高,如图 4.16 所示。

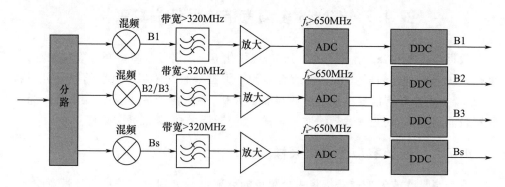

图 4.16　变频宽带滤波欠采样

由于变频宽带滤波欠采样采用了宽带滤波器,对有用的信号来说,可将带内平坦度误差降低到 ±0.25dB/80MHz,规避了部分系统的带内平坦度和非线性问题。一般来说,采样芯片的采样率越高,芯片的 SNR、ENOB、SFDR 等指标越差、精度越低,采集芯片对系统的本底噪声贡献较大。

　　美国国家仪器有限公司(NI)的 PXIe-5668 矢量信号分析仪、Keysight 公司的 M9391A 矢量信号分析仪等均采用变频宽带滤波欠采样方式进行采样。

4.7.3　奈奎斯特采样

　　奈奎斯特采样是指采样芯片以大于信号最高频率至少 2 倍以上的采样率进行采样,然后在数字域分别对 4 个频点导航信号进行变频、滤波、抽取,如图 4.17 所示。

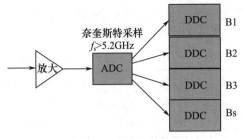

DDC—数字下变频器。

图 4.17　奈奎斯特采样

　　奈奎斯特采样可以做到对信号和噪声的完全无混叠采样。一般来说,采样芯片的采样率越高,芯片的 SNR、ENOB、SFDR 等指标越差,精度越低。因此,奈奎斯特采样方式的噪底是最高的。

4.7.4　无混叠欠采样

　　无混叠欠采样是指根据导航信号频率分布特点设计特定的采样率,实现对 4 个频点导航信号的无混叠采样,如图 4.18 所示。

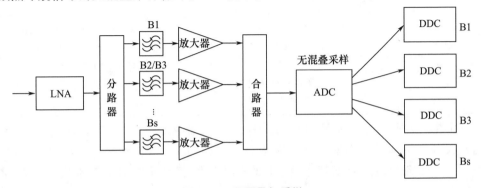

图 4.18　无混叠欠采样

当信噪比较高时可不需要分路器、滤波器和合路器,直接进行射频采样,如图 4.19 所示。

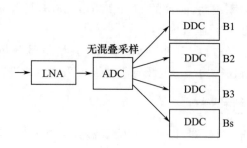

图 4.19　高信噪比无混叠欠采样

由于要保证多个频段导航信号采样的完全无混叠,因此采样率要进行特别设计,表 4.2 所列为无混叠欠采样的采样频率选择表。

表 4.2　无混叠欠采样的采样频率(≤3Gsample/s)选择表

序号	信号分布特性	无混叠欠采样采样率/(Msample/s)
1	B1:1575 ±40MHz B2/B3:1205 ±105MHz Bs:2492 ±20MHz	980 1080 1090 1470 1480 1490 1500 1510 1520 1530 1620 1630 1640 1680 1690 1700 1710 1720 1730 1740 1750 1760 1770 1780 1920 1930 1940 1950 1960 1970 1980 1990 2000 2070 2080 2090 2100 2110 2120 2130 2140 2150 2160 2170 2180 2190 2630 2930 2940 2950 2960 2970 2980 2990 3000
2	B1:1575 ±40MHz B2/B3:1205 ±105MHz	980 990 1000 1010 1020 1080 1090 1470 1480 1490 1500 1510 1520 1530 1620 1630 1640 1650 1660 1670 1680 1690 1700 1710 1720 1730 1740 1750 1760 1770 1780 1790 1800 1810 1820 1830 1840 1850 1860 1870 1880 1890 1900 1910 1920 1930 1940 1950 1960 1970 1980 1990 2000 2010 2020 2030 2040 2050 2060 2070 2080 2090 2100 2110 2120 2130 2140 2150 2160 2170 2180 2190 2630 2930 2940 2950 2960 2970 2980 2990 3000
3	B1/B2/B3: 1100 ~ 1615MHz Bs:2492 ±20MHz	1620 1630 1640 1680 1690 1700 1710 1720 1730 1740 1750 1760 1770 1780 2070 2080 2090 2100 2110 2120 2130 2140 2150 2160 2170 2180 2190
4	B1/B2/B3: 1100 ~ 1615MHz	1080 1090 1620 1630 1640 1650 1660 1670 1680 1690 1700 1710 1720 1730 1740 1750 1760 1770 1780 1790 1800 1810 1820 1830 1840 1850 1860 1870 1880 1890 1900 1910 1920 1930 1940 1950 1960 1970 1980 1990 2000 2010 2020 2030 2040 2050 2060 2070 2080 2090 2100 2110 2120 2130 2140 2150 2160 2170 2180 2190

无混叠欠采样可以做到对信号的完全无混叠采样。相比奈奎斯特采样,无混叠欠采样可选择采样率较低的采集芯片,芯片的 SNR、ENOB、SFDR 等指标相对较好。因此相对奈奎斯特采样,由采样芯片性能而导致的系统本底噪声相对较低。

4.7.5　导航信号低失真采样小结

4 种采样方式各有优缺点,如表 4.3 所列。

表 4.3　不同采样方式优缺点比较

序号	采样类型	优缺点	工程实现难度
1	变频窄带欠采样	采样芯片的 SNR、ENOB、SFDR 等指标最好,精度较高,如果射频单元设计良好,性能优良,则整个采集系统的噪底最低	射频单元结构复杂,对射频器件的性能要求较高,能够将这部分做好的只有极少数厂家,一般采用补偿的方法修正射频指标;引入了变频器、滤波器等,不确定因素较多
2	变频宽带欠采样	采样芯片的 SNR、ENOB、SFDR 等指标略好,整个采集系统的噪底略差	射频单元结构复杂,对射频器件的性能要求较高,但相对窄带欠采样,射频性能容易实现,国内厂家一般也容易实现。引入变频器、滤波器等,不确定因素较多
3	奈奎斯特采样	采样芯片的 SNR、ENOB、SFDR 等指标最差,整个采集系统的噪底最高	采集结构简单,容易实现
4	无混叠欠采样	采样芯片的 SNR、ENOB、SFDR 等指标较差,整个采集系统的噪底较高	采集结构简单,容易实现

综上所述,4 种采样方式各有优缺点,在信号质量监测系统中应根据需求选用最合适的采样方式。

4.8　接收链路预算

4.8.1　接收天线类型

信号质量监测天线按天线增益和接收类型可分为大口径天线、小口径天线和全向天线。大口径高增益天线主要执行Ⅰ类和Ⅱ类监测任务,小口径中等增益天线主要执行Ⅱ类监测任务,全向天线主要执行Ⅲ类监测任务。

大口径天线指能够大幅提高输出信号的信噪比,输出信号的功率远大于噪声功率的高增益天线;小口径天线指能够将信号从负信噪比提高到正信噪比,输出信号功率略高于噪声功率的中等增益天线;全向天线一般采用多系统宽带抗多径天线,可同时接收 4 大导航系统的下行导航信号。

4.8.2　大口径天线接收链路预算

大口径天线输出信号信噪比在 30dB 以上,可采用变频宽带滤波欠采样(中频采样)和射频无混叠采样(射频直接采样)两种方法进行采样和分析,变频宽带滤波欠采样和射频无混叠欠采样原理如图 4.20 和图 4.21 所示。

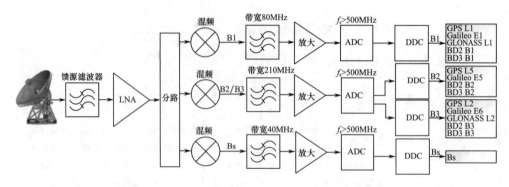

图 4.20　大口径天线输出信号中频采样实现原理图

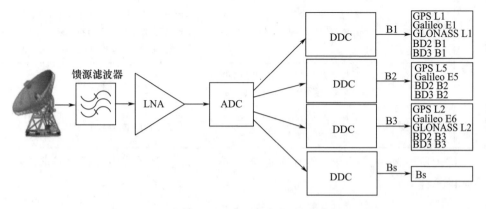

图 4.21　大口径天线输出信号射频直接采样实现原理图

对于图 4.20 所示的中频采样链路,信号经大口径天线接收后依次经过馈源滤波器、低噪声放大器、分路器分为 B1(1575 ± 40MHz)、B2/B3(1205 ± 105MHz)、Bs(2492 ± 20MHz)3 个频段,3 个频段信号再经过变频器(混频器)、中频滤波器、放大器后进行中频采样,由于宽带信号的带宽最大为 210MHz,所以选择采样率大于 500Msample/s 的采样芯片,最后采用数字下变频器(DDC)将中频信号变频到基带。

对于图 4.21 所示的射频直接采样链路,信号经大口径天线口面接收后依次经过馈源滤波器、低噪声放大器后进行直接射频采样和数字下变频,最后将中频信号变频到基带。

大口径天线输出信号链路参数如表 4.4 所列(以 B1 信号为例)。

表 4.4　大口径天线 B1 信号链路参数

链路参数	符号	数值	单位
天线口面 L 频段信号电平	P_a	−130	dBm
天线增益(L 频段)	G_a	54.17	dBi
天线噪声温度(L 频段)	T_a	35	K

（续）

链路参数	符号	数值	单位
输入等效馈线损耗	L_r	0.5	dB
	真值 $10^{L_r/10}$	1.12	
LNA 噪声系数	N_F	1.2	dB
噪声温度	$T_r = (10^{N_F/10} - 1) \times 290$	6.37	K
接收机等效噪声温度	$T = T_a/L_r + (1 - 1/L_r) T_0 + T_r$	69.10	K
	$T_{dB} = 10 \lg T$	18.39	dBK
接收分系统总噪声功率谱密度	$N_0 = T_{dB} - 228.6$	-210.21	dBW/Hz
信号带宽	BW	36.828	MHz
信号带宽内噪声功率	$P = N_0 + 73$	-134.54	dBW
灵敏度电平下的接收机入口电平	$P_{r1} = P_a + G_a - L_r$	-76.33	dBm
接收机输入端信号高于噪声功率	$\Delta = P_{r1} - P$	28.21	dB

在表 4.4 中，天线口面信号电平为 -130dBm，信号带宽为 36.828MHz，40m 口径天线增益为 54dBi，天线噪声温度为 35K，超低温低噪声放大器的噪声温度为 6.37K，输入等效馈线耗损为 0.5dB，因此接收机等效噪声温度为 69.1K。

4.8.3　小口径天线接收链路预算

小口径天线输出信号信噪比在 0dB 左右，即带内信号功率与噪声功率相当，可采用变频宽带滤波欠采样（中频采样）和射频无混叠采样（射频直接采样）两种采样方法进行采样和分析，变频宽带滤波欠采样和射频无混叠欠采样原理如图 4.22 和图 4.23 所示。

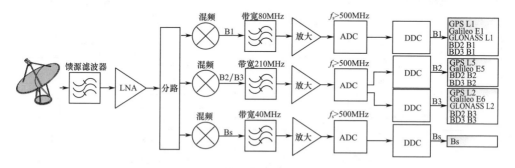

图 4.22　小口径天线输出信号中频采样实现原理图

对于图 4.22 所示的中频采样链路，信号经小口径天线接收后依次经过馈源滤波器、低噪声放大器、分路器分为 B1（1575±40MHz）、B2/B3（1205±105MHz）、Bs（2492±20MHz）3 个频段，3 个频段信号再经过变频器（混频器）、中频滤波器、放大器后进行中频采样。由于宽带信号的带宽最大为 210MHz，所以选择采样率大于

500Msample/s 的采样芯片,最后采用数字变频器将中频信号变频到基带。

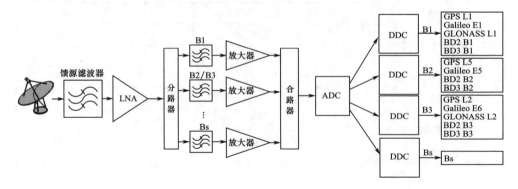

图 4.23　小口径天线输出信号射频直接采样实现原理图

对于图 4.23 所示的射频直接采样链路,信号经小口径天线口面接收后依次经过馈源滤波器、低噪声放大器、分路器后分为 B1(1575 ± 40MHz)、B2/B3(1205 ± 105MHz)、Bs(2492 ± 20MHz)3 个频段,3 个频段信号分别经过射频带通滤波器和放大器后合路,最后直接通过 ADC 进行采样,最后采用数字变频器将采样信号变频到基带。

小口径天线输出信号链路预算如表 4.5 所列(以 B1 信号为例)。

表 4.5　小口径天线 B1 信号链路预算

链路参数	符号	数值	单位
天线口面 L 频段信号电平	P_a	−130	dBm
天线增益(L 频段)	G_a	30.08	dBi
天线噪声温度(L 频段)	T_a	90	K
输入等效馈线损耗	L_r	0.5	dB
	真值 $10^{L_r/10}$	1.12	
LNA 噪声系数	N_F	1.2	dB
噪声温度	$T_r = (10^{N_F/10} - 1) \times 290$	92.29	K
接收机等效噪声温度	$T = T_a/L_r + (1 - 1/L_r)T_0 + T_r$	204.04	K
噪声	$T_{dB} = 10\lg T$	23.10	dBK
接收分系统总噪声功率谱密度	$N_0 = T_{dB} - 228.6$	−205.5	dBW/Hz
信号带宽	BW	36.828	MHz
信号带宽内噪声功率	$P = N_0 + 10\lg10(BW)$	−129.84	dBW
		−99.84	dBm
灵敏度电平下的接收机入口电平	$P_{rl} = P_a + G_a - L_r$	−100.42	dBm
接收机输入端信号高于噪声功率	$\Delta = P_{rl} - P$	−0.58	dB

在表 4.5 中,天线口面信号电平为 −130dBm,信号带宽为 36.828MHz,2.4m 口径天线增益为 30.08dBi,天线噪声温度为 90K,低噪声放大器的噪声温度为 92.29K,

输入等效馈线耗损为 0.5dB,因此接收机等效噪声温度为 204.4K。

4.8.4 全向天线接收链路预算

全向天线输出信号的导航信号功率远低于噪声功率,可采用变频宽带滤波欠采样(中频采样)和射频无混叠采样(射频直接采样)两种方法进行采样和分析,变频宽带滤波欠采样和射频无混叠欠采样原理如图 4.24 和图 4.25 所示。

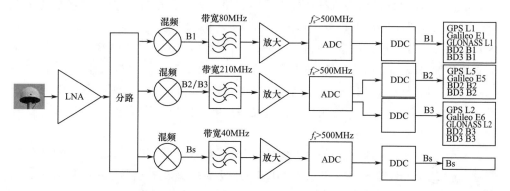

图 4.24 全向天线输出信号中频采样实现原理图

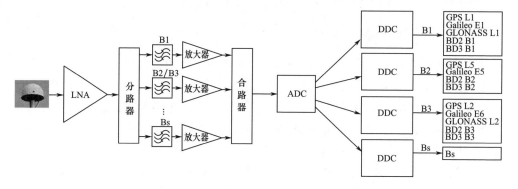

图 4.25 全向天线输出信号射频直接采样实现原理图

全向天线输出信号中频采样分析链路预算如表 4.6 所列(以 B1 信号为例)。

表 4.6 全向天线 B1 信号链路预算

单元	链路增益/dB	信号电平/dBm	噪声典型功率/dBm	备注
天线入口	0	-130	-98.4	信号带宽按 36.828MHz 计算
天线(含 LNA)	60	-70	-38.4	
射频传输电缆	-5	-75	-43.4	
射频通道	40	-35	-3.4	
A/D 采样芯片入口	0	-35	-3.4	

由表 4.6 可以看出,信号到达 A/D 采样芯片入口处电平为 -35dBm。

4.9 采样系统需求

4.9.1 信号输入假设

本书讨论的低失真信号接收主要指使用大口径高增益天线对 4 大导航系统 GNSS 宽带多频段导航信号进行低失真接收。第 2 章已讨论过,4 大导航系统的频率范围为 1575 ±40MHz(B1 频段)、1205 ±105MHz(B2/B3 频段)、2492 ±20MHz(Bs 频段),这 4 个导航频段可以覆盖现代化 GNSS 所有导航信号监测带宽范围。从信号质量监测角度来说,希望能够对服务异常卫星信号和故障卫星信号进行监测分析,因此假设每个频段导航信号接收动态范围为 − 133 ±15dBm。根据经验,当信噪比高于 30dB 时,可忽略噪声对信号影响,因此假设每个频段信号的信噪比大于 30dB 为信号质量多域监测信噪比基本条件。

由于输入导航信号的信噪比为 30dB,因此假设选择芯片时,选取芯片 SNR 优于信号 SNR 约 10dB,即芯片 SNR 大于 40dB 的芯片是合理的,这样能够保证 ADC 芯片引入的噪声低于链路噪声。另外,为了分析方便,假设导航信号监测带宽按最宽的 100MHz 计算,ADC 输入信号电平为 0dBm,4 个频段信号等功率。

4.9.2 相位噪声与抖动

导航接收系统相位噪声是指系统在各种噪声作用下引起的系统输出信号相位随机变化。实际上,由于各类噪声的影响,偏离信号中心频率的频带上也有该信号的功率,即信号的边带,这个边带可以称为相位噪声[14]。相位抖动表征信号在时域中的一种特征,表示信号周期偏离其理想值的程度。相位抖动可以分为确定性抖动和随机性抖动,确定性抖动是由特定参数可获取的干扰导致的,如相邻信号走线之间的串扰、敏感信号通路上的电磁干扰辐射、多层基底中电源层的噪声等;随机抖动是由较难预测的干扰造成的,如半导体加工工艺等。相位噪声和相位抖动是从不同的描述角度对信号相位受到干扰的表征。

频域相位噪声与时域相位抖动关系可以表示为

$$J_{弧度} = \sqrt{2 \cdot \int_{f_1}^{f_2} L_\phi(f)\,\mathrm{d}f} \qquad (4.7)$$

式中:$L_\phi(f)$ 为以功率谱密度函数形式给出的边带噪声(dBc);$J_{弧度}$ 为与频域相位噪声对应的时域抖动(rad);f_1、f_2 为信号边带频率;f_c 为载波频率。

式(4.7)可转换为

$$J_{秒} = \frac{\sqrt{2 \cdot \int_{f_1}^{f_2} L_\phi(f)\,\mathrm{d}f}}{2\pi f_c} \qquad (4.8)$$

式中:f_c 为载波频率。

GPS 接口控制文件采用抖动描述相位噪声,要求未调制载波的相位噪声谱密度通过 10Hz 单边噪声带宽的锁相环跟踪,跟踪精度的均方根(RMS)应达到 0.1rad,即时间抖动为 10.1ps。

北斗导航系统接口控制文件采用相位噪声来定义,要求未调制载波的相位噪声功率谱密度指标(单边带)如表 4.7 所列。

表 4.7　北斗二代 B1I 相位噪声

序号	频率偏移量	指标要求
1	10Hz	-60dBc/Hz
2	100Hz	-75dBc/Hz
3	1kHz	-80dBc/Hz
4	10kHz	-85dBc/Hz
5	100kHz	-95dBc/Hz

按式(4.8)计算得北斗二代 B1I 信号相位噪声对应的时域抖动为 1.7ps。

4.9.3　ADC 指标论证

ADC 芯片的有效位数(ENOB)、信噪比(SNR)、无杂散动态范围(SFDR)、总谐波失真(THD)、信号与噪声失真比(SINAD)等指标是影响系统性能的重要因素,这些指标具有一定的相关性。为了简化,我们只将噪底、ENOB 和 SNR 三个指标作为选择采样芯片的因素。由于输入导航信号的信噪比为 30dB,因此假设选择芯片时芯片 SNR 优于信号 SNR 约 10dB,即芯片 SNR 大于 40dB 的芯片是合理的,这样能够保证 ADC 芯片引入的噪声低于链路噪声。前面已假设导航信号监测带宽为 100MHz,ADC 输入信号电平为 0dBm,4 个频段信号等功率,则每个频段信号电平为 -6dBm,ADC 噪声功率不高于 -46dBm,对应噪底为 -125dBm/Hz。

单载波信号条件下有效位数计算公式为

$$\text{ENOB} = (\text{SNR} - 1.76)/6.02 \tag{4.9}$$

信噪比 SNR = 40dB,按式(4.9)计算得 ENOB = 6.35。

扩频信号条件下有效位数计算公式为

$$\text{ENOB} = (\text{SNR} - 1.76 - 10\lg 10(f_s/B))/6.02 \tag{4.10}$$

式中:f_s 为采样频率;B 为信号带宽。信噪比 SNR = 40dB,按式(4.10)计算 ENOB,采样频率和带宽的关系如表 4.8 所列。

表 4.8　扩频信号有效位数与信号采样率、信噪比及带宽的关系

序号	采样频率/MHz	信噪比/dB	信号总带宽/MHz	有效位数	备注
1	250	40	120	6.32	只对 B2 频段信号采样
2	650	40	210	6.04	对 B2/B3 频段信号采样

（续）

序号	采样频率/MHz	信噪比/dB	信号总带宽/MHz	有效位数	备注
3	750	40	330	6.26	4 个信号全带宽采样
4	1000	40	330	6.05	4 个信号全带宽采样
5	1500	40	330	5.76	4 个信号全带宽采样
6	2000	40	330	5.55	4 个信号全带宽采样
7	5000	40	330	4.89	4 个信号全带宽采样

综上所述，无论射频采集还是中频采集，选择 ENOB > 6.5 的芯片可满足要求。根据前面的描述，采样系统的指标需求可总结如下：

（1）噪底：≤ −125 dBm/Hz。

（2）有效位数：≥6.5。

（3）信噪比：≥40。

（4）采样钟抖动：≤1.7 ps。

参考文献

[1] 黄旭方,胡修林,唐祖平. 星上高功率放大器对导航信号功率谱和伪码跟踪精度的影响[J]. 电子学报,2009,37(3):640 − 645.

[2] RAPISARDA M,ANGELETTI P,CASINI E. A simulation framework for the assessment of navigation payload non-idealities[C]//2nd Workshop on GNSS Signal and Signal Processing,Noordwijk,Netherlands,2007:24-25.

[3] 中国卫星导航系统管理办公室. 北斗卫星导航系统空间信号接口控制文件公开服务信号（2.0 版）[EB/OL].[2013-12-27]. http://www.beidou.gov.cn/zt/zcfg/201710/P020171202709829311027.pdf.

[4] 杨小牛,楼才义,等. 软件无线电原理与应用[M]. 北京:电子工业出版社,2001.

[5] 齐海东,张刚,王春武. 通信系统噪声的研究[J]. 吉林师范大学学报(自然科学版),2008(2):104 − 105.

[6] 曾威,李柏渝,刘文祥,等. 通道非理想特性对导航信号相关峰的影响分析[J]. 全球定位系统,2015,40(5):71-75.

[7] 丛秋波. 250MSPS 16 位 ADC 树立转换器性能新标准[J]. 电子设计技术,2011,18(1):28.

[8] 杨亮,郭佩,秦红磊. 射频直接采样多频 GNSS 信号采集系统的实现[J]. 电讯技术,2011,51(8):51 − 55.

[9] 许磊,赵胜,等. 导航信号的射频直接采样方法与实现[J]. 无线电工程,2016,46(6):45-47.

[10] NYQUIST H,BRAND S. Measurement of phase distortion[J]. Bell System Technical Journal,1930,9(3):522-549.

[11] 李征航,黄劲松. GPS 测量与数据处理[M]. 2 版. 武汉:武汉大学出版社,2010.

［12］寇艳红. GPS 原理与应用［M］. 2 版 . 北京:电子工业出版社,2012.

［13］曾祥来. 基于 140MHz 中频采样芯片选型的研究［C］∥第十四届卫星通信学术年会,北京,中国,3 月 22 日,2018:135 – 138.

［14］GOMEZ – CASCO D,LOPEZ – SALCEDO J A,SECO – GRANADOS G. Generalized integration techniques for high – sensitivity GNSS receivers affected by oscillator phase noise［C］∥IEEE Statistical Signal Processing Workshop (SSP),Palma de Mallorca,Spain,June 26 – 29,2016.

第5章　导航信号时域监测评估

◣ 5.1　引　　言

GNSS 信号是由数据(电文)、伪码、副载波、载波 4 个层次构成的无线电信号。数据码通过伪码调制、副载波调制、恒包络复用、载波调制等多个步骤得到满足一定测距和通信性能的无线电信号,最后通过卫星发射天线将信号辐射到地球表面。由于卫星与接收机存在相对运动,且卫星信号在电离层和对流层中传播时,必然会受到传播介质的影响而产生传播延迟,因此监测设备接收到的信号是被各种因素影响了的无线电射频信号[1]。导航信号时域监测评估必须首先通过信号处理方法剥离载波多普勒频率,还原卫星发射载荷的基带时域信号。由于发射、传输和接收链路会对信号造成影响,而且这些影响也必然会在时域上有所体现,因此信号时域监测评估是在排除接收链路影响基础上,恢复时域基带信号波形,然后对时域基带波形进行分析和评估。

◣ 5.2　导航信号时域监测评估内容

导航信号时域监测评估包括对电文符号、伪码符号、眼图、基带波形的监测评估。

5.2.1　电文符号

电文符号是指接收机位同步和副载波同步(次级码同步)之后得到的符号,将其按照时间排列,然后与发射电文进行比对,并统计电文的误符号率。另外,解算电文是接收解调导航信号的最终目标,电文中包含对流层和电离层延迟校正、卫星时钟校正、卫星广播星历等,这些重要参数决定了最终电文信息解算结果的精度,进而影响测距精度,因此除了信号的接收解调,信息的性能也将直接决定用户的定位授时体验。除此之外,电文中还包括卫星健康信息、兼容性以及完好性等信息,这些信息会极大地影响用户导航接收机冷启动后的首次定位时间。由于本书侧重在信号质量监测评估,因此不对信息质量监测展开过多叙述。

导航电文中的信息会直接影响卫星位置的解算、卫星时间的计算、电离层和对流层延迟的扣除等,进而影响最终的测距定位精度。卫星电文符号的获取是利用本地伪码信号与跟踪稳定的本地接收零中频信号进行互相关,将互相关值的正负作为当前信息位的电文符号,在经过卫星电文符号的位同步和帧同步后[2],就可以按照电文格式对星上时间进行计算,并根据本机时间完成伪距测量,最后利用导航电文中的广播星历完成卫星位置确定,并利用其他电文信息对伪距进行高精度修正,得到最后的定位结果。导航接收机正常情况下要求的通信误比特率小于 10^{-6},在星地对接中要求电文解调的误比特率小于 10^{-7}。

5.2.2　伪码符号

导航接收机是通过接收信号与本地伪码相关实现测距和通信的,卫星载荷发射伪码出现错误将会导致相关增益下降,并最终影响电文解调的误比特率。伪码符号监测评估是指对载荷发射信号的伪码与本地伪码进行比对,并统计载荷发射伪码的误码率。

卫星发射的伪码序列是按二进制多项式生成的,因此一般情况下不会发生错误。但由于空间辐射导致单粒子翻转,部分数字逻辑会出现某一信号比特位的变化,从而导致生成错误的伪码。当伪码序列出现错误时,就会导致信号相关无法产生相应的相关峰,所以在实际监测时需要从时域波形中估计出当前的码片序列,并分析伪码符号错误情况。基于全向天线的接收机接收到的信号淹没在噪声之中,信噪比很低,无法进行伪码测试和评估,而基于大口径、高增益天线的信号质量监测系统可以直接恢复伪码符号。在天线增益足够大时可忽略接收系统引起的伪码符号错误,在这种情况下如果通过伪码符号比对发现了伪码错误,那可能是卫星发射链路发生故障或是单粒子产生了反转。一般情况下,如果伪码符号的误码率小于 10^{-3},可忽略其对相关的影响。

5.2.3　眼图

导航信号与通信信号类似,基于眼图的传统通信信号监测评估手段也适用于导航信号。无论是通信信号还是导航信号,眼图是将脉冲信号与延迟后的时域信号进行叠加,通过脉冲的叠加效果观测信号时域波形的畸变情况,一方面从眼图左右边沿观测码间串扰,另一方面从眼图的上下边沿观测信号的非线性畸变情况以及噪声对信号的影响,从而完成对应信号输入输出系统的优劣程度评判。

常用的眼图观测参数主要包括眼图上下边沿和左右边沿观测参数。眼图上下边沿主要是噪声对信号影响,评价指标包括眼图幅度、眼图宽度、信噪比、开眼因子等;眼图左右边沿主要受码间串扰影响,评价指标包括上升/下降沿时间、交叉点百分比、码率等。在导航信号质量监测领域,最关注的参数包括交叉点时刻和码率,因为交叉点时刻和码率会直接影响到码片宽度的大小,进而影响到相关峰的畸变情况。

5.2.4　基带波形

卫星导航基带时域波形能够真实地反映在发射、传输和接收过程中通道特性对信号的影响。基带波形畸变分为数字畸变、模拟畸变和混合畸变,它们都将影响导航接收机的测距通信性能。

基带时域波形的监测评估从数字畸变、模拟畸变和混合畸变三方面进行,具体的指标要求已在第 3 章详细论述。

5.3 导航信号时域监测评估方法

5.3.1 时域基带波形

时域基带波形指将卫星信号中的载波和多普勒频率去除后得到的基带信号波形。通过对卫星信号进行捕获跟踪处理,计算得到卫星信号的多普勒频移,然后对卫星信号的多普勒频率进行剥离,得到导航信号的基带信号波形[3]。通过对基带波形的分析,可以对导航信号的时域参数进行估计,进而评判导航信号的时域波形指标是否满足要求。

导航信号的时域特性可以直观地反映信号的异常,例如信号的时域码片延迟、码沿上升和下降时间、过激幅度、眼图等。传统的 BPSK 调制信号和 QPSK 调制信号可通过交替采样技术(Dithered Sampling Strategy)实现时域波形恢复,在此基础上定量估计码片宽度、码片上升和下降时间、过激幅度等,最后将这些时域评估要素与检测门限进行比较,进而完成时域信号质量的分析评估。

传统导航信号一般采用 QPSK 调制,通过信号处理方法很容易实现眼图的分析和评估,而 BOC、TMBOC、CBOC、AltBOC、TDDM(时分数据调制)等新型调制信号,一般都具有数据和导频分量,其时域波形重建要复杂得多,需针对具体问题进行深入研究和分析[4]。例如:GPS 卫星 L1C 信号包括数据分量的 BOC(1,1) 调制信号和导频分量的 TMBOC(6,1,4/33)调制信号,且数据分量和导频分量相位差为 0°,因此 L1C 调制信号的时域波形恢复需要先根据导频分量无数据调制特性进行周期累加,才能完成导频分量信号的恢复,再根据导频与数据分量的相关特性恢复数据分量信号。

时域波形恢复方法分为两种:一种是针对高采样率信号(高速示波器采集或射频直接采集)直接将变频滤波后的接收机闭环数据剥离电文,进行多周期平均,获取时域波形图;另一种是针对低采样率信号,采用交替采样技术完成对信号采样率的提升,进而完成对时域波形的恢复。

5.3.2 交替采样技术

交替采样技术与目前数字示波器常用的等效时间采样技术基本相同,用于实现时域波形的准确重建。等效时间采样技术是把周期性或准周期性的高频、快速信号变为低频的慢速信号[5]。等效时间采样的基本原理是对连续多周期的信号进行采样,通过调整采样率对每个周期的采样点位置进行偏移,并将多个周期的信号采集结果进行组合,最终形成高采样率的信号采集结果,这种技术实现的基础是,采样的信号必须是周期性信号,另外,信号必须能够稳定触发。由于民码导航信号具有周期重复特性,因此可以采用交替(dither)采样的方法进行高分辨重建[6]。

　　交替采样技术的基本原理如图 5.1 所示。设置相应的采样率,保证相邻两个信号周期的采样位置错开,然后对多周期的信号采样点进行重新组合,这样就可以实现信号采样率的提升,提升倍数为信号选取的周期倍数,图 5.1 中所示的是两个信号周期的交替采样,最终重组后的信号采样率提升为原来的 2 倍。

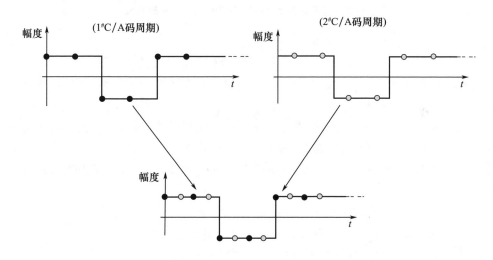

图 5.1　dither 采样和信号时域重建原理

　　为了保证采样的连续性,第二个码周期的采样点应处于第一个码周期采样点的中心,而且,为了保证采样序列的同步,第三个码周期的采样点应与第一个码周期采样点重叠,第四个码周期的采样点应与第二个码周期采样点重叠,以此类推。这种采样方法可以类推到一般情况,设 D 为 dither 采样因子,T_s 为采样间隔,n 为每个码周期的采样点数,l 为每个码周期的码片数,T_C 为码片时间,则

$$(Dn-1)T_s = DlT_C \tag{5.1}$$

实际的采样率为

$$f_s = \frac{1}{T_s} = \frac{Dn-1}{DlT_C} \tag{5.2}$$

　　基于 dither 采样的 GNSS 信号质量分析评估流程如图 5.2 所示,卫星跟踪软件根据星历调整天线姿态使天线对准所要监测的卫星。根据国际电联发布的卫星信号参数(中心频率、带宽、信号强度)设置中心频率、采样速率、信号动态范围等,并实现信号的下变频、抽取和滤波操作,并存储一定长度的数据。

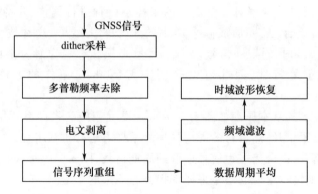

图 5.2　基于 dither 采样的信号时域波形恢复流程

按以下步骤实现信号时域波形恢复：

（1）依据 dither 采样定理采集一段时间的数据（一般为几秒）。

（2）使用开环和闭环接收机去除数据序列中的载波多普勒频率,并根据载波多普勒频率补偿码多普勒频率。

（3）取一个周期长度内的样本数据与原数据序列相关,根据相关值判断导航电文的极性（正负）,并剥离原始数据中的导航数据（电文）。

（4）依据 dither 采样定理对信号序列进行重组,重组后的采样率相当于提高了 D 倍。

（5）对重组后的数据序列按 dither 周期平均。

（6）在频域滤波,滤除分析带宽以外的噪声和干扰。

（7）将滤波后的数据再变换到时域,得到时域波形。

5.3.3　时域基带信号恢复

前面章节已提到过高速率直接采样法和低速率交替采样法,其流程图如图 5.3 和图 5.4 所示。

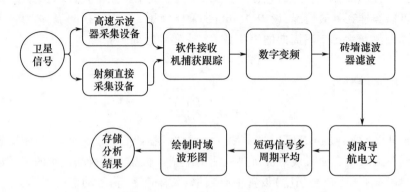

图 5.3　时域波形算法流程示意图（高速率直接采样法）

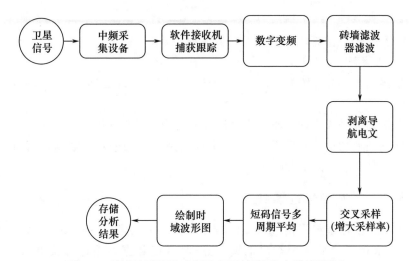

图 5.4 时域波形算法流程示意图（低速率交替采样法）

5.3.3.1 导航电文剥离

（1）算法功能：剥离实际导航信号中每个积分周期的电文。

（2）算法输入：滤波后的接收机闭环数据、观测频点的名称标识符号。

（3）算法输出：剥离电文后的接收机闭环数据。

（4）算法流程：

① 根据观测频点的名称标识符号读取信号分量的本地伪码。

② 将实际信号的每个积分周期与本地伪码进行互相关运算，判断每个积分周期内互相关值的正负，结果即为导航电文符号。

③ 将判决得到的电文符号分别与对应积分周期的信号相乘，再重新组合各个积分周期，即为输出的剥离电文后的信号数据。

5.3.3.2 短码信号多周期平均

（1）算法功能：按照信号分量的码周期时间进行平均，消除其他分量信号对时域波形的影响。

（2）算法输入：剥离电文后的接收机闭环数据、观测频点的名称标识符号。

（3）算法输出：已恢复完成的时域波形信号。

（4）算法流程：

① 根据观测频点的名称标识符号获取信号分量对应的码周期。

② 将剥离电文后的数据按照码周期长度分组。

③ 将各组信号累加求和取平均，即得到恢复完成的时域波形。

5.3.3.3 交替采样

（1）算法功能：将低采样率信号进行时域各采样点的内插，重新组合成采样率更高的时域信号。

（2）算法输入：剥离电文后的接收机闭环数据、当前信号采样率、交叉采样的倍数。

（3）算法输出：采样率提升后的时域波形。

（4）算法流程：

① 根据 5.3.2 节介绍的方法，利用采样率和交叉采样倍数，计算内插后的信号采样率。

② 根据内插采样率的大小完成对接收机信号的线性内插。

③ 将内插后的信号数据重新组合，根据交叉采样的倍数对数据进行重新排列，恢复出采样率提升后的时域波形。

5.3.4　时域信号过零点

通过对信号时域波形的恢复，对码片上升沿和下降沿码片过零点附近点的线性拟合，求得拟合后两个边沿的过零点，将两组数据做差即可获得码片的时间宽度分布。具体分析步骤为：在得到待评估信号分量基带信号的时域波形之后，利用信号每一过零点前后的两个采样点位置和采样值，估计过零点的位置。设过零点前后的两个采样点分别为 (t_1, v_1)、(t_2, v_2)，采用线性插值法[7]，得到过零点的位置为

$$t_0 = t_1 + \frac{v_1}{v_1 - v_2}(t_2 - t_1) \tag{5.3}$$

这种方法称为线性内插法，线性内插法如图 5.5 所示。

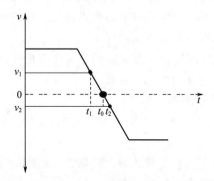

图 5.5　线性内插法示意图

5.3.5　眼图绘制方法

作为分析各种数字信号的最常用手段，眼图广泛应用于通信、雷达、电子等领域，可以完成对零中频的数字脉冲波形失真畸变情况的测试，一般的生成方法是对脉冲波形进行延迟整数倍码片周期，并将多路延迟信号进行叠加，在仪器或其他监测设备上完成观测。

眼图可以直接描述信号受外界环境因素或者噪声的影响程度，从叠加后的脉冲

观测码间干扰以及外界干扰噪声对"眼状"信号的影响,一般从上下边沿的展开程度可以观测噪声和干扰对信号的影响,而从左右边沿可以观测到码间干扰及多径对信号的影响。

在导航信号的眼图测试中,尤其重视对眼图左右边沿信号的观测,这是由于信号时域波形的畸变会导致相关峰尖峰处的畸变,尤其对于信号上升沿和下降沿产生失真,一般将这种边沿处的失真称为码间干扰,这种失真主要是模拟信号发射接收信道器件特性不良造成的。例如,幅频特性的不平坦或者相频特性的非线性。在实际测试时,如果发现出现码间干扰,需要对信道器件进行调整,从而完成信号传输质量的提升。

一般称眼图中上升、下降边沿的交叉点为过零点,在对多周期的时域波形进行统计时可以看到过零点的分布情况,过零点分布越密集,代表各信号码片的偏差越小,即码间干扰较小,过零点分布越分散,代表信号码片的偏差越大,码间干扰也越严重。

再以 GPS L1 信号为例,对于理想的 C/A 码信号,假设码速率为 1.023Mchip/s。采样率为 1.023×50Msample/s。眼图如图 5.6 所示。

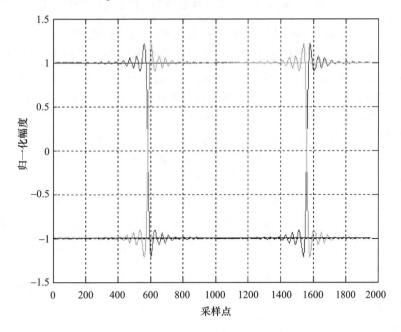

图 5.6　理想 C/A 码的眼图(见彩图)

从图 5.6 可以看出,眼图的两个过零点分别在 581.62ns 和 1559.14ns,从而得出单个码片的宽度为 977.52ns。这和实际的 L1 C/A 码码片宽度相吻合。

当 C/A 码信号出现 TMA 时,假设码信号的下降沿出现了 0.02 个码片的延迟,其眼图结果如图 5.7 所示。

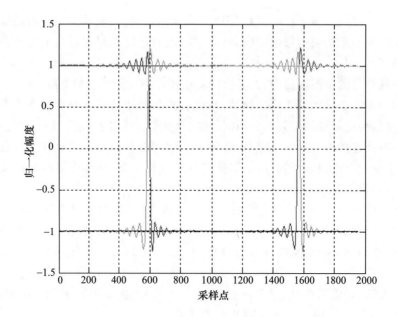

图 5.7　延迟为 1/50 码片的 C/A 码的眼图（见彩图）

从图 5.7 可以看出，眼图曲线和 X 轴有 4 个交点，分别为 581.62ns、600.70ns、1559.14ns、1578.22ns。即眼图的第一个过零点分布为从 581.62ns 到 600.70ns，两个时刻的间隔为 19.08ns，第二个过零点分布为从 1559.14ns 到 1578.22ns，两个时刻的间隔为 19.07ns，而 0.02 码片对应的时间间隔为 $0.02 \times 977.52 = 9.55$ns。可见，通过眼图得到的延迟时间能够和实际的延迟吻合。

对于码片延迟为其他参数的情况，我们也进行了统计，统计结果表明过零点分布与码片延迟间有直接联系，所以在进行信号质量测试时，一般使用过零点分布来描述码片上升、下降沿的畸变情况。

上述分析采用的是理想的 C/A 码，而实际中 C/A 码是调制在载波上的。要得到接收信号的伪码，需要对接收到的信号进行剥离载波处理。实际中，卫星和接收机的相对运动会导致载波频率和码频率有一定的多普勒频移，导致码速率偏离理想的码速率。

在 GPS 中，在静态情况下 L 频段信号多普勒频率最大不超过 5kHz，对应的码多普勒频移为

$$f_{dcode} = \frac{f_{code}}{f_{carr}} f_{dcarr} = \frac{1.023}{1575.42} \times 5\,\mathrm{kHz} = 3.25\,\mathrm{Hz} \tag{5.4}$$

可见伪码的多普勒频率相对于码速率本身来说很小，对分析结果影响不大。

从图 5.8 可以看出，幅值最大的点对应的时刻分别为 366.6ns 和 1344ns，二者之差为 977.4ns，和理想码片的宽度比较吻合。同时还可以看出，过零点时刻在两个峰值附近有一定程度的波动。

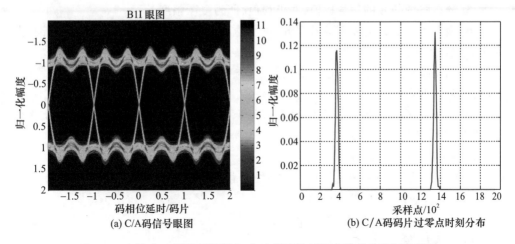

(a) C/A 码信号眼图　　　　　　(b) C/A 码码片过零点时刻分布

图 5.8　实际 C/A 码信号眼图与 C/A 码码片过零点时刻分布(见彩图)

眼图的算法流程与时域波形类似,首先恢复成时域波形,然后使用相应算法完成眼图的绘制,并计算相关参数。详细的流程如图 5.9 所示。

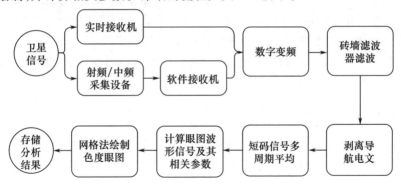

图 5.9　眼图算法流程

1) 眼图波形绘制算法

(1) 算法功能:将时域波形绘制成眼图,并计算眼图相关参数。

(2) 算法输入:恢复完成的时域波形、当前信号采样率、观测频点的名称标识符号。

(3) 算法输出:眼图波形信号、眼图相关参数(码片宽度、过零点时间、边沿时间、眼图幅度)。

(4) 算法流程:

① 根据需要观测频点的名称标识符号确定该信号分量的码速率。

② 根据码速率计算每个码片周期内的采样点数。

③ 按照采样点数向上取整后的整数倍重新内插时域信号。

④ 按照 4 个码片的采样点长度重新排列时域信号,即为输出的眼图波形信号。

⑤ 分析眼图信号的信号幅值,并求均值,即为眼图幅度。

⑥ 截取信号上升沿和下降沿部分,对上升沿、下降沿的时间进行平均计算,即为信号边沿时间。

⑦ 利用线性拟合法计算过零点位置,并与理想的实际位置做差,求差值的均值,即为过零点时间。

⑧ 利用过零点位置的计算结果求得每个码片的宽度,对所有码片宽度计算均值,即为码片宽度计算结果。

2)网格法绘制眼图算法

(1)算法功能:将多组时域信号的眼图转化为色度图形式的眼图。

(2)算法输入:眼图波形信号。

(3)算法输出:眼图色度图数据。

(4)算法流程:

① 根据眼图信号的幅值大小确定眼图波形信号在 Y 轴的最大范围,根据眼图信号时间轴的长度确定 X 轴的最大范围。

② 根据确定的最大范围建立相应的网格,每个网格对应一个色度图元素点。

③ 判断眼图波形信号数据落在哪一个网格内,每一个点落在某网格内,网格对应的色度图元素点的数据加 1,直至遍历所有眼图波形信号。

④ 将色度图元素点进行取对数处理,调整色度图的对比度,输出取对数后的色度图。

5.3.6　信号波形失真算法流程

与眼图测试类似,信号波形失真也是建立在完成时域波形恢复的前提下,然后依据一定的方法,完成对 TMA 信号波形失真参数的估计,如图 5.10 所示。

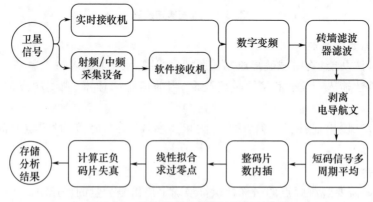

图 5.10　信号波形失真算法流程示意图

1)整码片数内插算法

(1)算法功能:将信号按照每个码片采样点数为整数倍内插,提升观测码片失真程度的精度。

（2）算法输入：恢复完成的时域波形，当前信号采样率，观测频点的名称标识符号。

（3）算法输出：内插后的时域波形。

（4）算法流程：

① 根据需要观测频点的名称标识符号确定该信号分量的码速率。

② 根据码速率计算每个码片周期内的采样点数。

③ 按照采样点数向上取整后的整数倍，重新计算需要内插的采样率。

④ 对恢复完成的时域波形进行快速傅里叶变换（FFT）运算。

⑤ 根据内插后采样率与原采样率大小计算频域补零数量，对信号 FFT 计算结果进行补零。

⑥ 将补零后的结果进行逆快速傅里叶变换（IFFT）运算，则完成了整码片数的内插。

2）线性拟合求过零点算法

（1）算法功能：计算时域波形内每个过零点对应的码片时间位置。

（2）算法输入：内插后的时域波形。

（3）算法输出：每个过零点对应的码片位置。

（4）算法流程：

① 时域波形中每个点与其后一个点相乘，对相乘的结果做判决，如果乘积为负，则该点对应索引值为过零点前一个点。

② 过零点前一点索引值加 1，可得过零点后一个点索引。

③ 采用线性拟合的方式，计算得到过零点对应的码片数值。

3）正负码片失真算法

（1）算法功能：将计算得到的过零点码片数值转化为时间值，并计算正负码片存在的失真偏差的均值和方差。

（2）算法输入：每个过零点对应的码片位置，观测频点的名称标识符号。

（3）算法输出：正负码片失真偏差的均值和方差。

（4）算法流程：

① 根据需要观测频点的名称标识符号确定该信号分量的码速率。

② 根据码速率计算到的码片的时间宽度，将过零点码片位置值换算为过零点码片时间值。

③ 将过零点位置值与理想信号的过零点位置值相减，将差值进行均值、方差的计算，即为正负码片失真偏差的均值和方差。

5.3.7　扩频码误码监测算法流程

扩频码误码监测主要分为两部分。一部分是针对短码的监测。由于短码是周期性的信号,所以可以通过时域波形恢复的方式对扩频码进行码片判决,并与本地伪码做比较,从而计算得到短码误码率。另一部分是针对长码的监测。对于长码信号,由于大多数新体制 GNSS 现代化信号都采用多路信号复用的方式完成信号发射,且长码并非周期信号,所以只能通过观察长码相关积分值的方式分析在相应积分周期内是否存在长码码流不匹配的情况。

扩频码误码率是将实际信号中的扩频码伪码与理想信号伪码进行比较,得到实际信号错误的伪码占总的伪码码片数的比例。正常情况下,卫星信号中的扩频码伪码信号应该与理想的伪码相同。实际卫星信号可能由于调制的原因,导致出现错误的伪码。当存在少量的误码时,接收端还能够对导航信号进行接收,只是接收信号的有用功率会降低,表现为接收信号的载噪比下降,进而影响定位精度。严重情况下,当误码率较多时,接收端将不能够对导航信号进行接收[8]。

对于短码信号,可以通过完成对一个伪码周期波形的恢复和判决,从而得到伪码码流,并与本地伪码进行比对,从而分析得到是否存在误码。对于长码信号的误码测试,由于不能使用多周期平均的方法恢复得到伪码时域波形,所以可以通过每个积分周期的相关值进行比对分析,当积分值出现剧烈波动,就可以判断长码码流出现不匹配的情况,如图 5.11 所示,在某些时间段,卫星长码码流生成模块与地面长码码流生成模块产生的码流部分不一致,可以利用这种办法比较明显地判断出来。

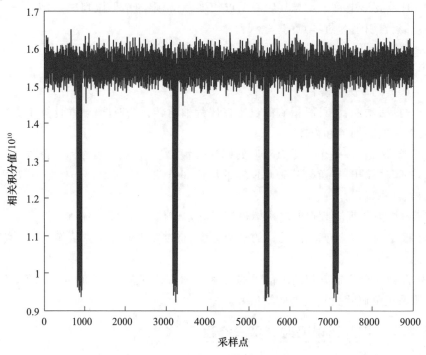

图 5.11　卫星地面测试长码信号相关值(取平方后)

具体的算法流程如图 5.12 和图 5.13 所示。

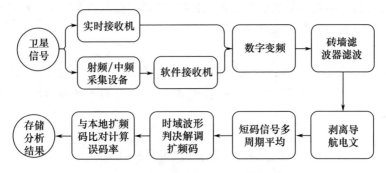

图 5.12　短码误码率算法流程示意图

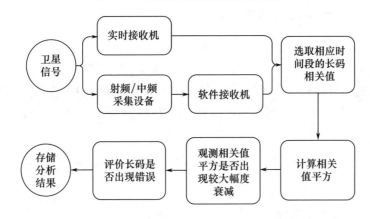

图 5.13　长码错误监测算法流程示意图

1）判决解调扩频码算法

（1）算法功能：将一个周期的时域波形进行解调判决，得到这个周期内的扩频码码流。

（2）算法输入：恢复完成的时域波形、观测频点的名称标识符号。

（3）算法输出：判决得到的信号扩频码流。

（4）算法流程：

① 根据需要观测频点的名称标识符号确定该信号分量的码速率。

② 根据码速率计算每个码片周期内的采样点数。

③ 按照采样点数的向上取整后的整数倍，重新计算需要内插的采样率，按照新采样率完成内插。

④ 按照取整后的每个码片宽度对信号进行分组。

⑤ 剔除每个组内码片数据边沿处的采样点，将剩余的样点数据求和，并判断和的正负，从而得到扩频码流。

2）扩频码误码率算法

（1）算法功能：将判决得到的码流与实际码流比较，计算误码率。

（2）算法输入：判决得到的信号扩频码码流、观测频点的名称标识符号。

（3）算法输出：扩频码误码率计算结果。

（4）算法流程：

① 根据需要观测频点的名称标识符号获取该频点对应的本地伪码码流。

② 将本地伪码码流与信号扩频码码流做差，除以总码流长度，即为扩频码误码率计算结果。

5.4 实测数据及分析

5.4.1 交替采样与信号重构

5.4.1.1 dither 采样

假设已知某卫星民码信号的码速率为 10.23Mchip/s，码周期为 1ms，则测距码码长为 10230，另假设所需的 dither 采样因子为 20，采集设备的最大采样率为 47.5Msample/s（含 I/Q 两路数据），则每个码周期的采样点数为 47500，则由式（5.2）得实际的 dither 采样率为

$$f_s = \frac{1}{T_s} = \frac{(Dn-1)}{DlT_c} = 47.49995\,\text{Msample/s} \tag{5.5}$$

按此采样率采集 5s 高增益天线数据。

5.4.1.2 多普勒去除

使用软件接收机对上述采集的信号进行捕获和跟踪，跟踪结果如图 5.14 和图 5.15 所示。图 5.14 为软件接收机锁定标志输出，由图可以看出，当软件接收机跟踪时间大于 1s 时，锁定标志值接近 1，说明接收机在 1s 后实现了载波和码跟踪。图 5.15 为载波环多普勒跟踪结果，由图可知，信号的多普勒频率约为 30.95Hz。

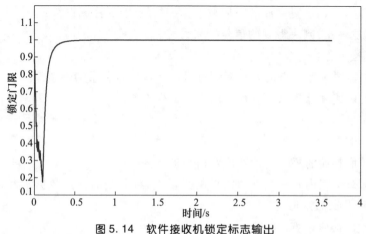

图 5.14 软件接收机锁定标志输出

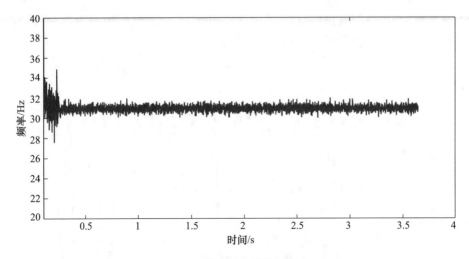

图 5.15　载波环多普勒跟踪结果

5.4.1.3　电文剥离

当软件接收机完成载波和码跟踪后,就可以实现数据解调并剥离调制电文了。图 5.16 所示为软件接收机 I/Q 两路基带解调输出结果。

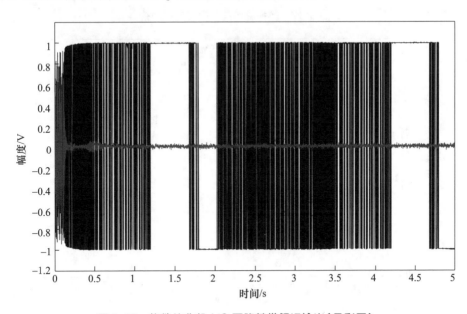

图 5.16　软件接收机 I/Q 两路基带解调输出(见彩图)

5.4.1.4　数据周期平均

当解调出导航电文后,就可剥离导航电文,得到没有数据调制的数据序列,然后将剥离电文的数据序列按 dither 采样周期平均(DlT_C),这里的 dither 采样周期为 20ms。图 5.17 中的虚线为平均前的码片时域波形,实线为 20 次平均(0.4s)后的码片时域波形,平均后信噪比约提高了 13dB。图 5.18 中的虚线为平均前的信号功率谱密度,实线为 20 次平均(0.4s)后的信号功率谱密度。

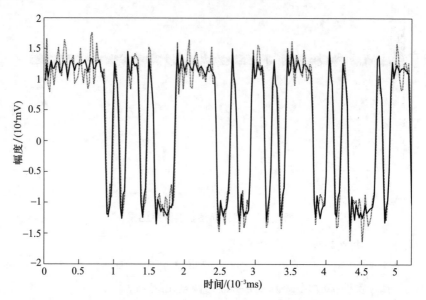

图 5.17　数据平均前后码片时域波形

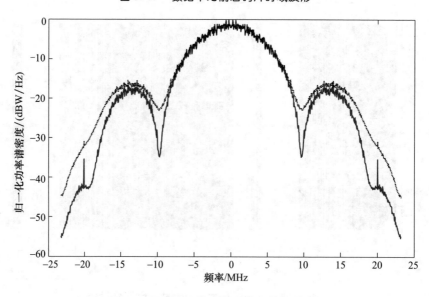

图 5.18　数据平均前后信号功率谱密度

5.4.1.5　信号序列重组

图 5.19 中信号的采样率为 dither 采样率。若采样率为 47.49995Msample/s,则每个码片采样 4.64 个点,这样的采样率不足以恢复时域信号,也不足以实现相关峰精细评估。图 5.19 为按照 dither 采样定理进行数据序列重组后的码片时域波形,这

相当于将采集系统的采样率扩大了 20 倍,即 949.999 Msample/s,相当于每个码片采样 92.86 个点。

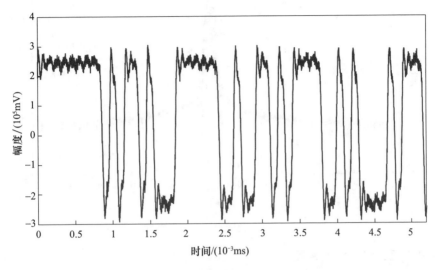

图 5.19 数据序列重组后的码片时域波形

5.4.1.6 频域滤波

图 5.19 中的码片时域波形在采样率上满足了要求,但还存在严重的噪声,需要进一步采用信号处理的方法对重组后的数据序列进行滤波。图 5.20 所示为滤波前的信号频谱。设滤波器的类型为汉明窗,截止频率为 0.025 GHz,阶数为 60。图 5.21 所示为频域滤波后的信号频谱。

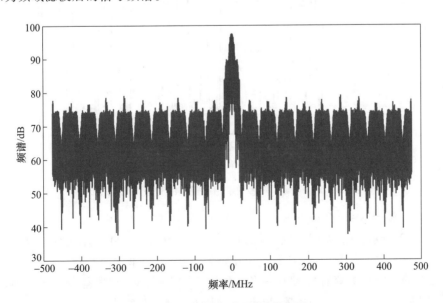

图 5.20 频域滤波前的信号频谱

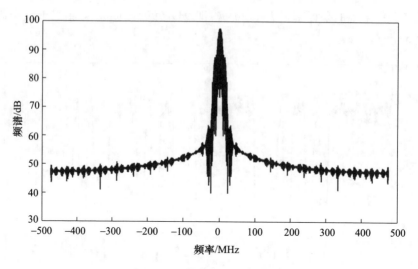

图 5.21　频域滤波后信号频谱

5.4.1.7　时域波形恢复

图 5.21 滤波后信号的时域波形如图 5.22 所示,其中蓝线为滤波前的码片波形,黑线为滤波后的码片波形,由图可知,滤波后信号的信噪比得到进一步提高。

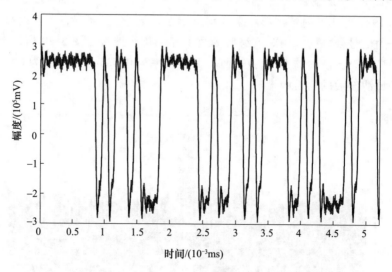

图 5.22　dither 采样并序列重组后恢复的时域波形(见彩图)

5.4.1.8　相关峰分析

图 5.23 所示为频域滤波前信号的归一化相关峰,图 5.24 所示为频域滤波后信号的归一化相关峰。其中,蓝色实线为互相关函数,黑色虚线为自相关函数,而滤波前互相关峰与自相关峰存在偏移现象。图 5.23 和图 5.24 相关峰分析的分辨率达到 ±1 码片,完全能够满足 10.23Mchip/s 码相关峰高分辨需求。

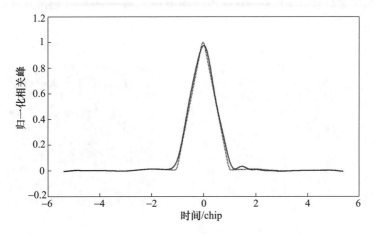

图 5.23　频域滤波前信号的归一化相关峰（见彩图）

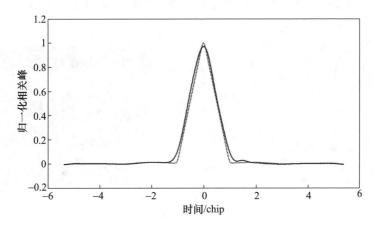

图 5.24　频域滤波后信号的归一化相关峰（见彩图）

5.4.2　基带波形和眼图

5.4.2.1　北斗三号 B1 信号基带波形和眼图

北斗三号 B1 频段（1556～1594MHz，中心频率 1575.42MHz）公开信号主要包括 B1I、B1C。其中：B1I 与北斗二号区域系统 B1I 一致，提供公开服务，使用的调制方式为 BPSK，码速率为 2.046Mchip/s[9]；B1C 提供公开服务，采用的调制方式为 MBOC（6,1,1/11），这样设计的目的是与 GPS 现代化信号 L1C 和 Galileo E1 信号兼容互操作，B1C 包括数据分量 B1Cd 和导频分量 B1Cp，B1Cd 采用 BOC（1,1）调制方式，B1Cp 采用 QMBOC（6,1,4/33）调制方式，码长为 10230[10]。

对北斗三号卫星输出信号按 750Msample/s 采样率进行直接射频采样和存储，然后按照图 5.3 所示的流程进行时域波形恢复，再按照 5.3.5 节的方法输出眼图。

北斗三号 M1 卫星 B1Cp、B1Cd、B1I 信号时域波形和眼图如图 5.25 ~ 图 5.27 所示。

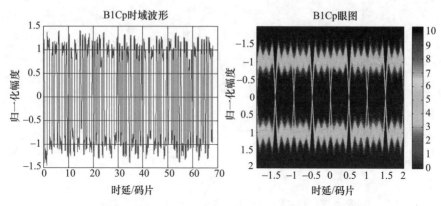

图 5.25　北斗三号 M1 卫星信号 B1Cp 时域波形和眼图(见彩图)

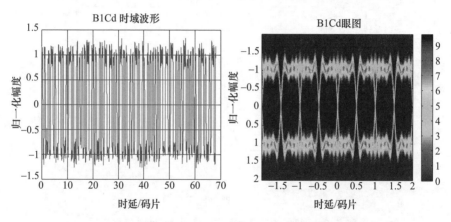

图 5.26　北斗三号 M1 卫星信号 B1Cd 时域波形和眼图(见彩图)

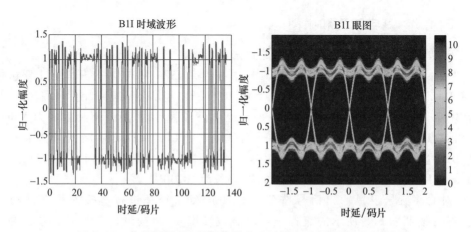

图 5.27　北斗三号 M1 卫星信号 B1I 时域波形和眼图(见彩图)

5.4.2.2　北斗三号 B2 信号基带波形和眼图

北斗三号 B2 频段（1155～1227MHz，中心频率 1191.795MHz）包括两个信号，B2a 和 B2b，提供公开服务，B2a 和 B2b 分量使用 ACE - BOC 调制方式，各自占用 1176.45MHz 频点和 1207.14MHz 频点，分别具备各自的数据和导频分量，码速率为 10.23Mchip/s[11-12]。

对北斗三号 M1 卫星输出信号按 750Msample/s 采样率进行直接射频采样和存储，然后按照图 5.3 所示的流程进行时域波形恢复，再按照 5.3.5 节的方法输出眼图。

北斗三号 M1 卫星 B2ad、B2ap、B2b_I、B2b_Q 信号时域波形和眼图分别如图 5.28～图 5.31 所示。

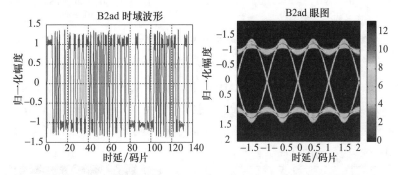

图 5.28　北斗三号 M1 卫星 B2ad 信号时域波形和眼图（见彩图）

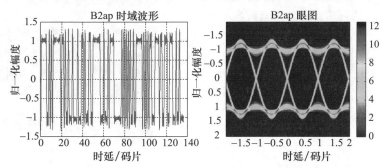

图 5.29　北斗三号 M1 卫星 B2ap 信号时域波形和眼图（见彩图）

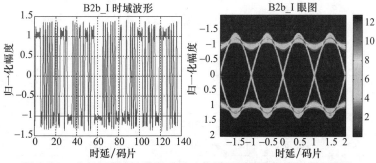

图 5.30　北斗三号 M1 卫星 B2b_I 信号时域波形和眼图（见彩图）

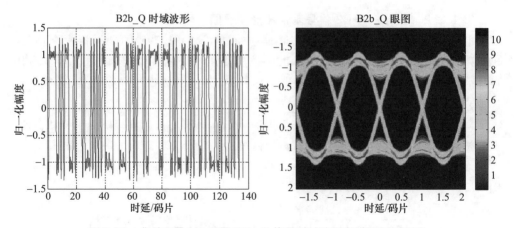

图 5.31　北斗三号 M1 卫星 B2b_Q 信号时域波形和眼图（见彩图）

5.4.2.3　北斗三号 B3 信号基带波形和眼图

北斗三号 B3 频段（1242～1294MHz，中心频率 1268.52MHz）公开信号为 B3I。B3I 与北斗二号卫星 B3I 一致，提供公开服务，使用的调制方式为 BPSK，码速率为 10.23Mchip/s[13]。北斗三号 M1 卫星 B3I 信号时域波形和眼图如图 5.32 所示。

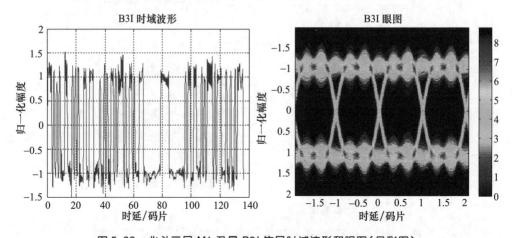

图 5.32　北斗三号 M1 卫星 B3I 信号时域波形和眼图（见彩图）

北斗三号 M1 卫星 A 组、B 组测试数据的基带信号波形失真测试记录如表 5.1 所列。

表 5.1　基带信号波形失真测试记录表　　　　　　　　（单位：码片）

序号	信号分量		正/负码片与理想码片长度差均值测试结果		正/负码片与理想码片长度差标准差测试结果	
			A 组	B 组	A 组	B 组
1	B1	B1Cp	−0.174359	0.3203824	3.55364	3.3989507
		B1Cd	−0.364	−0.088917	4.1740978	4.1135929
		B1I	−0.073111	−0.000514	4.7082742	4.8255769

（续）

序号	信号分量		正/负码片与理想码片长度差均值测试结果		正/负码片与理想码片长度差标准差测试结果	
			A 组	B 组	A 组	B 组
2	B2	B2ad	0.0362164	− 0.01071	1.979988	3.0756869
		B2ap	− 0.065561	0.04325	2.3906288	2.9672974
		B2b_I	− 0.04274	− 0.034846	1.9731324	2.4005843
		B2b_Q	− 0.183648	− 0.089523	3.1246302	2.744121
3	B3	B3I	0.0540801	0.0693921	3.0774786	3.1302859

　　从表 5.1 可以看出，A 组、B 组的各个信号正/负码片与理想码片长度差均值均小于 1ns，标准差均小于 5ns。

参考文献

[1] 徐冬. 大气层对卫星导航信号的时延影响及修正[J]. 电讯技术，2006，46（4）：132 -136.

[2] 曾威. 导航信号质量分析技术研究[D]. 长沙：国防科学技术大学，2015.

[3] 马辰. 北斗卫星导航空间信号质量监测评估关键技术与实践[D]. 西安：西安电子科技大学，2019.

[4] 刘桢. 新一代 GNSS 信号复用与处理方法研究[D]. 郑州：解放军信息工程大学，2017.

[5] 刘建博，郭文秀，张捷，等. 基于 FPGA 的等效时间采样[J]. 电子设计工程，2015，23（2）：122 -124，129.

[6] 罗显志，解剑，王垚. 基于 dither 采样的导航信号质量分析与评估[C]//第二届中国卫星导航学术年会电子文集. 上海，5 月 18—20 日，2011：702.

[7] 付娟. GPS 导航信号的质量评估研究[D]. 西安：西安电子科技大学，2018.

[8] 王雪，郭瑶，饶永南，等. 北斗三号 B1C 信号标称失真对测距性能的影响[J]. 通信学报，2019，40（2）：145 -153.

[9] XIAOLING W，YAO W，XUE W. Quality monitoring, analysis and evaluation of BDS B1I signal[C]// Proceedings of the Fifth International Conference on Network，Communication and Computing，Kyoto，Japan，December 17 -21，2016：42 -46.

[10] 中国卫星导航系统管理办公室. 北斗卫星导航系统空间信号接口控制文件公开服务信号B1C（1.0 版）[EB/OL]. [2017-12-27]. http：//www. beidou. gov. cn/xt/gfxz/201712/P020171226740641381817. pdf.

[11] 中国卫星导航系统管理办公室. 北斗卫星导航系统空间信号接口控制文件公开服务信号B2a（1.0 版）[EB/OL]. [2017-12-27]. http：//www. beidou. gov. cn/xt/gfxz/201712/P020171226740641381817. pdf.

[12] 中国卫星导航系统管理办公室. 北斗卫星导航系统空间信号接口控制文件公开服务信号B2b（1.0 版）[EB/OL]. [2019-12-27]. http：//www. beidou. gov. cn/xt/gfxz/201912/P020200429814796324960. pdf.

［13］中国卫星导航系统管理办公室．北斗卫星导航系统空间信号接口控制文件公开服务信号 B3I(1.0 版)［EB/OL］．［2018-02-09］. http://www. beidou. gov. cn/xt/gfxz/201802/P02018020 9620480385743. pdf.

第6章　导航信号频域监测评估

◤ 6.1　引　言

部分 GNSS 信号质量问题,例如载波泄漏问题、带外辐射问题、功率衰减问题,在频域表现得最为明显,因此 GNSS 信号的频域监测和评估是最重要也是最直接的信号质量监测评估方法。

频域监测评估是指从信号频域进行分析评估,一般频域的监测评估可以分为两种:一种是利用通用仪器(如频谱仪)实现对信号频域的测量、统计和分析;另一种是通过信号接收存储设备完成原始导航信号的低失真接收和采集存储,然后利用事后分析软件完成对信号功率谱的估计,并对估计结果进行统计和分析。通用仪器测试的优点是高精度和权威性,而基于原始信号采集和后处理分析的优点是能够与理想导航信号进行精细比对,从而发现真实功率谱与理想功率谱的偏差。

导航信号频域测试也分为静态测试和动态测试。静态测试指卫星载荷桌面测试和星地对接测试。动态测试指卫星上天后入网前的在轨测试和正式服务后的信号质量连续监测评估。

载波性能监测评估是针对卫星载荷发射的未调制载波信号进行监测、分析和评估,未调制载波信号是理想的正弦波信号,在频谱上能量比较集中,不存在扩频信号频谱扩展的影响,可以直观地从频域上对调制信号带内杂散和带外辐射进行分析评估,也可以对卫星发射的正弦信号本身的功率、频偏、相噪进行分析评估。

卫星正常工作时发射的是扩频调制信号,只有在载荷桌面测试、星地对接测试和卫星上天后的有效载荷在轨测试过程中才会进行载波信号的监测和评估。

◤ 6.2　频域监测评估内容

6.2.1　扩频信号频域监测评估内容

导航信号频域监测主要内容包括卫星载荷发射功率及带外辐射功率、卫星信号合成功率谱偏差、卫星信号分量功率谱偏差等。

6.2.1.1　卫星载荷发射功率及带外辐射功率

卫星导航信号由卫星天线发射,经大气层传输后到达天线口面,此时卫星信号功率远低于噪声功率,接收机通过相关实现测距和解调,因此导航信号的强弱会直接影响接收机测距精度和解调误码率。还应注意,国际 GNSS 兼容与互操作要求多个系统共用某些频段[1],如果卫星发射功率过大,会影响其他导航系统的接收和处理,而如果带外辐射超过设计指标,又可能会对其他无线电业务造成影响。因此,卫星载荷发射功率及带外辐射功率是信号质量监测的重要指标。

对于在轨卫星,在地面无法直接测量卫星发射的 EIRP 值。一种替代的方式是测量卫星信号到达地面的功率电平,然后根据空间传输损耗、接收天线增益、链路损耗等参数,推算得到卫星的 EIRP 值。

由于卫星导航信号在由卫星传送至用户时需要穿越大气层,这会使卫星信号受到许多传播效应的影响,其大小取决于信号路径的仰角和接收机所处位置的大气传播环境。L 频段导航信号尚没有高到能够引起任何明显的由雨衰造成的路径耗损。从链路预算方面来说,信号功率主要受两方面因素的影响:信号的自由空间损失和大气衰减。

信号的自由空间损失为

$$P_{\text{LOS}} = 20\lg\left(\frac{4\pi R_{\text{t}}}{c/f_{\text{c}}}\right) \tag{6.1}$$

式中:R_{t} 为卫星接收机真实距离;c 为光速;f_{c} 为载波频率。

信号经大气层时大气对信号的衰减为

$$A(E) \approx \frac{2A_{\text{S}}\left(1+\dfrac{a}{2}\right)}{\sin E + \sqrt{a^2 + 2a + \sin^2 E}} = \begin{cases} \dfrac{2A_{\text{S}}}{\sin E + 0.043} & E < 3° \\ \dfrac{A_{\text{S}}}{\sin E} & E > 3° \end{cases} \tag{6.2}$$

式中:$a = \dfrac{h_{\text{m}}}{R_{\text{e}}} \ll 1$,其中 $h_{\text{m}} = 6\text{km}$ 为对流层高度,R_{e} 为地球赤道半径;$A_{\text{S}} = 0.035\text{dB}$;$E$ 为卫星仰角。

1) 卫星载荷发射功率

在星地对接 EIRP 测试中主要测试卫星发射的 EIRP 值及其稳定度。在轨测试和在轨监测时,由于无法直接测量卫星的发射 EIRP 值,一般采用大口径高增益天线进行接收,然后根据接收链路预算和空间传输损耗反推卫星 EIRP 及卫星 EIRP 稳定度。另外,各大导航系统也规定了导航信号地面接收功率指标,这也可作为卫星 EIRP 是否达标的标准。

GPS 接口文件对用户接收电平进行了明确的规定,定义最小接收电平为在 5°仰角以上用 3dBi 的线性极化接收天线接收到的信号电平,如表 6.1 所列[2]。

表 6.1　GPS 最小信号电平

卫星类别	通道	信号电平/dBW	
		P(Y)	C/A 或者 L2C
Ⅱ/ⅡA/ⅡR	L1	-161.5	-158.5
	L2	-164.5	-164.5
ⅡR-M/ⅡF	L1	-161.5	-158.5
	L2	-161.5	-160.0

　　Galileo 系统接口文件对信号电平进行了明确的约束,规定:"地面设备最小接收电平定义为当卫星仰角大于 10°时,用理想匹配的右旋圆极化 0dBi 增益的用户接收天线接收到的信号电平。当用户仰角在 5°时,用户最小接收电平的典型值比表 6.2 中的值低 0.25dB。地面用户最大接收电平,比对应的地面最小电平高不超过 3dB。对于用户接收机动态范围设计和测试的使用,最大接收信号电平比对应的最小接收电平高不超过 7dB"[3]。

表 6.2　Galileo 系统信号地面最小电平

信号	信号分量	总的最小接收电平/dBW
E5	E5a(I+Q)(I/Q 功率分配,各占 50%)	-155
	E5b(I+Q)(I/Q 功率分配,各占 50%)	-155
E6	E6 CS(B+C)(E6-B/E6-C 功率分配,各占 50%)	-155
E1	E1 OS/SoL(B+C)(E1-B/E1-C 功率分配,各占 50%)	-157

　　GLONASS 接口文件中对用户接收电平也进行了明确的规定。GLONASS 定义最小接收电平为在 5°仰角以上用 3dBi 的线性极化接收天线接收到的信号电平。GLONASS 卫星 L1 信号电平最小为 -161dBW,而 GLONASS-M 卫星 L1 信号电平最小为 -161dBW,L2 信号电平最小为 -167dBW[4]。

　　对于我国的北斗系统,系统官方公布的接口文件对最小信号电平定义为:在空间卫星仰角大于 5°,在地面利用右旋圆极化、增益为 0dBi 的全向天线进行接收,到达接收机设备输入前端的有效信号电平为 -163dBW[5]。

　　2)卫星载荷带外辐射功率

　　由于各导航系统的兼容性和互操作性,各导航系统间存在频率共用现象,因此卫星发射的大功率信号可能直接影响其他导航系统,其他无线电业务也会因带外辐射功率超标而受到影响。比较接近的一个频段就是射电天文已经占用的频段,频率范围为 1610.6~1613.8MHz,这一频段与导航频段产生重叠,除此之外,低地球轨道(LEO)移动通信卫星占用了 1016~1626.5MHz 频段。为了避免影响其他无线电业务,GLONASS 采取的解决方案是,利用视距可见范围有限的特点,将同一频段的信号安置在地球两侧,保证轨道面相差 180°,这种方案可以极大地节省占用的频段带宽,既保证了频分复用的系统体制,又减轻了频率协调的难度,并让出高频段给射电天文。而北斗三号每颗卫星上天之前需要对 B1 信号(中心频率 1575.42MHz)的带外辐射进行测试,而对上天后的卫星也需监测实际的带外辐射。

6.2.1.2 卫星信号合成功率谱偏差

在现代化导航信号体制中,每个频点上的信号都是由多个不同功能的信号分量经恒包络复用而成。如果某个信号分量发生异常,合成信号的功率谱也将发生对应变化,因此合成信号的功率谱与理想信号的功率谱的差异能够一定程度上反映导航信号异常。合成信号功率谱与理想信号功率谱之间的差值可用合成功率谱偏差表示。

6.2.1.3 卫星信号分量功率谱偏差

现代化导航信号都是由多个不同功能的信号分量经恒包络复用而成的,为了达到最佳性能,往往不同信号分量占用不同频率位置。以北斗三号导航系统 B1 公开信号为例,1561.098 ± 2.046MHz、1575.42 ± 7.161MHz 2 个频段分别配置了 B1I、B1C 2 种服务类型信号。由于不同信号分量占用不同频率位置,可通过比较实际功率谱与理想信号功率谱在 2 个频段内的偏差来发现信号质量问题。

6.2.2 单载波频域监测评估内容

导航卫星载波质量监测主要包括载波功率、载波频率偏差、相位噪声、带内杂散、带外辐射等。

6.2.2.1 载波功率和载波频率偏差

载波功率是导航卫星信号的重要指标,卫星信号功率很大程度上由载波功率决定;载波频率偏差指卫星发射载波频率与理论值的差异。利用标准仪器对卫星载波功率和载波频率偏差进行测量,并通过链路预算和轨道推算,推算得到卫星载荷发射的载波发射功率和频率。对于载波功率,在动态(在轨)测试中,对卫星处于不同仰角时的功率进行测量,推算出卫星发射有效全向辐射功率(EIRP),统计 EIRP 的最大值和最小值范围,并与设计值做比较,检查卫星在不同时刻发射功率的波动情况,判断发射功率是否满足设计要求;对于载波频率偏差,在动态(在轨)测试中,对卫星处于不同仰角时的信号进行采集,推算出对应时刻的卫星多普勒值,再对估计值进行补偿,最后与理论值进行比较。

6.2.2.2 相位噪声

相位噪声的定义是,系统内输出信号产生的随机相位变化,这种变化主要是由于系统内各种热噪声引起的,相位噪声是衡量频谱纯度的重要指标。随着频标源性能的不断改善,相应噪声量值越来越小,因此对相位噪声谱的测量要求也越来越高。各导航系统对载波相位噪声也做了明确规定。

GPS 和 GLONASS 的接口文件中规定,对于未调制的载波信号,其相位噪声谱密度通过 10Hz 单边噪声带宽的锁相环跟踪,跟踪精度应达到 0.1rad(RMS)。

Galileo 系统接口文件中规定,对于未调制的载波信号,其相位噪声谱密度容许使用单边噪声带宽为 10Hz 的二阶锁相环对载波进行跟踪,跟踪精度为 0.04rad(RMS)。

北斗系统接口文件中规定,未经调制的 1575.42MHz 信号频点载波的相位噪声功率谱密度指标(单边带)如下:

- $-60dBc/Hz @ f_0 \pm 10Hz$;
- $-75dBc/Hz @ f_0 \pm 100Hz$;
- $-80dBc/Hz @ f_0 \pm 1kHz$;
- $-85dBc/Hz @ f_0 \pm 10kHz$;
- $-95dBc/Hz @ f_0 \pm 100kHz$。

其中:f_0 为载波信号频率。

相位噪声是指频率源的频率在不足 1s 的时间内发生的相对变化,也可以称为短期频率稳定度,相位噪声的好坏也会影响导航信号的信号质量,进而影响信号的测距性能。测量相位噪声一般是利用标准仪器完成测试。

6.2.2.3　带内杂散

带内杂散也是衡量频谱纯度的主要指标,主要是由于在频率合成过程中的非线性器件的非线性失真导致的。从频率上看,杂散具有离散性。对于杂散的信号功率,各导航系统也对其杂散进行了约定。GPS 和 GLOANSS 的接口文件规定,在 20.46MHz 通道带宽内,带内杂散至少比未经调制的 L1 和 L2 载波低 40dB;Galileo 系统接口文件对杂散没有进行明确约定;北斗系统接口文件中规定,在卫星信号工作带宽内,带内载波与未调制载波相比至少抑制 50dB。由于发射机中有混频器和本振这些非线性器件,不可避免地会产生杂散信号。杂散信号通常幅度较小,会淹没在扩频信号中,因此该项指标测试需要在载波情况下进行。

6.2.2.4　带外辐射

带外辐射是指传输信道带外高于正常水平的干扰,它的产生原因有两种:一种是滤波器带外特性不理想,通常是过渡带截止特性差及阻带衰减特性差,导致发射机后端滤波器带外泄漏过于严重;另一种是信号体制设计缺陷,不恰当的信号调制方式导致发射信号功率谱旁瓣衰减减小,造成比较大的信号旁瓣泄漏。

带外辐射的影响主要有两个方面。一方面,由于星上信号功率的有限,带外辐射会造成信号功率的浪费。由于带外辐射分配了带内的一部分能量,导致有效信号的功率减少,降低了卫星信号到达地面的功率电平。另一方面,由于空间导航信号频谱有限,导致众多 GNSS 信号之间频谱距离变小,甚至出现重叠,一个系统的带外辐射会对其他 GNSS 的导航信号造成干扰,影响其信号的接收。

6.3　频域监测评估流程和方法

6.3.1　频域监测评估方法

频域监测评估是指对信号频域进行分析评估。一般频域评估可以分为两种:一种是利用标准仪器完成对扩频信号频域的监测;另一种是通过信号采集设备完成对信号的采集,然后利用事后分析软件完成对信号功率谱的估计,并测量相应结果。

利用标准仪器一般是使用频谱分析仪完成对信号的观测,根据观测信号类别不同,可以分为两类:一类是针对单载波的观测,一般是在卫星的地面测试和在轨测试过程中,针对卫星相噪、载波抑制、带内杂散等指标的测试,另一类则是针对导航扩频信号的观测,主要关注点是对应信号频点的带内功率和幅值,观测全频段功率谱中是否存在载波泄漏或者码钟泄漏。

另外一种方式是利用相应的采集设备完成对信号的采集,得到剥离载波的零中频信号,再利用相应的功率谱分析估计方法完成对信号功率谱的估计,并利用理想仿真的信号与实际信号做比较,通过比较得到相应信号频点上功率谱的畸变情况,一般的频域监测评估系统架构如图 6.1 所示。

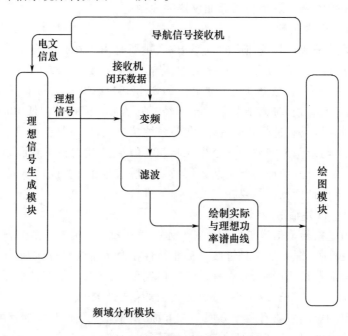

图 6.1　频域监测评估系统架构

基于事后处理软件的频域监测评估主要针对实际信号与理想信号功率谱的偏差情况。带内功率、幅值的测量一般不使用事后处理方式,主要原因是采集设备会对信号进行增益控制,且增益一般都不固定,难以推算准确的功率值,所以事后处理的功率谱值只有相对值有意义。

6.3.2　功率谱估计方法

信号频域监测的重点是对信号的功率谱组成进行分析,前面已经详细讲解了单载波的频域测试,对于扩频信号的分析,重点关注信号的带内功率、带外杂散信号的功率谱密度。谱估计方法有周期图法、分段平均周期图法、Welch 法、Bartlett 法等多种方法[6-8]。各种方法一般都是先选取一段有限长度的随机信号,然后对信号进行分段、加窗及快速傅里叶变换。评价功率谱估计方法优劣的主要指标包括:信号功率谱的分辨率和信号功率谱的平滑性等。在信号质量频域监测层面,一般是将实测信号功率谱与理论推导得到的功率谱进行对比,完成对信号频域失真的监测。

图 6.2 所示为功率谱估计原理图。

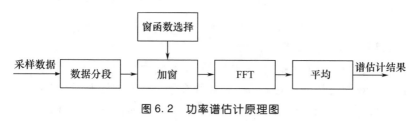

图 6.2　功率谱估计原理图

由于自然界观测的信号无法通过数学表达式表示,而且很多观测信号都是无限长度的,不可能将所有信号进行功率谱估计,因此只能选取有限长度的信号样本功率谱估计结果来表示整个信号的频率分布情况。对于离线随机过程,由于其本身的傅里叶变换并不存在,但是可以通过信号本身与延迟后的信号相乘求均值的方法完成自相关序列的计算,然后再将自相关序列进行傅里叶变换,最终得到功率谱的估计结果。功率谱能够表征信号的统计平均谱特性,体现信号中不同频率信号的平均功率大小。功率谱分析技术的本质是针对某一平稳随机过程中选取的信号样本,分析其所在频段内的所有频率信号的功率分布,这项技术已经广泛应用于各行业的工程中,不仅仅局限于通信、雷达、导航等行业,在医学信号处理、地震信号处理等领域,也有举足轻重的地位。

主流的功率谱估计方法是采用非参数化的方法进行功率谱估计,其中最具有代表性的是周期图法。这种方法不需要使用其他信号模型,仅仅利用选取的样本信号数据就可以完成对功率谱的估计,虽然周期图方法的功率分辨率较低,但是仍然在各行业广泛应用。为了提高这种功率谱估计的精度和分辨率,还有很多值得研究的问题。本节首先介绍功率谱估计的基本原理以及无偏估计的相关概念,随后介绍几种经典的谱估计方法,如周期图法、Bartlett 法、Welch 法。

6.3.2.1　离散平稳随机过程的功率谱估计

在研究离散随机过程的分析和处理中,当对其进行滤波、变换和特征提取时,往往通过其在频域上的特性来实现。利用这种方法估计的重点是,先计算随机过程的自相关序列,然后计算功率谱密度函数。

维纳-辛钦定理:设平稳离散随机过程 $u(n)$ 的自相关序列为 $r_u(m)$,功率谱为 $S(e^{j\omega})$,该随机过程的功率谱和该自相关序列是一对傅里叶变换对[9]。

$$S(e^{j\omega}) = \sum_{m=-\infty}^{\infty} r_u(m) e^{-j\omega m} \qquad (6.3)$$

$$r_u(m) = \frac{1}{2\pi} \int_{-\pi}^{\pi} S(e^{j\omega}) e^{j\omega m} d\omega \tag{6.4}$$

式中：$r_u(m) = E[u(n)u^*(n+m)]$。

维纳－辛钦定理反映了随机过程 $u(n)$ 的二阶统计量 $r_u(m)$ 和功率谱 $S(e^{j\omega})$ 之间的关系。在上式中，取 $m = 0$，得

$$r_u(0) = \frac{1}{2\pi} \int_{-\pi}^{\pi} S(e^{j\omega}) d\omega = E\left[|u(n)|^2 \right] \tag{6.5}$$

它是随机过程 $u(n)$ 的平均功率，因此，$S(e^{j\omega})$ 具有功率密度的量纲（单位频率内的平均功率），所以称其为功率谱密度函数。

在实际的功率谱求解过程中，按照维纳-辛钦定理，一般情况下无法得到平稳离散随机过程 $u(n)$ 的自相关序列 $r_u(m)$。原因在于，在信号处理的过程中往往无法了解或获得随机信号的联合概率密度函数。但对于平稳随机过程，根据各态历经的假设，随机过程的集合平均可以用其时间平均来代替，于是有

$$r_u(m) = \lim_{N \to \infty} \frac{1}{2N+1} \sum_{n=-N}^{N} u(n)u^*(n+m) \tag{6.6}$$

将式(6.6)代入式(6.3)，得

$$S(e^{j\omega}) = S(e^{-j\omega}) = \sum_{m=-\infty}^{\infty} \left[\lim_{N \to \infty} \frac{1}{2N+1} \sum_{n=-N}^{N} u(n)u^*(n+m) \right] e^{j\omega m} =$$

$$\lim_{N \to \infty} \frac{1}{2N+1} \left[\sum_{n=-N}^{N} u(n) e^{-j\omega m} \right] \left[\sum_{m=-\infty}^{\infty} u^*(n+m) e^{-j\omega(n+m)} \right] \tag{6.7}$$

令 $l = n + m$，上式(6.7)可写为

$$S(e^{j\omega}) = \lim_{N \to \infty} \frac{1}{2N+1} \left[\sum_{n=-N}^{N} u(n) e^{-j\omega m} \right] \left[\sum_{l=-\infty}^{\infty} u^*(l) e^{-j\omega l} \right] =$$

$$\lim_{N \to \infty} \frac{1}{2N+1} \left[\sum_{n=-N}^{N} u(n) e^{-j\omega m} \right]^2 \tag{6.8}$$

式(6.8)在 $N \to \infty$ 的极限情况下是否收敛决定了式(6.6)的傅里叶变换是否存在。只有式(6.6)的估计式满足一致估计的条件，式(6.8)才收敛。

由于实际观测得到的离散随机信号只能是它的一个实现或样本序列的片段，所以如何根据它的有限样本构成的序列来估计信号的自相关函数或功率谱密度才是本章要讨论的中心内容。不加说明，为简化问题起见，同时还不失一般性，我们假设离散随机信号的均值为零。当均值不为零时，可以通过其协方差序列与自相关序列的关系来处理。

6.3.2.2　自相关序列的无偏估计

设观察到 N 个样本序列为 $u(0), u(1), \cdots, u(N-1)$。现在要由这 N 个数据来估计自相关序列 $r_u(m)$。由于 $u(n)$ 在 $0 \leqslant n \leqslant N-1$ 时有 N 个值，因此构造其估计式为

$$\hat{r}'_u(m) = \frac{1}{N - |m|} \sum_{n=0}^{N-1-|m|} u(n)u^*(n+m) \qquad |m| \leqslant N-1 \tag{6.9}$$

考察一个估计的好坏可以首先计算 $r_u(m)$ 的估计偏差与方差。

由式(6.9),得

$$\mathrm{E}[\hat{r}_u'(m)] = \frac{1}{N-|m|} \sum_{n=0}^{N-1-|m|} \mathrm{E}[u(n)u^*(n+m)] =$$

$$\frac{1}{N-|m|} \sum_{n=0}^{N-1-|m|} r_u(m) = r_u(m) \qquad |m| \leqslant N-1 \qquad (6.10)$$

所以当 m 绝对值小于 $N-1$ 时,则为无偏估计。

现在来求 $r_u(m)$ 估计的方差,按照方差的定义,有

$$\mathrm{Var}[\hat{r}_u'(m)] = \mathrm{E}[(\hat{r}_u'(m))^2] - (\mathrm{E}[\hat{r}_u'(m)])^2 =$$

$$\mathrm{E}[(\hat{r}_u'(m))^2] - r_u^2(m) \qquad |m| \leqslant N-1 \qquad (6.11)$$

根据式(6.9),有

$$\mathrm{E}[(\hat{r}_u'(m))^2] = \frac{1}{(N-|m|)^2} \sum_{n=0}^{N-1-|m|} \sum_{k=0}^{N-1-|m|} \mathrm{E}[u(n)u^*(n+m)u(k)u^*(k+m)]$$

$$(6.12)$$

当随机序列 $u(n)$ 是零均值高斯序列时,有

$$\mathrm{E}[u(k)u^*(l)u(m)u^*(n)] = \mathrm{E}[u(k)u^*(l)]\mathrm{E}[u(m)u^*(n)] +$$

$$\mathrm{E}[u(m)u(k)]\mathrm{E}[u^*(l)u^*(n)] + \mathrm{E}[u(k)u^*(n)]\mathrm{E}[u^*(l)u(m)] \quad (6.13)$$

所以,有

$$\mathrm{E}[(\hat{r}_u'(m))^2] = \frac{1}{(N-|m|)^2} \sum_{n=0}^{N-1-|m|} \sum_{k=0}^{N-1-|m|} \mathrm{E}[u(n)u^*(n+m)u(k)u^*(k+m)] +$$

$$\mathrm{E}[u(n)u(k)]\mathrm{E}[u^*(n+m)u^*(k+m)] + \mathrm{E}[u(n)u^*(k+m)]\mathrm{E}[u^*(n+m)u(k)] =$$

$$\frac{1}{(N-|m|)} \sum_{n=0}^{N-1-|m|} \sum_{k=0}^{N-1-|m|} [r_u^2(m) + r_u^2(n-k) + r_u(n-k-m)r_u(n-k+m)]$$

$$(6.14)$$

令 $n-k=r$,将二重求和变为一重求和,有

$$\mathrm{E}[(\hat{r}_u'(m))^2] = \frac{1}{(N-|m|)^2} \left\{ \begin{array}{l} (N-|m|)^2 r_u^2(m) + \\ \displaystyle\sum_{r=-(N-1-|m|)}^{N-1-|m|} (N-|m|-|r|)[r_u^2(r) + r_u(r-m)r_u(r+m)] \end{array} \right\} =$$

$$r_u^2(m) + \frac{1}{(N-|m|)^2} \sum_{r=-(N-1-|m|)}^{N-1-|m|} (N-|m|-|r|)[r_u^2(r) + r_u(r-m)r_u(r+m)]$$

$$(6.15)$$

由式(6.11)和式(6.15)可求出

$$\mathrm{Var}[\hat{r}_u'(m)] = \frac{N}{(N-|m|)^2} \sum_{r=-(N-1-|m|)}^{N-1-|m|} [r_u^2(r) + r_u(r-m)r_u(r+m)]$$

$$(6.16)$$

从推导结果可以看出,当 $N \to \infty$ 时,功率谱的估计结果的方差满足一致性估计的条件。

6.3.2.3 自相关序列的有偏估计

如果将估计式(6.9)的系数改成式(6.17),则得到自相关序列的另一种估计式:

$$\hat{r}'_u(m) = \frac{1}{N} \sum_{n=0}^{N-1-|m|} u(n) u^*(n+m) \qquad |m| \leqslant N-1 \qquad (6.17)$$

重新计算该估计的偏差,得

$$B[\hat{r}'_u(m)] = r_u(m) - E[\hat{r}'_u(m)] =$$

$$r_u(m) - \frac{N-|m|}{N} r_u(m) = \frac{|m|}{N} r_u(m) \qquad (6.18)$$

所以此时属于有偏估计,若采用前面对 $r_u(m)$ 的方差估计方法,可知道该估计的方差为

$$\mathrm{Var}[\hat{r}'_u(m)] = \left(\frac{N-|m|}{N}\right)^2 \mathrm{Var}[\hat{r}'_u(m)] \approx$$

$$\frac{1}{N} \sum_{r=-(N-1-|m|)}^{N-1-|m|} [r_u^2(r) + r_u(r-m) r_u(r+m)] \qquad (6.19)$$

虽然估计的偏差不等于 0,但当 $N \to \infty$ 时,估计偏差趋于零,是一个渐进无偏估计;同时它的方差也趋于零,所以是一致估计。需要注意的是,在做功率谱估计时,利用式(6.17)作为自相关序列的估计,这是因为它不会带来负的功率谱估计值,而式(6.9)则不然。

6.3.2.4 周期图法

最经典的功率谱估计计算法就是先求得信号的自相关序列 $r_u(m)$,然后再对自相关序列计算傅里叶变换结果,即为信号的功率谱。这种方法又可分成两种:一种是间接方法,它先通过式(6.17)对自相关序列进行估计(一般都需要引入窗函数将自相关序列值加权,以减小自相关序列截段的影响),然后再对其做傅里叶变换得功率谱估计;另一种是直接法,这种方法是将观测到的样本数据 $u(0)$,$u(1)$,$\cdots$,$u(N-1)$ 直接进行傅里叶变换,而不是通过自相关序列进行变换,这种方法往往更加常用,一般称为周期图法。

周期图法由于利用了离散傅里叶变换进行计算,所以可以使用快速算法,从而提高计算效率,在谱分辨率要求不高的场景下常用这种方法进行功率谱估计,但使用快速算法的主要缺点是频率分辨率低。造成频率分辨率低的主要原因是,对于超过信号长度的信号默认为 0,但是在实际情况下,分析的信号只是选取信号的片段,频率分辨率低的问题会导致频带较窄的干扰信号无法被检测。为了克服这些缺点,提出了若干种修正方法,如选择适当窗口函数来提高原方法的谱分辨率,或改进对数据的处理形式来减少周期图的方差等。

实际观测得到的离散随机信号只是它的一个样本序列的片段,如何根据这些有

限个样本来估计信号的自相关序列或其功率谱密度是本节的重点内容。设有限序列数据为零均值广义平稳随机过程,具有遍历性,由式(6.17),得

$$\hat{r}'_u(m) = \frac{1}{N} \sum_{n=0}^{N-1-|m|} u(n)u^*(n+m) =$$

$$\frac{1}{N} \sum_{n=-\infty}^{\infty} u_N(n)u_N^*(n+m) =$$

$$\frac{1}{N} u_N(m)u_N^*(-m) \qquad |m| \leqslant N-1 \qquad (6.20)$$

式中

$$u_N(n) = u(n)R_N(n) \qquad (6.21)$$

R_N 为矩形窗函数,通过窗函数将任意长度的序列截成有限长序列,$r_u(m)$ 傅里叶变换为

$$S_{per}(e^{j\omega}) = \sum_{m=-\infty}^{\infty} \hat{r}(m)e^{-j\omega m} = \sum_{m=-N+1}^{N-1} \hat{r}(m)e^{-j\omega m} \qquad (6.22)$$

$u_N(n)$ 的傅里叶变换为

$$U_N(e^{j\omega}) = \sum_{n=-\infty}^{\infty} u_N(n)e^{-j\omega n} = \sum_{n=0}^{N-1} u(n)e^{-j\omega n} \qquad (6.23)$$

而 $u_N(-n)$ 的傅里叶变换为

$$S_{per}(e^{j\omega}) = \frac{1}{N} U_N(e^{j\omega}) U_N^*(e^{j\omega}) = \frac{1}{N} |U_N(e^{j\omega})|^2 \qquad (6.24)$$

$S_{per}(e^{j\omega})$ 称为周期图,它是对功率谱的估计。

可以通过离散傅里叶变换直接求得离散化的 $u_N(k)$ 值,然后按照式(6.24)的周期图法求得离散化值,这种方法的优点是简单、计算速度快,是一种经典的功率谱估计方法。

6.3.2.5　平均周期图法(Bartlett 法)

周期图法虽然实现简单,计算复杂度低,但却存在一定的缺陷,主要原因是周期图的估计结果是不满足一致估计的条件,因此需要对估计方法进行改进。

改进的一个思路是对要观测处理的数据进行分段处理,并计算各段信号周期图法绘制功率谱的平均值,因此这种方法称为平均周期图法[10]。下面分析平均周期图法为何能够提高功率谱估计的估计质量。

设将观测数据 $u(n)$ 分成 K 段,每段有 M 个样本,因而 $N=KM$,第 i 段样本序列可写为

$$u_i(n) = u(n+iM) \qquad 0 \leqslant n \leqslant M-1; 0 \leqslant i \leqslant K-1 \qquad (6.25)$$

于是,由式(6.24)可得第 i 段的周期图:

$$S_{per}^i(e^{j\omega}) = \frac{1}{M} \left| \sum_{n=0}^{M-1} u_i(n)e^{-j\omega n} \right| \qquad i = 0,1,\cdots,K-1 \qquad (6.26)$$

如果 $m > M, r_u(m)$ 很小,则可假设各段的周期图是近似互相独立,于是功率谱估计可定义为 K 段周期图的平均,即

$$\hat{S}_B(e^{j\omega}) = \frac{1}{K} \sum_{i=0}^{K-1} S_{per}^i(e^{j\omega}) \qquad (6.27)$$

于是它的期望为

$$E[\hat{S}_B(e^{j\omega})] = \frac{1}{K} \sum_{i=0}^{K-1} E[S_{per}^i(e^{j\omega})] = E[S_{per}^i(e^{j\omega})] \qquad (6.28)$$

将式(6.27)与式(6.25)代入式(6.28),得

$$E[S_{per}^i(e^{j\omega})] = \frac{1}{2\pi} \int_{-\pi}^{\pi} S(e^{j\theta}) W_{BM}(e^{j(\omega-\theta)}) d\theta =$$

$$\frac{1}{2\pi M} \int_{-\pi}^{\pi} S(e^{j\theta}) \left[\frac{\sin[(\omega-\theta)M/2]}{\sin[(\omega-\theta)/2]} \right]^2 d\theta \qquad (6.29)$$

式中:$W_{BM}(e^{j\omega})$ 是长度为 M 的 Bartlett 窗的窗谱函数。

由于各段周期图是相互独立的,由数理统计理论可知,K 个独立随机变量平均的方差是每个随机变量方差的 $1/K$,再由式(6.28),得

$$\text{Var}[\hat{S}_B(e^{j\omega})] = \frac{1}{K} \text{Var}[S_{per}^i(e^{j\omega})] \approx$$

$$\frac{1}{K} S^2(e^{j\omega}) \left[1 + \left(\frac{\sin(M\omega)}{M\sin\omega} \right)^2 \right] \approx$$

$$\frac{\sigma_u^4}{K} \left[1 + \left(\frac{\sin(M\omega)}{M\sin\omega} \right)^2 \right] \qquad (6.30)$$

由式(6.30)可得,随着 K 的增加,方差下降,当 $K \to \infty$ 时,方差趋近于 0。因此,这种方法得到的功率谱估计是一致估计。

6.3.2.6 平均修正周期图法(Welch 法)

平均修正周期图法是比较常见的一种谱估计方法,这种方法是在周期图法的基础上进行改进设计,首先,增加平均周期图法中的周期个数,先将输入信号按照设定的分割长度完成分段,分段数即为平均次数,这样做的好处是可以使估计的功率谱曲线更加平滑,对应的方差也更小[11]。

数据的分割可以表示为

$$u_i(n) = u(n+iD) \qquad 0 \le n \le M-1; 0 \le i \le L-1 \qquad (6.31)$$

第二步则是与周期图法类似,引入相应的窗函数 $w(n)$ 完成对信号边缘的截取,该窗函数的能量为

$$U = \frac{1}{M} \sum_{n=0}^{M-1} w^2(n) \qquad (6.32)$$

按照下式计算得出每段数据对应的修正周期图:

$$\tilde{S}_{per}^i(e^{j\omega}) = \frac{1}{MU} \left| \sum_{n=0}^{M-1} u_i(n) w(n) e^{-j\omega n} \right|^2 \qquad i = 0, 1, \cdots, L-1 \qquad (6.33)$$

于是利用修正周期图的平均得到的功率谱估计为

$$\hat{S}_{\mathrm{W}}(\mathrm{e}^{\mathrm{j}\omega}) = \frac{1}{L}\sum_{i=0}^{L-1}\tilde{S}_{\mathrm{per}}^{i}(\mathrm{e}^{\mathrm{j}\omega}) \tag{6.34}$$

因此,式(6.34)的期望为

$$\mathrm{E}[\hat{S}_{\mathrm{W}}(\mathrm{e}^{\mathrm{j}\omega})] = \frac{1}{L}\sum_{i=0}^{L-1}\mathrm{E}[\tilde{S}_{\mathrm{per}}^{i}(\mathrm{e}^{\mathrm{j}\omega})] = \mathrm{E}[\tilde{S}_{\mathrm{per}}^{i}(\mathrm{e}^{\mathrm{j}\omega})] \tag{6.35}$$

而修正周期图的期望为

$$\mathrm{E}[\tilde{S}_{\mathrm{per}}^{i}(\mathrm{e}^{\mathrm{j}\omega})] = \frac{1}{MU}\sum_{n=0}^{M-1}\sum_{m=0}^{M-1}w(n)w(m)\mathrm{E}[u_i(n)u_i(m)]\mathrm{e}^{-\mathrm{j}\omega(n-m)} =$$
$$\frac{1}{MU}\sum_{n=0}^{M-1}\sum_{m=0}^{M-1}w(n)w(m)r_u(n-m)\mathrm{e}^{-\mathrm{j}\omega(n-m)} \tag{6.36}$$

由式(6.4),得

$$\mathrm{E}[\tilde{S}_{\mathrm{per}}^{i}(\mathrm{e}^{\mathrm{j}\omega})] = \frac{1}{2\pi MU}\int_{-\pi}^{\pi}S(\mathrm{e}^{\mathrm{j}\theta})\left[\sum_{n=0}^{M-1}\sum_{m=0}^{M-1}w(n)w(m)\mathrm{e}^{-\mathrm{j}\omega(n-m)(\omega-\theta)}\right]\mathrm{d}\theta =$$
$$\frac{1}{2\pi MU}\int_{-\pi}^{\pi}S(\mathrm{e}^{\mathrm{j}\theta})|W(\mathrm{e}^{\mathrm{j}(\omega-\theta)})|^2\mathrm{d}\theta =$$
$$\frac{1}{2\pi}\int_{-\pi}^{\pi}S(\mathrm{e}^{\mathrm{j}\theta})|W_2(\mathrm{e}^{\mathrm{j}(\omega-\theta)})|^2\mathrm{d}\theta =$$
$$S(\mathrm{e}^{\mathrm{j}\omega})W_2(\mathrm{e}^{\mathrm{j}\omega}) \tag{6.37}$$

式中

$$W_2(\mathrm{e}^{\mathrm{j}\omega}) = \frac{1}{MU}\left|\sum_{n=0}^{M-1}w(n)\mathrm{e}^{-\mathrm{j}\omega n}\right|^2 \tag{6.38}$$

若 M 增大,则 $W_2(\mathrm{e}^{\mathrm{j}\omega})$ 的主瓣变窄。如果功率谱是相对慢变的谱,那么可以认为它在主瓣内不变,这样可以写成为

$$\mathrm{E}[\tilde{S}_{\mathrm{per}}^{i}(\mathrm{e}^{\mathrm{j}\omega})] = S(\mathrm{e}^{\mathrm{j}\omega})\frac{1}{2\pi}\int_{-\pi}^{\pi}W_2(\mathrm{e}^{\mathrm{j}\omega})\mathrm{d}\omega \tag{6.39}$$

若保证

$$\frac{1}{2\pi}\int_{-\pi}^{\pi}W_2(\mathrm{e}^{\mathrm{j}\omega})\mathrm{d}\omega = 1 \tag{6.40}$$

则由式(6.34)和式(6.36),有

$$\mathrm{E}[\tilde{S}_{\mathrm{per}}^{i}(\mathrm{e}^{\mathrm{j}\omega})] = S(\mathrm{e}^{\mathrm{j}\omega}) \tag{6.41}$$

所以,用 Welch 方法得到的功率谱估计结果也是渐近无偏的。

6.3.3　功率谱监测算法流程

6.3.3.1　功率谱监测算法流程分析

功率谱的观测分为两部分:一是通过标准仪器直接观测;二是利用存储的信号数据进行事后处理观测。二者的观测流程如图 6.3 和图 6.4 所示。

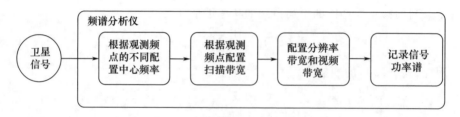

图 6.3　标准仪器观测功率谱算法流程示意图

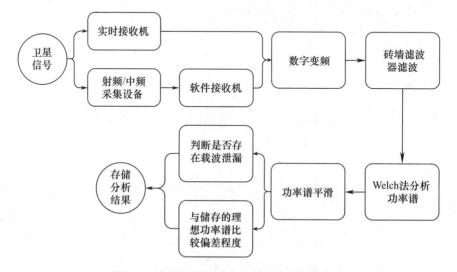

图 6.4　事后处理观测功率谱算法流程示意图

1）数字变频算法

（1）算法功能：使得接收机输出闭环数据变频至所需分析的频点。

（2）算法输入：观测频点的名称标识符号、当前数据使用的采样率、需要变频的实时接收机/软件接收机闭环数据。

（3）算法输出：变频后的信号数据。

（4）算法流程：

① 根据频点标识符号判断需要变频的频率大小。

② 根据变化频率大小和输入信号采样率产生变频所需的复载波信号。

③ 输入的接收机闭环数据与复载波信号相乘,得到变频后的信号数据,并输出。

2）砖墙滤波器算法

（1）算法功能：利用滤波器完成对其余非观测信号的剔除。

（2）算法输入：观测频点的名称标识符号、当前数据使用的采样率、需要滤波的变频后数据。

（3）算法输出：滤波后的信号数据。

（4）算法流程：

① 根据频点标识符号判断需要滤波带宽大小。

② 根据带宽大小和输入信号的样点数计算需要数字滤波的点的范围。

③ 对输入信号进行 FFT,点数为输入信号长度。

④ 按照滤波的要求选取保留的点,其余的点赋值为 0,完成频域的筛选。

⑤ 对筛选后的信号进行 IFFT 运算,即为滤波后的时域信号数据,并输出。

3)Welch 分析功率谱算法

(1)算法功能:利用 Welch 方法完成对功率谱的分析。

(2)算法输入:滤波后的信号数据、输入信号的采样率、Welch 算法采用的 FFT 点数、Welch 分段后的重叠点数。

(3)算法输出:分析得到的功率谱。

(4)算法流程:

① 按照 FFT 点数生成汉明窗函数。

② 根据分段点数和重叠点数将输入信号分成若干段。

③ 分段后的信号数据与窗函数相乘,并 FFT 计算后叠加,得到功率谱的 Y 轴量值。

④ 根据采样率和分段点数计算功率谱的 X 轴量值,并输出功率谱结果。

4)功率谱平滑算法

(1)算法功能:完成对功率谱的平滑处理。

(2)算法输入:未平滑的功率谱。

(3)算法输出:平滑后的功率谱。

(4)算法流程:

① 按照一定的平滑点数对功率谱进行分段。

② 将每一段的平均值作为新的功率谱值,边沿处使用少于平滑点数的点计算均值,输出平滑后的功率谱。

5)载波泄漏判断算法

(1)算法功能:判断是否存在载波泄漏。

(2)算法输入:平滑后的功率谱、观测频点的名称标识符号。

(3)算法输出:载波泄漏的标识位。

(4)算法流程:

① 根据观测频点的名称标识符号确定载波可能泄漏的中心频点。

② 对相应中心频点位置的功率谱进行分析,判断是否存在带宽较小的尖峰包络。

③ 当存在尖峰包络且能量值超过门限值时,则存在载波泄漏,输出标识位 1,否则输出标识位 0。

6)功率谱偏差程度比较算法

(1)算法功能:计算实际信号功率谱与理想信号功率谱的偏差程度。

（2）算法输入：平滑后的功率谱、观测频点的名称标识符号、存储理想信号谱文件路径。

（3）算法输出：功率谱中心频点单调变化值、功率谱偏差方差。

（4）算法流程：

① 根据观测频点的名称标识符号读取理想信号功率谱。

② 将实际信号与理想信号做差，并计算功率谱偏差的方差。

③ 将功率谱偏差的曲线进行线性拟合，求得拟合后的直线在中心频点处的偏差值。

④ 绘制理想信号与实际信号比较图，输出全部结果。

6.3.3.2 带内功率监测算法流程

带内功率的计算完全使用标准仪器完成测量，测量过程中包括两部分：一部分是对某一频点全部信号在发射带宽内的带内功率测量，另一部分是针对单一频点所在的主瓣带宽内功率测量。测量流程如图 6.5 所示。

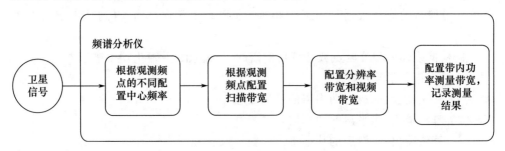

图 6.5　带内功率测量算法流程示意图

6.3.3.3 载波抑制算法流程

载波抑制的测量是使用标准仪器完成测量，测量的前提是卫星发射单载波测试信号，测量流程如图 6.6 所示。

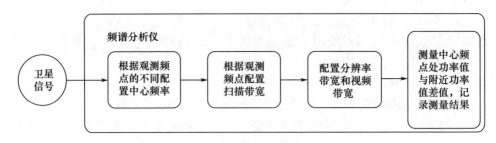

图 6.6　载波抑制算法流程示意图

6.3.3.4 带外功率监测算法流程

带外功率的测量是使用标准仪器完成测量，测量的前提是地面系统控制卫星发射单载波测试信号，测量流程如图 6.7 所示。

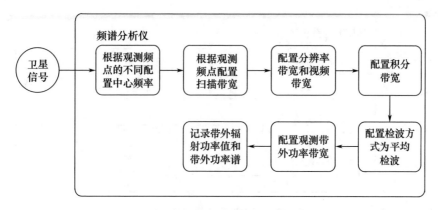

图 6.7　带外辐射功率算法流程示意图

6.3.4　单载波功率监测评估流程

单载波功率测量使用标准仪器完成测量,测量的前提是卫星发射的是单载波测试信号,测量流程如图 6.8 所示。

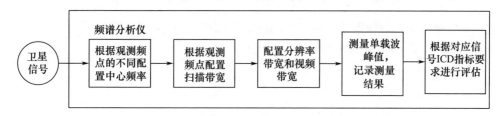

图 6.8　单载波功率测量流程示意图

对载波进行测试时,最常用的测试设备是频谱分析仪。载波信号测试不仅涉及导航信号测试领域,还涉及通信、雷达、电子等其他行业。频谱分析仪可以实时接收记录信号的功率谱谱线,能够直观地为用户展示信号中可能存在的干扰和噪声。此外,通过对频谱分析仪的设置,可以对谱线进行加和平均,从而得到更加光滑的功率谱谱线,此外,频谱分析仪还可以根据连续观测的信号状态,观测功率谱线色温图,并对功率的长期稳定性进行评估。

单载波功率测试分为静态测试和动态测试,静态测试指卫星载荷桌面测试和星地对接测试,动态测试指卫星上天后的在轨测试。单载波功率的静态测试相对比较简单,而对于在轨测试,由于卫星存在动态,对频谱仪接收到的信号来说存在缓慢的漂移,因此测量单载波峰值时需设置适当积分时间。

6.3.5　相位噪声监测评估流程

相位噪声的测量使用相位噪声测试仪(或带有相位噪声测试选件的频谱仪)完成测量,测量的前提是卫星发射的是单载波测试信号,测量流程如图 6.9 所示。

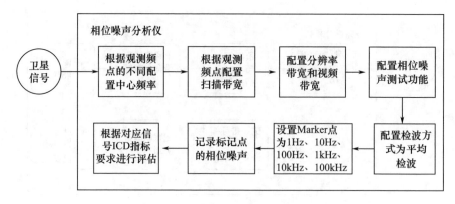

图 6.9　相位噪声测量流程示意图

相位噪声测试与单载波功率测试一致,也分为静态测试和动态测试,当卫星存在动态时,测量单载波相位噪声需设置适当积分时间。

测试所用的设备如果是频谱仪,应选择带有相位噪声测试选件的频谱仪。

6.3.6　带内杂散和带外辐射监测评估流程

带内杂散和带外辐射的测量使用标准仪器完成测量,测量的前提是卫星发射的是单载波测试信号,测量流程如图 6.10 所示。

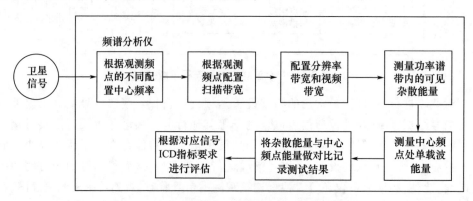

图 6.10　带内杂散和带外辐射测量流程示意图

带内杂散和带外辐射测试同样可以分为静态测试和动态测试,当卫星存在动态时,对频谱仪接收到的信号来说存在缓慢的漂移,因此测量时需设置适当的积分时间。

6.4　实测数据分析

6.4.1　功率谱与带内功率测试

导航卫星信号一般都有固定的带宽,对信号带宽内的功率进行统计,检测信号带内功率是否满足设计要求。一般来说,功率谱和带内功率测试是使用频谱分析仪完成的。图 6.11 所示为 QPSK-R(10)信号频谱仪测试结果,经测试可知,信号的带内功率为 −37.39dBm,这个测量值代表信号在频谱仪入口处的功率值,而 20.46MHz 带宽内的平均功率谱密度为 −110.50dBm/Hz。为了计算卫星发射信号 EIRP 是否满足设计要求,可以利用链路推算的方法反推得到卫星天线发射口面功率值。地面接收功率需要根据系统各级链路的损耗一一补偿,从而推算得到接收天线入口处信号电平和地面接收功率,而卫星发射 EIRP 计算较为复杂,需要考虑空间传输和损耗等因素的影响。

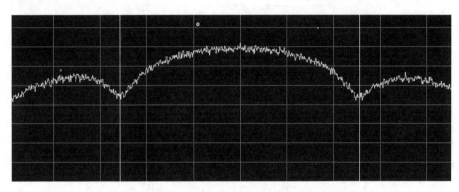

图 6.11　QPSK-R(10)信号频谱仪测试结果

6.4.2　带外辐射

表 6.3 所列为某卫星在 B1、B3 频点带外的多余辐射功率谱密度测试数据记录表。

表 6.3　B1、B3 带外多余辐射功率谱密度测试数据记录表

序号	频点	1kHz 带内通道功率/(dBm/kHz)	
		A 组	B 组
1	1620.42MHz	−61.54	−61.43
2	1530.42MHz	−57.86	−57.46
3	1313.52MHz	−53.02	−52.85

由表 6.3 可知,在 B1、B3 带外多余辐射功率谱密度均小于 −50dBm/kHz。

6.4.3　合成信号功率谱及偏差

现代化导航信号都是由多个不同功能的信号分量经恒包络复用而成的合成信号,为了达到最佳性能,往往不同信号分量占用不同频率位置,可通过比较实际功率谱与理想信号功率谱的偏差来发现信号质量问题。表 6.4 所列为北斗三号某卫星 B1 信号合成功率谱及偏差。

表6.4 北斗三号某卫星 B1 信号合成功率谱及偏差(见彩图)

信号类型	A 组测试数据	B 组测试数据
B1		
B1I		
B1C		

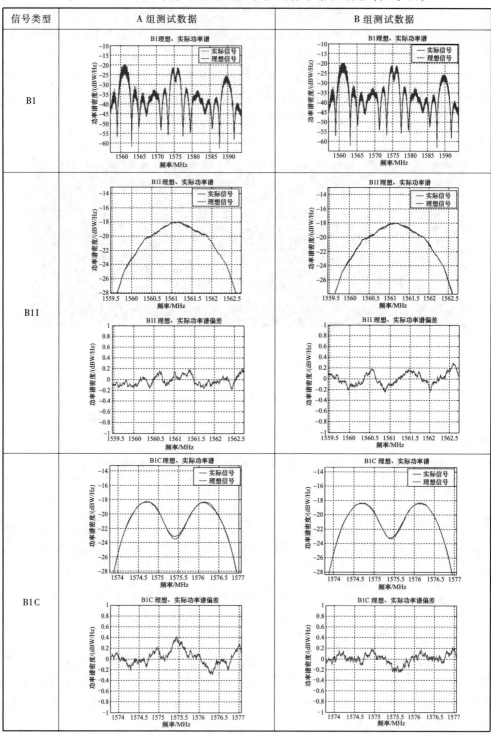

从表6.4可以看出,北斗三号某卫星的合成功率谱偏差小于0.5dB。

参考文献

[1] 罗显志,王垚. GPS-L1/Galileo-E1信号兼容性分析与仿真[J]. 系统仿真学报,2011,23(5): 1039 – 1044.

[2] Global Positioning System Directorate. Systems engineering & integration interface specification IS-GPS-200H:Navstar GPS space segment/navigation user interfaces[EB/OL]. [2015-12-09]. ht-tps://www. gps. gov/technical/icwg/IS-GPS-200H. pdf.

[3] European Union. European GNSS (Galileo) open service:signal in space:interface control document [M]. Luxembourg:Publications Office of the European Union,2010.

[4] Russian Institute of Space Device Engineering. Global navigation satellite system GLONASS interface control document:Navigational radiosignal in bands L1,L2 (Edition 5. 1) [EB/OL]. 2008. http:// russianspacesystems. ru/wp-content/uploads/2016/08/ICD_GLONASS_eng_v5. 1. pdf.

[5] 中国卫星导航系统管理办公室. 北斗卫星导航系统空间信号接口控制文件公开服务信号 (2. 0版)[EB/OL]. [2013-12-27]. http://www. beidou. gov. cn/zt/zcfg/201710/P020171202709 829311027. pdf.

[6] 邓泽怀,刘波波,李彦良. 常见的功率谱估计方法及其Matlab仿真[J]. 电子科技,2014, 27(2):50 – 52.

[7] JOKINEN H,OLLILA J,AUMALA O. On windowing effects in estimating averaged periodograms of noisy signals[J]. Measurement,2000,28(3):197-207.

[8] JOHNSON P E,LONG D G. The probability density of spectral estimates based on modified perio-dogram averages[J]. IEEE Transactions on Signal Processing,1999,47(5):1255-1261.

[9] 刘明骞,李兵兵,郭万里. "随机信号分析"课程中功率谱及估计的研讨[J]. 电气电子教学学报,2016,38(3):84 – 87.

[10] 余训锋,马大玮,魏琳. 改进周期图法功率谱估计中的窗函数仿真分析[J]. 计算机仿真, 2008,25(3):111-114.

[11] 魏鑫,张平. 周期图法功率谱估计中的窗函数分析[J]. 现代电子技术,2005,28(3):14-15.

第7章　导航信号调制域监测

7.1　引　言

数字信号的调制域测试是 20 世纪末才开始兴起的一项技术。早期的信号调制方式都比较简单,但随着集成电路和软件无线电技术的高速发展,调制方式也越来越复杂,所以有必要针对数字电路实现的调制方式是否满足设计要求进行测试。在卫星导航和测控领域,调制域测试也渐渐被业内采用。

卫星导航信号具备测距和通信能力,满足通信信号在调制域上的特征和分析方法。数据码通过伪码调制、副载波调制、恒包络复用、载波调制等多个步骤得到满足一定测距和通信性能的无线电信号,最后通过卫星发射天线将信号辐射到地球表面,到达接收天线口面的信号电平远低于噪声电平[1]。

卫星导航信号调制域监测评估必须在高信噪比条件下进行。高信噪比信号的获取有两种方式:一种是在星地对接过程中,通过有线或无线方式接收高信噪比信号;另一种是在在轨测试和在轨运行过程中,通过高增益天线接收高信噪比信号。

导航信号调制域测试分为静态测试和动态测试,静态测试指卫星载荷桌面测试和星地对接测试,动态测试指卫星上天后入网前的在轨测试和正式运营后的连续监测和评估。

7.2　调制域分析基本知识

7.2.1　数字调制与矢量调制

在介绍调制域的信号质量测试方法之前,先介绍数字调制的基本知识。在早期的电路实现时,调制器和解调器一般被当作硬件装置,但是由于软件无线电的迅猛发展,调制和解调的过程由嵌入式软件来完成。数字调制是基于数字信号而提出的。早期的信号都是模拟信号,利用硬件器件完成模拟信号与载波信号间的频谱搬移调制。在数字信号时代,经过 A/D 或者 D/A 转换,模拟信号与数字信号完成实时转换。常见的数字调制域与模拟信号调制方式类似,模拟信号调制包括幅度调制(AM)、频率调制(FM)和相位调制(PM),而数字调制同样包括幅移键控(ASK)、频移键控(FSK)和相移键控(PSK),当然也存在幅度和相位的组合调制方式。

与数字调制类似,矢量调制也是使用数字信号完成信号的调制,但是矢量调制更加灵活,通过对不同信号分量的组合方式与星座图分布的映射,形成任意位置星座点,其中每个星座点对应于确定的幅度和相位,幅度为星座点坐标到原点的距离,而相位是星座点到原点间连线与 X 轴的夹角。零中频信号是星座点到原点连线的投影,其中,到 X 轴的投影即为输出信号的 I 分量幅值,到 Y 轴的投影即为输出信号的 Q 分量幅值。I、Q 分量信号共同组成了输出的基带信号,下面将进一步对 I、Q 分量进行介绍。

描述数字调制和矢量调制的最简单、最直观的方式是星座图。在通信或导航系统中,由于载波频率较高,直接在射频端调制需要较高的采样率,导致引入较大的复杂度,所以需要将发射的信号经过基带调制后再经过射频调制。调制方式可以用图7.1 所示的矢量坐标图表示,图中的 I 分量信号与 Q 分量信号相位相差 90°,由于信号各分量承载的信息不同,可以将不同时刻的信号设计到不同坐标位置上,这就是矢量调制的基本原理。

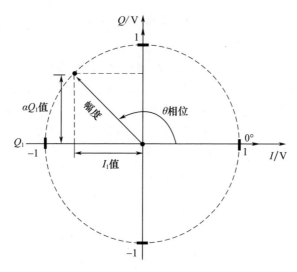

图 7.1　矢量调制原理图

星座图的定义是将各信号的比特位码型的所有可能全部映射到复平面上,利用复平面上的点完成对每个符号码片时刻的信号幅值相位状态的表征。如图 7.2 所示,以正交幅度调制(QAM)为例,每 4bit 作为 1 个调制符号码片,4bit共包括 16 种可能,所以在星座图上具备 16 个星座点。对于其他调制方式,如果每 1bit 作为 1 个调制符号,星座图则具备 2 个星座点,这种调制方式称为 BPSK;当每 2bit 作为 1 个调制符号,星座图则具备 4 个星座点,这种调制方式称为QPSK;当每 3bit 作为 1 个调制符号,星座图则具备 8 个星座点,这种调制方式称为 8 相移键控(8PSK)。当然也不是星座点越多越好,星座点的增多会导致不同星座点之间的距离接近,导致受噪声影响后信号的解调更容易出现误码。如

图 7.2 所示,每一个星座点映射对应符号编号的电平,在 I 分量和 Q 分量,QAM
信号都包括 4 个不同的电平幅值。

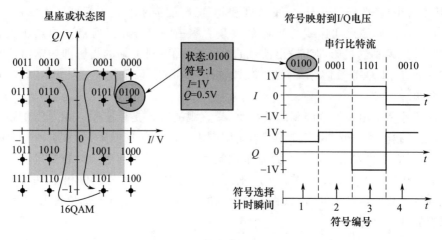

图 7.2　星座图映射关系

在一般的通信系统中,会针对性地对星座图进行设计,一般一个符号的比特数量
越多,代表单位符号传输的信息越多,因此调制信号的抗噪声性能和信息传输速率是
互相矛盾的。一般在移动通信系统中,会根据当前信号链路的信噪比状态进行测量,
当信噪比较高时,选取信息传输速率更高的调制方式,例如 QAM,这种调制方式每个
符号有4bit,假设符号传输速率为 4Mbit/s,则信息传输速率为 64Mbit/s。而当信噪
比状况不好时,则使用抗噪声性能更好的调制方式,以 QPSK 为例,假设符号传输速
率为 4Mbit/s,则信息传输速率为 8Mbit/s。

7.2.2　I/Q 调制

7.2.1 节介绍了利用星座图表示不同的矢量调制方式,但是在实际的硬件设备
中不可能采用星座图映射完成数字信号的生成,在实际信号生成时是采用 I/Q 调制
的方式实现的。

I/Q 调制(图 7.3)的实现方式是将 I 分量信号和 Q 分量信号分别作为调制器的
输入,并经过相应硬件电路或数字信号处理(DSP)嵌入式软件完成直角坐标下的信
号转换为极坐标下的矢量信号。利用本地振荡器产生的载波中心频率的单载波信
号,进行 90°的相移,相移前的单载波信号与 I 分量信号相乘,相移后的单载波信号与
Q 分量信号相乘,最后通过加法电路完成两路乘积信号的合路,最终完成 I/Q 调制后
的信号输出。I 分量和 Q 分量信号虽然在时域上完成相加,但是由于在相乘的载波
上相差 90°相位,所以在复平面上,两路信号互为正交关系,可以通过相关解调的方
式完成信号的分离。这种调制方式的好处是:I、Q 分量信号是相互独立的,即当 I 分
量信号发生改变时,不会对 Q 分量信号造成影响[2-4]。

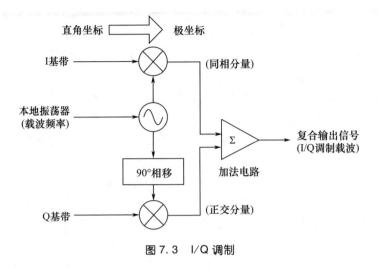

图 7.3　I/Q 调制

7.2.3　I/Q 解调

如图 7.4 所示，I/Q 解调是 I/Q 调制的反向流程，主要完成对已调信号中 I、Q 分量基带信号的解调恢复。

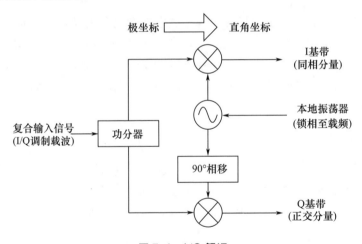

图 7.4　I/Q 解调

整个解调过程完成从复平面极坐标系到直角坐标系间的变换：首先将复合输入信号进行功率分配，形成两个解调分量；然后利用本地振荡器产生与发射信号中心频率一致的本地参考载波，并对本地参考载波进行 90°移相；然后完成分路后的信号与本地参考载波相乘，其中 I 分量信号与零相位移相后的本地参考载波相乘，得到 I 分量的基带分量，Q 分量则与 90°相位移相后的本地参考载波相乘，得到 Q 分量的基带分量。这种解调方式与硬件解调器所执行的解调方式基本一致。

7.2.4 I/Q 调制的优势

I/Q 调制的优势在于可以很简单地对已生成的 I、Q 分量基带信号进行数字调制和解调,除此之外,还具备以下 3 点优势:

(1)信号接收机实现简单,按照发射的信号载频进行载波恢复,并进行相干解调即可完成基带信号的恢复。

(2)通过解调的 I、Q 分量基带信号,可以更方便地测试信号接收质量,包括信号的码间干扰和噪声的影响,并映射到复平面上测试。

(3)可以分别在数字电路中完成 I、Q 分量信号生成,并在调制端利用不同相位载波相乘求和的简单方式完成射频信号的生成。相比在射频端直接生成信号的方式,降低了调制器各种模拟器件的误差影响,同时也减少了信号混频器的使用。

I/Q 调制解调广泛应用在通信、雷达和导航等各种调相信号的生成中,对应的发射机和接收机易于实现,复杂度低。

7.3 调制域监测评估内容

导航信号都是采用数字调相的方式完成电文和伪码的调制。基带信号生成后,利用 I/Q 调制完成射频信号的生成。然而,产生信号的数字电路和传输信号的模拟电路都有可能出现故障或失真,从而导致实际生成信号与理论仿真信号的不一致,因此在调制域上,需要通过星座图、矢量图和幅度误差等指标对信号故障和失真程度进行分析评估。

7.3.1 星座图

作为最常用的信号调制域观测手段,星座图广泛应用在各种调制信号的质量测试中,能够对 I、Q 分量信号的幅值分布情况进行复平面分析。通过星座图,测试人员可以清楚地看到每个码片在复平面的幅度和相位情况,以及信号调制方式的失真情况[5-6]。

大部分卫星导航信号都是基于相位调制的,多相移键控(MPSK)是采用不同的相位完成对不同调制符号的描述,调制符号内可以包含多个信息比特,下面针对包含 M 个符号的相位调制进行星座图描述分析,MPSK 已调信号可以表示为

$$s_m(t) = Ag(t)\cos\left(2\pi f_c t + \frac{2\pi m}{M} + \theta\right) = A\cos\left(2\pi f_c t + \frac{2\pi m}{M} + \theta\right) \tag{7.1}$$

式中:A 为信号幅度;f_c 为载波频率;θ 为初始相位;$g(t)$ 为基带扩频信号。

以 $\left[\sqrt{\dfrac{2}{\varepsilon_g}}g(t)\cos 2\pi f_c t, -\sqrt{\dfrac{2}{\varepsilon_g}}g(t)\sin 2\pi f_c t\right]$ 作为基准矢量,其中 $\varepsilon_g = \int_0^T g^2(t)\mathrm{d}t$。

将已调信号向空间基准矢量做投影，可以得到已调信号的空间矢量为 $\left[\sqrt{\dfrac{\varepsilon_g}{2}}A\cos\left(\dfrac{2\pi m}{M}+\theta\right),\sqrt{\dfrac{\varepsilon_g}{2}}A\sin\left(\dfrac{2\pi m}{M}+\theta\right)\right]$，将 M 分别取 2 或者 4，如图 7.5 所示，图中圆的半径为 $\sqrt{\dfrac{\varepsilon_g}{2}}A$。当 $M=2$ 时，一般取 $\theta=0$，此时的星座点对应的载波相位只有 0 和 π，如图 7.5（a）所示；当 $M=4$ 时，取 $\theta=0$，星座点对应的载波相位分别为 0、$\dfrac{\pi}{2}$、π 和 $\dfrac{3\pi}{2}$，如图 7.5（b）所示；若改变初始相位，取 $\theta=\dfrac{\pi}{4}$，则载波的相位分别为 $\dfrac{\pi}{4}$、$\dfrac{3\pi}{4}$、$\dfrac{5\pi}{4}$ 和 $\dfrac{7\pi}{4}$，如图 7.5（c）所示。

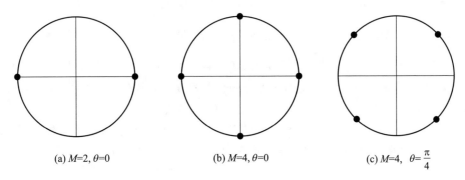

(a) $M=2$, $\theta=0$　　　　　(b) $M=4$, $\theta=0$　　　　　(c) $M=4$, $\theta=\dfrac{\pi}{4}$

图 7.5　MPSK 信号星座图

对于卫星导航信号，绘制星座图的基本流程为，利用软件接收机完成导航信号采集数据的捕获跟踪，并获取剥离载波多普勒后的零中频复信号，记为 $s(t)=I(t)+jQ(t)$，其中 $I(t)$ 为调制到余弦相位上的信号幅值，$Q(t)$ 为调制到正弦相位上的信号幅值。由于 $I(t)$ 与 $Q(t)$ 相位差相差 90°，所以可以将二者绘制到复平面上，以 $I(t)$ 为横轴，$Q(t)$ 为纵轴，最终可以完成星座图的绘制。在具体表现形式上，还可以根据分布的密度情况绘制热力图，直观地呈现出各星座点的幅度和相位关系。

在绘制完星座图后，只是从定性的角度对信号调制域进行了评估，从定量的角度则需要对如下指标进行测试，包括增益不平衡、星座图偏移和星座图倾斜等[7-9]，这些指标都是利用绘制星座图的数据进行深层次的处理得到的。

对于现代化的卫星导航信号，大部分频点的发射信号都使用恒包络复用调制，在星座图上会产生更多星座点，但是由于信道失真和带限滤波的影响，发射信号的包络不再恒定，在实际的星座图上可以看到，实际的星座点出现了发散，而真正评价恒包络调制性能则需要对每个星座点到坐标原点距离的一致性进行评估，所有到原点距离值的方差越小，代表经过功放后信号失真越小。

7.3.2　矢量图

矢量图是星座图的一种重要延伸,星座图主要描述各个星座点的分布情况,而矢量图则重点描述各星座点的转移变化情况,在绘制矢量图时需要添加各个调制符号间的变化过程。从矢量图中可以明显观察出各符号直接跃变过程中是否存在异常,以及卫星信号的调制质量,准确地反映某些信号状态的异常情况,并方便测试人员对模拟失真情况进行评估[10-11]。

矢量图与星座图的关注点不同,在星座图上查看信号时,是在观察信号相对载波的幅度和相位,而在矢量图上则是在观测状态间的过渡情况。

现代化的 GNSS 信号普遍采用 BOC 调制方式,并通过 CASM、Interplex、POCET 等恒包络调制方式使得星上功放工作在饱和区而非线性区。

7.3.3　误差矢量幅度、幅度误差、相位误差

由于模拟通道传输造成的信号失真,实际接收的导航信号 I、Q 分量可能不是完全正交的,所以需要在星座图上对星座点的偏差程度进行评估,最常用的星座点偏差程度衡量指标包括误差矢量幅度、幅度误差和相位误差。

误差矢量幅度(EVM)是描述实际星座点矢量与理论矢量间偏差的幅度[12],能够直接表征失真后星座点到理论星座点间的距离,用公式表示为

$$\text{EVM} = \sqrt{\left(I_{\text{ref}} - I_{\text{meas}}\right)^2 + \left(Q_{\text{ref}} - Q_{\text{meas}}\right)^2} \tag{7.2}$$

式中:I、Q 信号下标 ref 代表理论仿真信号的星座点坐标值,下标 meas 则代表实际接收信号的星座点坐标值。

幅度误差和相位误差单纯从失真后的星座点的幅度和相位出发,与理论的幅度和相位进行做差比较,从而完成信号失真程度的评估[13],表达式分别为

$$\text{Mag\_err} = \left| \sqrt{I_{\text{ref}}^2 + Q_{\text{ref}}^2} - \sqrt{I_{\text{meas}}^2 + Q_{\text{meas}}^2} \right| \tag{7.3}$$

$$\text{Phs\_err} = \arctan\left(\frac{Q_{\text{meas}}}{I_{\text{meas}}}\right) - \phi_0 \tag{7.4}$$

式中:ϕ_0 为理论相位。

通过对以上 3 个指标的多次观测结果进行平均处理,可以降低信号中的噪声对测试结果的影响。

7.3.4　载波抑制

在完成基带信号生成后,需要将信号调制到射频频段,从而完成发射,此时需要利用本地的振荡器产生高频载波。但是,有时本地振荡器会发生故障,导致射频载波出现泄漏,而泄漏的载波以单频干扰的形式出现在信号的输出端。一般使用载波抑制 D_c 描述载波泄漏程度,它的定义为有效基带信号功率 P_s 与泄漏的载波

功率 P_c 之比,即

$$D_c = 10\lg\left(\frac{P_s}{P_c}\right) \tag{7.5}$$

除了载波抑制指标外,还可以利用 I/Q 偏移量对载波泄漏程度进行描述,I/Q 偏移量 IQ_{offset} 的定义式为

$$IQ_{offset} = \frac{\sqrt{(\,\mathrm{mean}(I_{meas})\,)^2 + (\,\mathrm{mean}(Q_{meas})\,)^2}}{\mathrm{mean}\left(\sqrt{(I_{meas})^2 + (Q_{meas})^2}\right)} \tag{7.6}$$

一般载波泄漏会导致信号星座点产生整体偏移,载波泄漏功率越强,星座图偏移距离越大。

7.4　调制域监测评估方法和流程

7.4.1　星座图算法流程

星座图的监测需要对接收机闭环数据进行变频滤波,并剥离残余的信号码相位,利用网格法绘制信号色度星座图,并与实际信号做比较,如图 7.6 所示 。

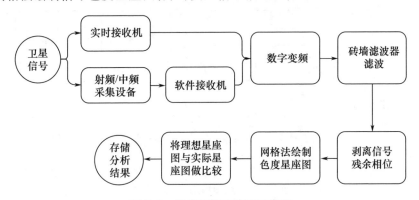

图 7.6　星座图算法流程示意图

7.4.1.1　剥离信号残余算法

(1)算法功能:剥离实际导航信号中的残余旋转相位。

(2)算法输入:滤波后的接收机闭环数据、观测频点的名称标识符号。

(3)算法输出:剥离残余旋转相位后的接收机闭环数据。

(4)算法流程:

① 根据观测频点的名称标识符号读取对应信号分量的本地伪码。

② 将实际信号的每个积分周期与本地伪码进行相关运算,通过实部与虚部的比值确定残余的相位角度。

③ 对闭环数据进行相位旋转,剥离残余相位角度。

7.4.1.2 网格法绘制星座图算法

(1) 算法功能:将闭环时域复信号转化为色度图形式的星座图。

(2) 算法输入:闭环时域复信号。

(3) 算法输出:星座图色度图数据。

(4) 算法流程:

① 根据复信号实部幅值大小确定眼图波形信号在 X 轴的最大范围,根据复信号虚部幅值大小确定 Y 轴的最大范围。

② 根据确定的最大范围建立相应的网格,每个网格对应一个色度图元素点。

③ 判断时域复信号的幅值每一个数据落在哪一个网格内,每有一个点落在某网格内,网格对应的色度图元素点的数据加1,直至遍历所有时域复信号。

④ 将色度图元素点进行取对数处理,调整色度图的对比度,输出取对数后的色度图。

7.4.2 散点图算法流程

散点图的算法与星座图类似,只是在绘图上存在区别,如图7.7所示。

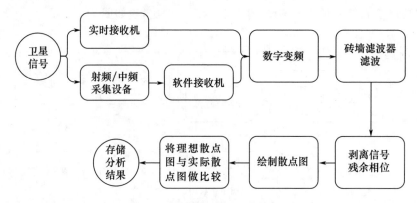

图 7.7 散点图算法流程示意图

散点图绘制算法如下:

(1) 算法功能:将闭环时域复信号转化为散点图形式的星座图。

(2) 算法输入:闭环时域复信号。

(3) 算法输出:星座图散点图数据。

(4) 算法流程:

① 根据复信号实部幅值大小确定眼图波形信号在 X 轴的最大范围,根据复信号虚部幅值大小确定 Y 轴的最大范围。

② 根据时域复信号实部和虚部的幅值,将每一组的实部、虚部幅值作为坐标,绘制到图中,即为散点图形式的星座图。

7.5　实测数据分析

图 7.8 所示为 Galieo E1 频点信号滤波前后的星座图,从图中可以看出,由于信号中存在高频分量,当信号经过带限滤波后,造成高频分量的缺失,星座图就会出现模糊。

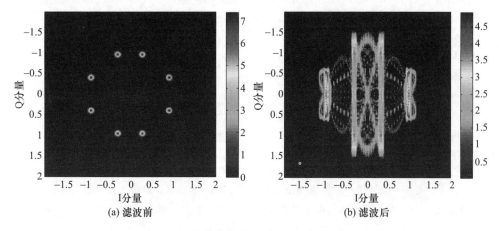

图 7.8　滤波前后的星座图比较(见彩图)

　　星座图还有一种表现形式为散点图。散点图与星座图的表现形式类似,只是在绘制图像时,星座图采用色温图来表征不同区域星座点出现的概率,而散点图是使用散落的点来表征星座点的分布情况。散点图相比于星座色温图的优势在于,绘制的时间开销较少,对于采样率较低的信号,散点图往往能够更加清楚地表示信号的分布情况,而对于采样率较高的信号,散点图显得过于密集,不利于用户观察判断,此时一般使用色温图对调制域进行观测,如图 7.9 所示为散点图与色温图的对比。

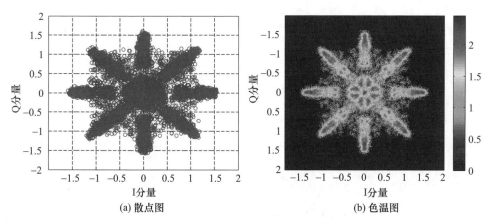

图 7.9　散点图与色温图对比(见彩图)

参考文献

[1] 俞睿. 卫星导航信号质量监测评估算法研究与系统实现[D]. 武汉:华中师范大学,2016.

[2] CLARK T R,O"CONNOR S R,DENNIS M L. A phase-modulation I/Q-demodulation microwave-to-digital photonic link[J]. IEEE Transactions on Microwave Theory & Techniques,2010,58(11): 3039-3058.

[3] SUVIOLA J,ALLEN M,VALKAMA M,et al. Real-time FPGA implementation and measured performance of I/Q modulation based frequency synthesizer[C]//19th European Signal Processing Conference,Barcelona,Spain,August 29-September 2,2011:1939-1941.

[4] HIARI O,MESLEH R. Impact of I/Q imbalance on receive space modulation techniques [C]//International Symposium on Networks,Computers and Communications (ISNCC),Istanbul,Turkey,June 18-20,2019:1-6.

[5] 杨健. GNSS 新型导航信号的设计与仿真[D]. 成都:电子科技大学,2011.

[6] 李乐民. 数字通信系统中的网络优化技术[M]. 北京:国防工业出版社,1996.

[7] 王建新,宋辉. 基于星座图的数字调制方式识别[J]. 通信学报,2004,25(6):166-173.

[8] 方宏,卞昕,何昭,等. 基于星座图设计的矢量调制误差计量方法研究[J]. 仪器仪表学报, 2013,34(1):128-132.

[9] ZHENG H,REN L M. Availability analysis of satellite constellation[C]//8th International Conference on Reliability,Maintainability and Safety,Chengdu,China,July 20-24,2009:245-248.

[10] SOELLNER M,KURZ C,KOGLER W,et al. One year in orbit GIOVE-B signal quality assessment from launch to now[J]. 2009,189(7):160-170.

[11] 陈向民,张辉. 幅相特性对矢量信号分析性能影响[J]. 电子测量技术,2005(3):1-3.

[12] 桂竟晶. 基于虚拟仪器的 TD-SCDMA 直放站测试系统开发[D]. 武汉:武汉理工大学,2007.

[13] 高树东. 基于 WiMAX 的移动通信终端测试系统的研究[D]. 哈尔滨:哈尔滨理工大学,2009.

第8章 相关域监测评估

◣ 8.1 引 言

前面已经介绍,模拟电路的传输失真,会导致信号的时域波形产生畸变,在将失真的时域波形与本地伪码序列进行相关运算时,会造成自相关函数对应的相关峰产生畸变。常见的畸变形式包括相关峰多峰值或者出现平顶等,这些畸变的相关峰会极大地影响到正常的测距。因此,有必要对信号的相关域质量进行监测。相关域监测的主要内容包括相关峰(偏差、对称性、平滑性)、相关损耗、S 曲线过零点偏差(SCB)等[1]。相关峰的相关特性直接决定测距的精度,对于相关峰本身形状的研究可以分析卫星信号可能存在的问题,这些问题会显现在相关曲线上。而 SCB 则直接描述接收机在鉴相过程中由于相关峰不对称性导致的鉴相误差,并在不同相关间隔下测量相关峰的不对称性。相关损耗则是测试信号在受滤波器等因素的影响下,相关峰尖峰处相对于理想值产生的变化。

◣ 8.2 相关函数与相关峰

接收信号与本地伪码相关得到的相关峰是完成伪距测量的基准点,一旦相关函数对应的相关峰出现严重的变形失真,就会产生很大的伪距误差,也必然会导致位置解算产生较大误差,所以对于相关峰的监测是信号质量相关域监测的重中之重[2]。相关峰的畸变主要是由于卫星发射链路中的模拟器件不平坦导致,如图 8.1(a)所示为一个典型的 TMC 信号波形故障,在图中的实线为实际采集信号,而虚线部分为理论信号脉冲,或者可以理解为本地伪码序列脉冲。图 8.1(b)所示为经过相关运算得到的相关峰曲线,其中虚线是本地伪码序列的自相关函数,也可以理解为理想信号相关峰,实线部分为本地伪码序列与实际接收信号之间的互相关函数,为实际接收机中计算的相关峰,可以明显看出实际相关峰产生了很严重的变形。

绘制相关峰的基础是先完成相关函数的计算。首先对接收原始信号的载波多普勒进行估计,并恢复相应频率的载波,对载波多普勒进行剥离,将零中频的基带信号与本地信号分量对应的伪码序列进行互相关[3],即得到相关函数

$$CCF(\tau) = \frac{\int_0^{T_P} S_{BB-PreProc}(t) \cdot S_{Ref}^*(t-\tau)dt}{\sqrt{\left(\int_0^{T_P} |S_{BB-PreProc}(t)|^2 dt\right) \cdot \left(\int_0^{T_P} |S_{Ref}(t)|^2 dt\right)}} \tag{8.1}$$

式中：$S_{BB-PreProc}(t)$为剥离了载波多普勒后的零中频信号；$S_{Ref}(t)$为本地参考信号，即本地伪码序列按照接收信号采样率进行采样后的 0、1 序列；积分时间 T_p 为绘制信号的时间长度，一般取伪码信号的一个完整周期，以 B1I 信号为例，周期为 1ms。

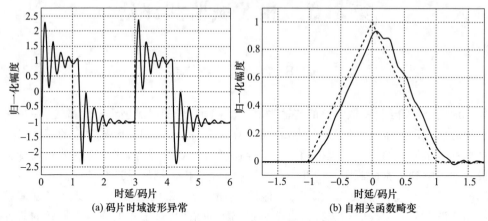

(a) 码片时域波形异常   (b) 自相关函数畸变

图 8.1   时域波形异常与自相关函数畸变

对相关峰测试最常使用的是多相关器技术，借助多相关器技术可以实现对不同相关间隔下相关峰性能的测试，这是由于不同接收机采用不同相关间隔，相关峰不同码片偏移产生的畸变情况也会不同，所以借助多相关器可以完成相关峰左右边沿畸变的全面测试[4-5]。

传统的导航接收机只是使用超前、即时和滞后 3 个支路的相关器，通过环路滤波器完成信号码片偏移的计算，最终完成电文信息的获取，而如图 8.2 所示的多相关器

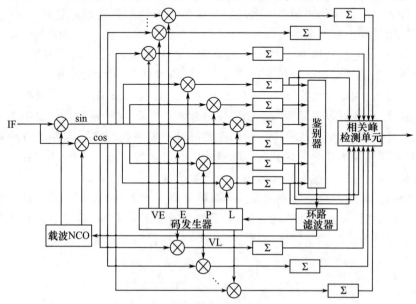

图 8.2   多相关器接收机结构

接收机则是在超前和滞后支路上使用多个相关器,完成不同位置的相关峰互相关计算,每一支路的相关器都完成不同码片偏移的本地伪码与零中频信号的相关运算,最终相关峰检测单元完成相关峰上所有点的绘制。图 8.3 所示为采用多相关器技术绘制的 B1I 发射带宽相关峰曲线,这项技术可以完成 ±1 码片的完整信号相关峰的绘制,通过进一步对相关峰绘制数据的分析,可以对相关峰的畸变进行评估。

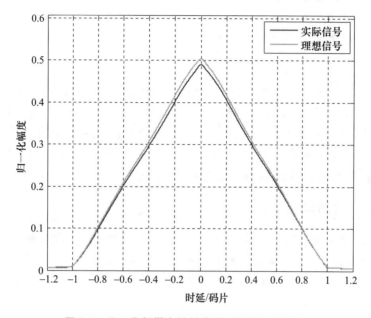

图 8.3　B1I 发射带宽相关峰测试结果(见彩图)

8.3　相关峰对称性

8.3.1　相关峰对称性计算方法

前面对借助接收机生成相关峰的原理进行了介绍,接收机借助超前(Early)、即时(Prompt)和滞后(Late)支路产生的 3 路伪码采样信号,与剥离载波的零中频信号进行相关处理,通过超前、滞后支路的相关值的鉴别,完成对信号时延偏差的估计[6]。基于这种原理,相关峰的对称性就尤为重要,当由于信号失真造成相关峰不对称时,信号的时间偏差将会产生测距的固定偏差,从而导致定位精度的下降。因此,相关峰对称性会直接影响到导航系统提供定位服务质量。本节将介绍常用的两种相关峰对称性计算方法,即互差法和斜率比值法。

8.3.1.1　互差法

对于导航信号的相关峰曲线来说,相关峰的最大值为估计时延的基准点,以此点对应的码片时间为横轴零点,纵轴经过此零点和相关峰峰值点,对于理论信号,相关峰是关于纵轴对称的。

$$E(\tau) = R(\tau) - R(-\tau) \qquad \tau > 0 \tag{8.2}$$

式中:$R(\cdot)$为本地伪码和零中频信号间的互相关函数;τ为码相位偏差延迟;$E(\cdot)$为相关峰对称性计算结果。

8.3.1.2　斜率比值法

互差法是通过求差值对相关峰左右对称性进行衡量,而斜率比值法则是利用相关峰左右两侧的斜率完成对对称性的衡量。

$$C(\tau) = R'(\tau)/R'(-\tau) \qquad \tau > 0 \tag{8.3}$$

式中:$C(\tau)$为相关函数;τ为码相位;$R'(\tau)$为对相关函数求导数,即斜率值。

对于 BPSK 调制,假设相关峰峰值高度与码片宽度一致,则相关峰左右两侧斜率为 1,但是对于实际信号的相关峰,由于受带通滤波的影响,越靠近相关峰峰值,相关峰的斜率越小。在实际测试中,相关峰边沿斜率的计算精度会受到相关峰平滑程度的影响,因此与互差法相比,这种方法应用范围较窄。

8.3.2　实测数据分析

下面借助实际采集的卫星信号进行相应的相关峰测试。选取实际采集的卫星导航信号,包括采用 QMBOC 调制方式的 BDS B1C 信号、采用 TMBOC 的 GPS L1C 信号以及采用 CBOC 的 Galileo E1 信号。在利用软件接收机接收时,采用的码跟踪环路参数如下:

(1)码环带宽:2Hz。

(2)相关间隔:0.2chip。

(3)载波环带宽:18Hz。

(4)鉴相器类型:非相干。

选取 2Hz 的环路带宽的原因是:在信号质量监测接收的高增益信号场景下,信号的动态范围较小,除此之外,为了获得精准的相关峰峰值,选取的相关间隔也比较小。

8.3.2.1　斜率结果

将 3 种信号分别进行载波多普勒估计,并剥离载波,将零中频信号与本地伪码序列进行相关,绘制相关曲线的斜率,图 8.4 给出的是 10 个码周期 TMBOC、CBOC、QMBOC 调制信号相关峰斜率值。可以看到不同调制方式会产生不同的相关峰。

从图中可以明显看出,相关峰斜率的边沿处会产生一定波动,主要原因是这些信号调制了副载波,而且 QMBOC 和 TMBOC 调制方式中还包括 BOC(6,1)分量信号,在信号经过带限滤波后,这些高频分量会受到影响,所以可以看到相关峰的斜率产生了波动。

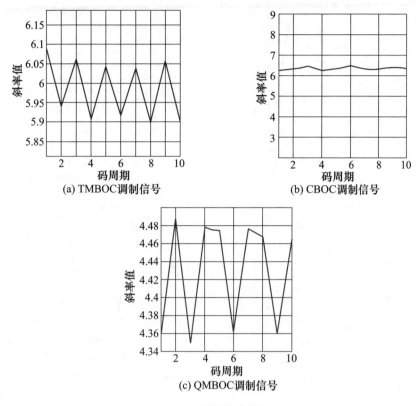

(a) TMBOC调制信号　　　　(b) CBOC调制信号

(c) QMBOC调制信号

图 8.4　相关曲线斜率

8.3.2.2　对称性结果

下面分别利用互差法和斜率比值法计算各导航信号相关峰的对称性。

由图 8.5 的测试结果可知,3 种信号的相关峰对称性指标都满足基本使用要求,因为对于实际用户导航定位接收机来说,相对误差在 10% 以内就可以满足基本的测距定位要求。将 3 种调制方式进行比较发现,QMBOC 调制方式的相关峰对称性更好,主要原因是信号中的高频分量较少,受带限滤波器的影响较小。

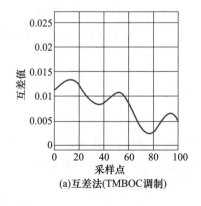

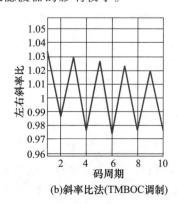

(a)互差法(TMBOC调制)　　　　(b)斜率比法(TMBOC调制)

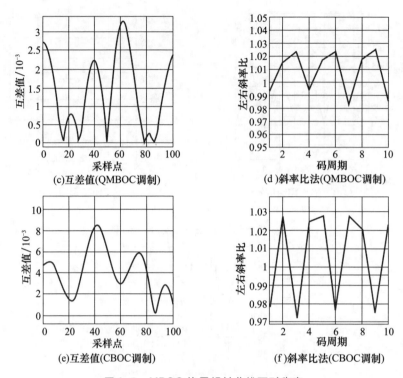

(c)互差值(QMBOC调制)　　　　(d)斜率比法(QMBOC调制)

(e)互差值(CBOC调制)　　　　(f)斜率比法(CBOC调制)

图 8.5　MBOC 信号相关曲线不对称度

8.4　相　关　损　耗

8.4.1　相关损耗定义

相关损耗是信号质量分析评估的重要指标。相关损耗可以实现对理想相关峰峰值与实际相关峰峰值偏差情况的分析[7]。理想相关峰一般有非常尖锐的峰值点,但是由于信号发射链路模拟器件失真的影响,实际相关峰的峰值点往往会低于理想相关峰峰值点。除此之外,当信号中调制了多路信号,不同信号之间会产生互相关,这些信号的互相关值叠加到相关峰上,也会造成相关峰峰值附近产生起伏。

相关损耗表达式如下:

$$P_{CCF} = \max_{\varepsilon}(20 \cdot \lg(\,|\,CCF(\varepsilon)\,|\,)) \tag{8.4}$$

$$CL_{Distortion} = P_{CCF\_ideal} - P_{CCF\_real} \tag{8.5}$$

式中:P_{CCF} 为导航信号功率;P_{CCF_ideal} 为理想信号相关功率,计算方法为本地伪码序列的自相关值;P_{CCF_real} 为实际接收信号相关功率,是本地伪码序列与零中频信号的互相关值;$CL_{Distortion}$ 为相关损耗的计算结果。

在对相关损耗的公式进行描述时,并未提到滤波器的影响。对应不同的场景,相关损耗需要使用不同的滤波器完成信号滤波。常用的信号质量测试滤波器带宽包括两种:发射带宽和主瓣带宽。如果为了评价在同一频点播发的多个信号间的互相关影响情况,就需要对基带信号进行发射带宽滤波,即模拟实际信号生成时采用的滤波带宽;如果需要单纯地对单一支路信号生成链路的失真进行评估,就需要对所观测信号频点开展主瓣带宽滤波。在完成对应的滤波器滤波后,将信号进行归一化处理,最后利用公式(8.5)完成相关损耗计算。

8.4.2　相关损耗计算流程

相关损耗的算法与相关峰算法类似,需要先相关得到相关峰曲线,并计算相关峰能量值,再与理想信号仿真得到的理论基准值进行比较,计算得到相关损耗测量结果。

相关损耗的计算流程如下(图 8.6):

(1)使用采集设备采集宽带导航信号。

(2)使用软件接收机对信号进行捕获和跟踪,提取基带导航信号和各信号分量伪码序列,并对基带导航信号进行归一化处理。

(3)根据提取的各分量伪码序列产生理想基带导航信号。

(4)根据卫星发射滤波器带宽对理想基带导航信号进行砖墙滤波,并进行归一化,得到归一化滤波的理想基带导航信号。

(5)根据式(8.4)计算本地伪码信号与归一化基带导航信号的相关函数,找到最大值。

(6)根据式(8.4)计算本地伪码信号与归一化理想基带导航信号的相关函数,找到最大值。

(7)根据式(8.5)求出每个支路信号的相关损耗。

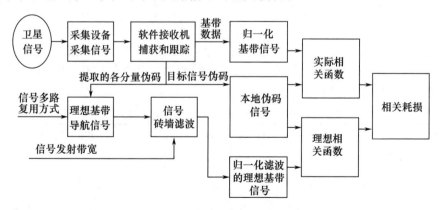

图 8.6　相关损耗算法流程示意图

砖墙滤波器,也称锐截止滤波器(sharp-cutoff filter),是指导航信号发射带宽以内信号全部保留,而发射带宽以外的信号全部去除。常用的砖墙滤波器算法流程如下：

（1）根据接口控制文件确定需要滤波带宽大小。

（2）对输入信号进行 FFT。

（3）按照滤波带宽的要求选取保留的点，其余的点赋值为 0。

（4）对滤波后的信号进行 IFFT 运算，输出信号即为砖墙滤波器输出。

8.4.3 相关损耗指标要求

北斗导航信号的相关损耗指标如表 8.1 所列。

表 8.1 北斗导航信号相关损耗指标

信号类型	相关损耗/dB
B1I	0.6
B1C	0.3
B2a	0.6
B2b	0.6
B3I	0.6

GPS 导航信号的相关损耗指标如表 8.2 所列。

表 8.2 GPS 导航信号相关损耗指标

信号类型	相关损耗/dB	
	ⅡF 和早期卫星	Ⅲ卫星
C/A	0.6	0.3
L2C	0.6	0.3
L1P(Y)	0.6	0.6
L2P(Y)	0.6	0.6
L5	0.6	0.6
L1C	0.2	0.2

Galileo 接口控制文件定义载荷失真导致的相关损耗不超过 0.6dB，由接收滤波导致的相关损耗指标如表 8.3 所列。

表 8.3 Galileo 系统导航信号相关损耗指标

信号类型	信号带宽/MHz	相关损耗/dB
E1	24.552	0.1
E6	40.92	0.0
E5	51.15	0.4
E5a	20.46	0.6
E5b	20.46	0.6

GLONASS 接口控制文件没有对相关损耗进行定义。

8.4.4　实测数据分析

表 8.4 所列为北斗卫星信号相关损耗的测试结果。

表 8.4　北斗卫星信号相关损耗测试数据记录表

序号	信号分量		测试的相关损耗/dB			
			A 组		B 组	
			发射带宽	信号主瓣带宽	发射带宽	信号主瓣带宽
1	B1	B1Cp	− 0.162212	− 0.195662	0.0443722	0.0308477
		B1Cp	− 0.102377	− 0.123451	0.0816518	0.0730872
		B1Cd	− 0.053899	− 0.090851	0.1598971	0.1427628
		B1C	− 0.117267	− 0.146452	0.0940421	0.0794033
		B1I	0.1403792	0.1450299	− 0.197298	− 0.208552
2	B2	B2ad	0.0714164	0.0511949	0.0644243	0.0552891
		B2ap	0.0565159	0.0539228	0.0638245	0.0673596
		B2a	0.0594198	0.0393624	0.060374	0.049567
		B2b_I	0.011665	− 0.040403	0.0058629	− 0.045047
		B2b	0.0069096	− 0.04093	0.0133247	− 0.034447
		B2	0.0359897	0.0034266	0.0393916	0.0119674
3	B3	B3I	0.0117169	0.0422066	0.02981	0.0754223

由表 8.4 可以看出,北斗卫星各个信号分量无论是以发射带宽计算,还是以信号主瓣带宽计算,相关损耗均小于 0.3dB。

8.5　S 曲 线

8.5.1　S 曲线相关概念

在实际导航信号接收时,需要利用伪码跟踪环路完成导航信号扩频码的同步,伪码跟踪环路主要由三部分组成,分别为码相位鉴别器、环路滤波器和压控振荡器。其中,码相位鉴别器负责完成当前信号码相位的估计值与输入信号的偏差计算,通过利用当前估计值的码相位生成相应的超前、滞后支路伪码,并利用生成的伪码与本地基带信号进行相关处理,然后利用相应的鉴相器算法完成输入信号码片相位的计算。不同的鉴相器算法对应的鉴相曲线也不同。S 曲线的定义是超前相关值与滞后相关值之差所得的鉴相曲线,由于形状接近 S 形状,所以被称作 S 曲线[8-9]。

对于理想信号 S 曲线的过零点位于跟踪误差 0 处,对应的相关峰曲线也是完全对称的,但是实际的相关峰由于受到干扰、信道失真以及其他信号互相关的影响,S 曲线过零点的位置会产生偏差,而且不同相关间隔也存在不同的过零点偏差,这也造成不同接收机在完成信号测距时会产生差别。此外,对于不同的鉴相器算法,S 曲线形状也存在不同。

S 曲线的定义式为

$$S_{\text{Curve}}(\tau,\delta) = \text{CCF}\left(\tau - \frac{\delta}{2}\right)^2 - \text{CCF}\left(\tau + \frac{\delta}{2}\right)^2 \tag{8.6}$$

S 曲线偏差值 $\varepsilon_{\text{bias}}(\delta)$ 定义为

$$S_{\text{Curve}}(\tau,\delta)(\varepsilon_{\text{bias}}(\delta),\delta) = 0 \tag{8.7}$$

式中:δ 为相关间隔,即超前支路与滞后支路码片的间隔。

S 曲线过零点偏差定义为

$$\text{SCB} = \max_{\text{all } \delta}^{\text{over}}(\varepsilon_{\text{bias}}(\delta)) - \min_{\text{all } \delta}^{\text{over}}(\varepsilon_{\text{bias}}(\delta)) \tag{8.8}$$

S 曲线过零点偏差反映了导航信号相关峰的性能,也在一定程度上反映了接收机在跟踪导航信号时所能够达到的测距精度。S 曲线过零点偏差值越小,表明信号的相关性能越好,所能达到的测距精度越高;反之,S 曲线过零点偏差值越大,表明信号的相关性能越差,所能达到的测距精度越低。

鉴相器斜率也称作 S 曲线斜率,对于不同相关间隔的 S 曲线,如图 8.7 所示,相关器间隔为 0.01 ~ 1 码片,步进为 0.02 码片(右侧从上至下)。除了利用过零点的偏差情况描述相关峰两侧的对称程度外,还可以利用过零点处附近的斜率描述相关峰尖峰处的尖锐程度,进而表征卫星通道特性对相关峰的影响。

S 曲线斜率的定义为

$$\text{D}\delta = \frac{\text{d}(S_{\text{Curve}}(\varepsilon_{\text{bias}}(\delta),\delta) = 0)}{\text{d}\delta} \tag{8.9}$$

对 S 曲线斜率的分析方法是:选择不同间隔下 S 曲线过零点附近的线性区域,对线性区域进行内插,然后对内插后的线性区域进行一阶线性拟合,求出直线的斜率,

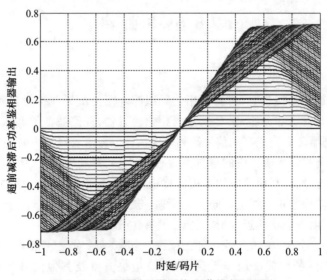

图 8.7　不同相关间隔下的 S 曲线(见彩图)

然后将计算得到的斜率与理想信号在当前间隔下计算得到的斜率做比,判断 S 曲线斜率的失真程度。

8.5.2 S 曲线计算流程

8.5.2.1 S 曲线过零点偏差(SCB)计算流程

SCB 计算方法是根据实际相关峰按照一定相关间隔进行偏移、做差,得到对应相关间隔 S 曲线,并求出 S 曲线线性区域的过零点位置,从而得到 SCB。

SCB 的计算流程如下(图 8.8):

(1)使用采集设备采集宽带导航信号。

(2)使用软件接收机对信号进行捕获和跟踪,提取基带导航信号和对应伪码序列,并对基带导航信号进行归一化处理。

(3)将即时支路伪码信号左移(相当于超前信号)和右移(相当于滞后信号)δ 间隔,其中 δ 为超前减滞后间距。

(4)计算超前信号与滞后信号的相关峰。

(5)根据式(8.6)计算 S 曲线,并进行内插,提高分析精度。

(6)根据式(8.7)计算 S 曲线偏差。

(7)重复(2)~(6)步操作,并根据式(8.8)计算相关间隔为 δ 时的 S 曲线过零点偏差。

(8)调整相关间隔 δ 值的大小,完成 S 曲线过零点偏差的计算,最终以相关间隔为横轴,偏差值为纵轴绘制 S 曲线过零点偏差曲线。

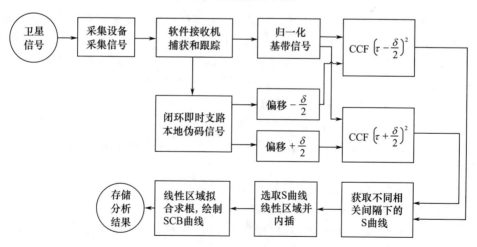

图 8.8 SCB 曲线算法流程示意图

S 曲线内插方法有线性内插法和差值拟合法等。线性内插原理如图 8.9 所示。

设 S 曲线上靠近横轴的上下两点 A、B 坐标已知,则可将其连线与横轴的交点坐标作为 T-offset 值。

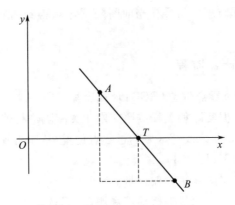

图 8.9　S 曲线线性内插原理

$$\text{T-offset} = A_x - \frac{A_y (B_x - A_x)}{B_y - A_y} \tag{8.10}$$

由于新体制的导航信号很多采用 BOC 类型调制信号,造成相关峰的有效线性区域减少,而且线性区域的边缘由于受到带限滤波器滤波的影响,有效相关间隔选取区域进一步缩短,所以在实际计算时,需要对线性区域进行插值处理,提升线性区域的采样点数,然后利用插值后的相关峰完成过零点区域的计算,并以均方误差最小为准则。

$$\min_{(a,b)} \sum_i \left[y_i - (ax_i + b) \right]^2 \tag{8.11}$$

利用最小均方误差为准则进行迭代运算,最终得到斜率 a 和截距 b,从而确定较为准确的过零点偏差。

需要说明的是:T-offset 的计算一般只需要对信号相关峰主峰附近进行分析。由第 2 章的结论,BOC(m,n) 相关峰主峰宽度为 $[(4m/n) - 1]/2$ 码片,又因为 T-offset 计算时选择的相关间隔不能超过主峰宽度,所以 T-offset 实际上仅需要计算相关间隔从 0 开始到 $[(4m/n) - 1]/2$ 码片的范围内鉴相函数过零点偏移的数值。

8.5.2.2　鉴相器斜率失真计算流程

与 SCB 分析流程类似,都是通过相关峰与偏移后相关峰相减得到 S 曲线,然后利用求导的方式计算过零点处 S 曲线斜率,并与 S 曲线斜率理论值做比较,得到斜率失真程度的结果。

鉴相器斜率失真的计算流程如图 8.10 所示。

(1) 使用采集设备采集宽带导航信号。

(2) 使用软件接收机对信号进行捕获和跟踪,提取基带导航信号和对应伪码序列,并对基带导航信号进行归一化处理。

(3) 将提取的闭环即时支路伪码信号左移(相当于超前信号)和右移(相当于滞后信号) $\dfrac{\delta}{2}$ 间隔,其中 δ 为超前减滞后间距。

(4) 计算超前信号与滞后信号的相关峰。

（5）根据式(8.6)计算 S 曲线,并进行内插,提高分析精度。

（6）根据式(8.9)计算 S 曲线斜率失真。

（7）重复(2)~(6)步操作,调整超前减滞后间距 δ 的值,计算不同相关间距条件下的 S 曲线斜率失真。

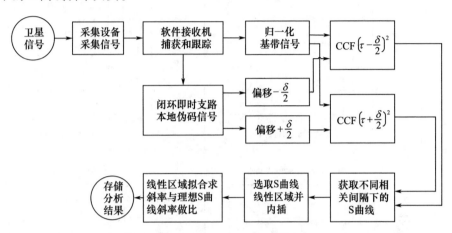

图 8.10　鉴相器斜率失真算法流程示意图

8.5.3　实测数据分析

S 曲线过零点偏差和 S 曲线斜率失真的测试评估结果是在信号捕获跟踪和绘制 S 曲线基础上完成的,而信号跟踪结果和对应的 S 曲线与所采用的跟踪环类型和参数密切相关,因此 S 曲线过零点偏差和 S 曲线斜率失真的测试结果只有参考意义。

8.5.3.1　S 曲线过零点偏差

1）B1 频点

北斗三号 M1 卫星 B1 信号 S 曲线过零点偏差测试结果如表 8.5 所列。

表 8.5　北斗三号 M1 卫星 B1 信号 S 曲线过零点偏差测试数据记录表

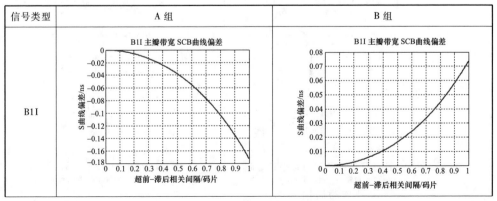

（续）

信号类型	A 组	B 组
B1I	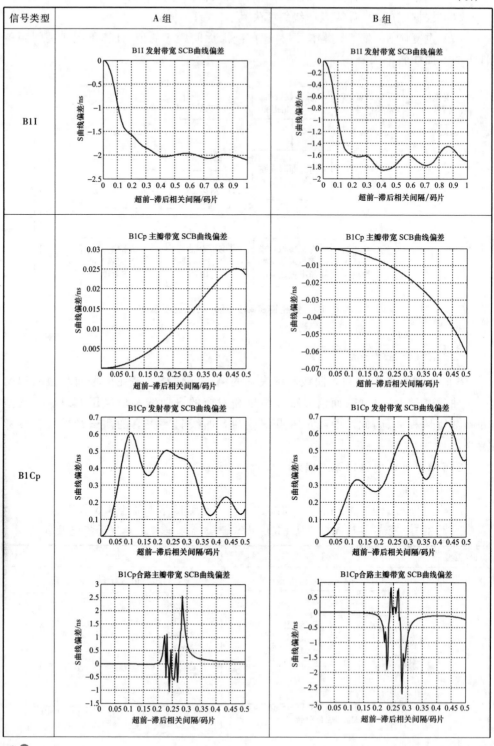	
B1Cp		

（续）

信号类型	A 组	B 组
B1Cp		
B1Cd		

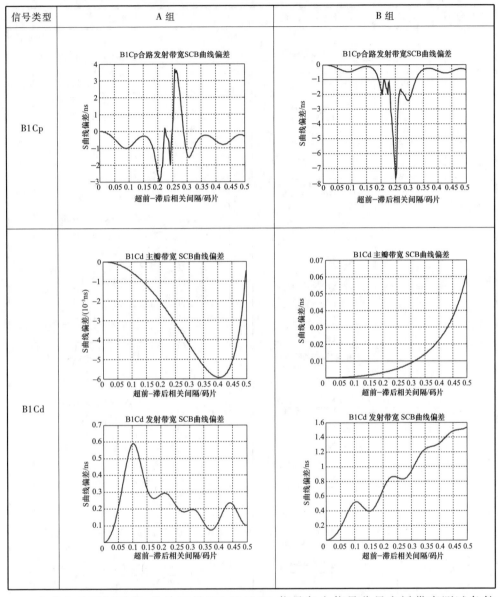

　　由表 8.5 可以看出,北斗三号 M1 卫星 B1 信号各个信号分量主瓣带宽测试条件下 S 曲线过零点偏差 B1I 小于 0.2ns,B1C 小于 3ns;发射带宽测试条件下,S 曲线过零点偏差 B1I 小于 2.5ns,B1C 小于 8ns。

　　2）B2 频点

　　北斗三号 M1 卫星 B2 信号 S 曲线过零点偏差测试结果如表 8.6 所列。

表 8.6　北斗三号 M1 卫星 B2 信号 S 曲线过零点偏差测试数据记录表

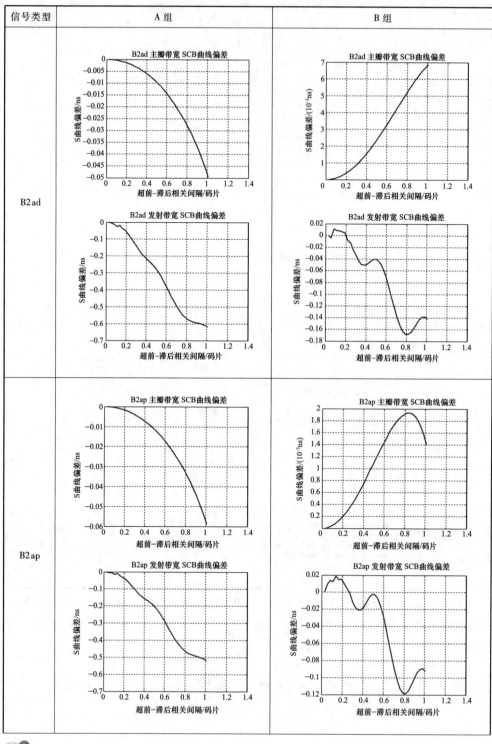

（续）

信号类型	A 组	B 组
B2b_I	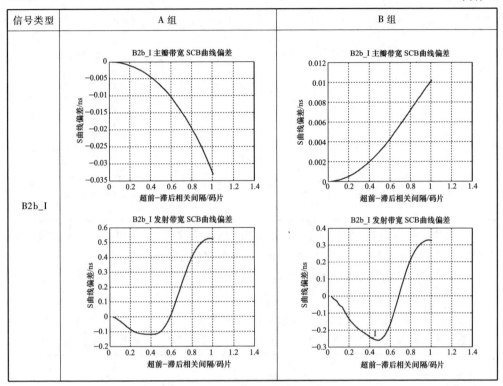	

由表 8.6 可以看出，北斗三号 M1 卫星 B2 信号各个信号分量主瓣带宽测试条件下 S 曲线过零点偏差小于 0.1ns；发射带宽测试条件下，S 曲线过零点偏差小于 0.6ns。

3）B3 频点

北斗三号 M1 卫星 B3 信号 S 曲线过零点偏差测试结果如表 8.7 所列。

表 8.7　北斗三号 M1 卫星 B3 信号 S 曲线过零点偏差测试数据记录表

信号类型	A 组	B 组
B3I	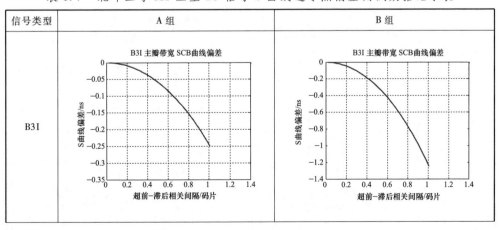	

（续）

信号类型	A 组	B 组
B3I	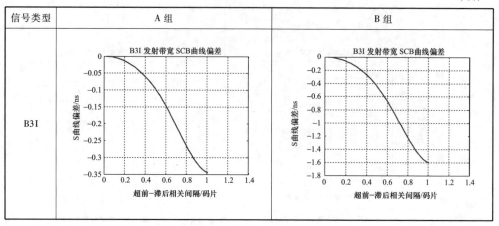	

由表 8.7 可以看出，北斗三号 M1 卫星 B3 信号主瓣带宽测试条件下，S 曲线过零点偏差小于 0.5ns；发射带宽测试条件下，S 曲线过零点偏差小于 1.6ns。

8.5.3.2 S 曲线过零点斜率偏差

1）B1 频点

北斗三号 M1 卫星 B1 信号 S 曲线过零点斜率偏差测试结果如表 8.8 所列。

表 8.8　北斗三号 M1 卫星 B1 信号 S 曲线过零点斜率偏差测试数据记录表

信号类型	A 组	B 组
B1I	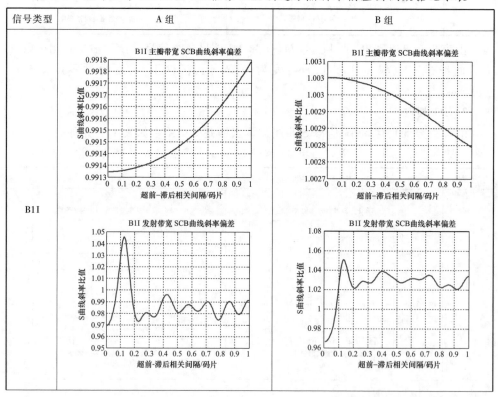	

（续）

信号类型	A 组	B 组
B1Cp		
B1Cd		

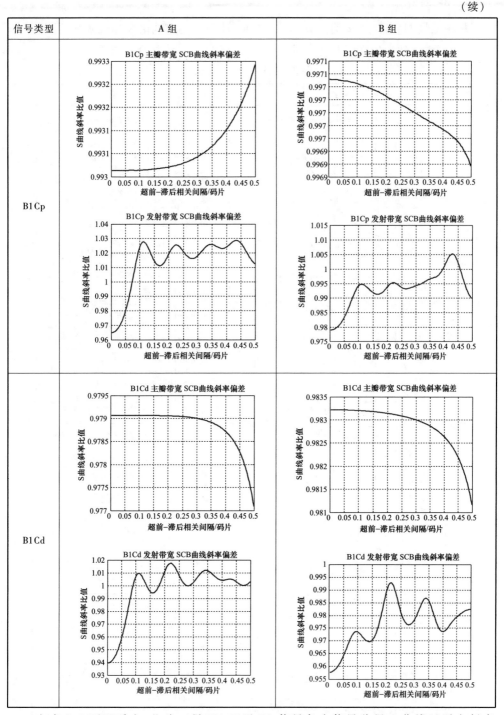

　　由表 8.8 可以看出，北斗三号 M1 卫星 B1 信号各个信号分量 S 曲线过零点斜率偏差均优于 ±10%。

2）B2 频点

北斗三号 M1 卫星 B2 信号 S 曲线过零点斜率偏差测试结果如表8.9 所列。

表8.9 北斗三号 M1 卫星 B2 信号 S 曲线过零点斜率
偏差测试数据记录表

信号类型	A 组	B 组
B2ad		
B2ap		

（续）

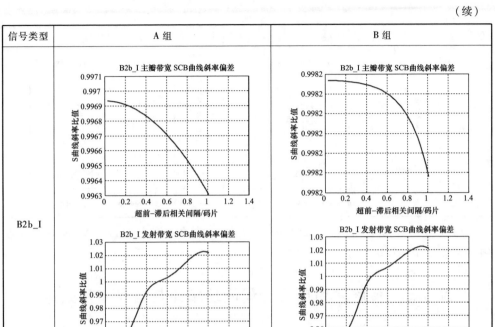

由表 8.9 可以看出，北斗三号 M1 卫星 B2 信号各个信号分量的 S 曲线过零点斜率偏差，均优于 ±10% 。

3）B3 频点

北斗三号 M1 卫星 B3 信号 S 曲线过零点斜率偏差测试结果如表 8.10 所列。

表 8.10　北斗三号 M1 卫星 B3 信号 S 曲线过零点斜率
偏差测试数据记录表

信号类型	A 组	B 组
B3I		

（续）

信号类型	A 组	B 组
B3I	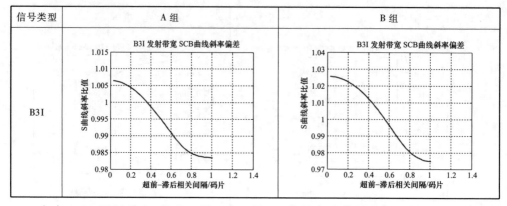	

由表 8.10 可以看出，北斗三号 M1 卫星 B3 信号各个信号分量的 S1 曲线过零点斜率偏差优于 ±10%。

8.6 多路复用信号分量间功率比与信号复用效率

8.6.1 定义

假设恒包络调制的多路复用导航信号由 N 个信号分量和互调分量组成，信号分量的功率分别为 $P_i(i=1,2,\cdots,N)$，互调分量的功率为 P_{IM}，显然 N 个信号分量的功率比为 $P_1:P_2:\cdots:P_N$，而多路复用信号的复用效率为

$$\eta = \frac{\sum_{i=1}^{N} P_i}{\sum_{i=1}^{N} P_i + P_{IM}} \tag{8.12}$$

以上假设只是针对理想无限带宽的情况，在实际工程应用中，卫星发射滤波器和预失真补偿滤波器会对复用信号的码片波形产生影响，而复用信号码片波形的变化将引起复用信号复用效率和功率配比的变化[10-11]。在接收端评估信号分量功率比和信号复用效率时，常使用带宽为发射带宽的锐截止滤波器对信号进行滤波，然后通过与本地码信号相关的方法计算功率比和复用效率，如图 8.11 所示。

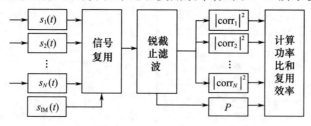

图 8.11 信号分量功率比和复用效率计算方法

假设信号分量 $s_i(t)$ 经过锐截止滤波器后与本地伪码信号的相关峰最大值为 corr_i ,则信号有用分量功率比和信号复用效率分别为

$$\text{corr}_1^2 : \text{corr}_2^2 : \cdots : \text{corr}_N^2 \tag{8.13}$$

$$\eta = \frac{\sum_{i=1}^{N} \text{corr}_i^2}{P} \tag{8.14}$$

式中: P 为滤波后信号总功率。

8.6.2　计算流程

信号分量功率比和信号复用效率的计算流程如图 8.12 所示。

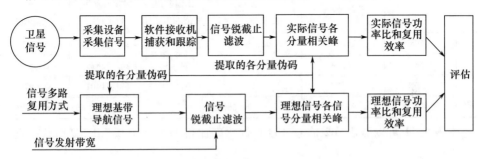

图 8.12　信号分量功率比和信号复用效率计算流程

（1）使用采集设备采集宽带导航信号。

（2）使用软件接收机对信号进行捕获和跟踪,提取基带导航信号和各信号分量伪码序列。

（3）对提取的基带导航信号进行砖墙滤波器滤波。

（4）根据提取的各分量伪码序列产生理想基带导航信号,并对理想基带导航信号进行砖墙滤波器滤波。

（5）根据式(8.4)计算本地伪码信号与恢复的基带导航信号的相关函数,找到最大值。

（6）根据式(8.4)计算本地伪码信号与理想基带导航信号的相关函数,找到最大值。

（7）根据式(8.13)和式(8.14)计算理想导航信号与实际恢复的导航信号的各分量的功率比和信号复用效率,并将两者进行比较。

8.6.3　评估指标

北斗三号卫星导航系统每个频点信号由多个信号分量复用而成,是目前所有卫星导航系统信号体制中最复杂的。为评估每个频点信号复用质量,要求同频段有用信号分量的功率比偏差优于 0.5dB,复用效率偏差优于 1% 。

在公开的文献中,GPS 和 Galileo 卫星导航系统没有对信号分量功率比和复用效率做具体规定。

8.6.4 实测数据分析

北斗三号 M1 卫星信号有用分量功率比偏差和信号复用效率的测试结果如表 8.11 所列。

表 8.11 信号分量有效功率比偏差测试数据记录表

信号分量		复用效率的理想值/%	有效功率比偏差测试结果			
			A 组		B 组	
			实际的复用效率/%	功率比偏差测试值/dB	实际的复用效率/%	功率比偏差测试值/dB
B2	B2ad	26.52	26.087469	-0.069371	26.129508	-0.06335
	B2ap	26.54	26.196879	-0.049488	26.152829	-0.057398
	B2b_I	21.20	21.143141	-0.014585	21.171401	-0.007908
	复用效率	95.50	94.66585149		94.59513976	

由表 8.11 可以看出,B2 信号分量有效功率比偏差值优于 0.5dB,复用效率偏差优于 1%。

 参考文献

[1] 刘瑞华,赵庆田,陈莹超,等. 北斗卫星导航空间信号模拟畸变研究[J]. 宇航计测技术,2016, 36(4):89-94.

[2] 王垚,甘兴利,蔚保国,等. 基于相关域的卫星导航信号监测技术研究 [C]//第一届中国卫星导航学术年会,北京,中国,5 月 19 日,2010:975-982.

[3] 贺成艳. GNSS 空间信号质量评估方法研究及测距性能影响分析[D]. 西安:中国科学院研究生院(国家授时中心),2013.

[4] 何在民. BOC 信号的相关器设计及跟踪性能分析[D]. 西安:中国科学院研究生院(国家授时中心),2008.

[5] 周鸿伟,魏蛟龙,张小清,等. 导航卫星有效载荷非理想特性研究[J]. 华中科技大学学报(自然科学版),2014,42(7):118-123.

[6] 高威雨,李洪,陆明泉. 一种新型相关峰畸变检测方法及其在欺骗检测中的应用[C]//第十一届中国卫星导航年会,成都,中国,11 月 23 日,2020.

[7] 卢晓春,周鸿伟. GNSS 空间信号质量分析方法研究[J]. 中国科学:物理学 力学 天文学, 2010,40(5):528-533.

[8] 丁洁,黄智刚,耿生群. 新体制导航信号质量评估与测试[C]//第三届中国卫星导航学术年会,广州,中国,5 月 16 日,2012:96-100.

［9］ CHRISTOPH S, SEBASTIAN R, GUIDO H B, et al. Impact of frequency offsets on zero crossing demodulation based receivers［C］//3rd International Symposium on Applied Sciences in Biomedical and Communication Technologies（ISABEL 2010）, Rome, Italy, November 7-10, 2010.

［10］陈校非. 卫星导航信号多路复用理论及仿真分析［D］. 西安:西安电子科技大学,2013.

［11］潘伟川,王雪,贺成艳. 卫星导航系统多路复用信号相关峰检测算法研究［J］. 时间频率学报,2015,38(3):163-170.

第9章 导航信号测量域监测

9.1 引　言

导航信号的失真不仅会造成信号伪码波形的畸变,还会引起信号自相关函数的衰减和变形从而导致伪距测量的偏差,因此最能与卫星实际定位、导航、授时服务性能相关联。一般的测量域指标都是使用导航接收机进行实时的监测评估,完成对信号测量载噪比、码一致性以及信号间的相位关系的实时测量,并设置相应门限完成对信号测距性能的测试评估[1]。

9.2　测量域监测评估内容

9.2.1　载噪比监测

载噪比的定义为地面接收功率与环境噪声谱密度之比,即

$$C/N_0 = \frac{P_R}{N_0} \tag{9.1}$$

式中: P_R 为信号功率; N_0 为

$$N_0 = kT \tag{9.2}$$

其中: k 为玻耳兹曼常数,典型值为 1.38×10^{-23} J/K; T 为等效噪声温度(K)。

对于一般通用的 GNSS 导航接收机来说,环境噪声功率谱密度 N_0 的典型值为 -204 dBW/Hz。在实际信号接收场景中,通过对信号载噪比的实时测量,及时发现信号是否出现功率的变化,便于相应地调整接收跟踪环路参数[2-3]。

在导航接收机中采用窄带宽带功率比值法完成载噪比的计算,即通过窄带时求得的功率与通过宽带时求得的功率进行相比,再进行进一步处理来估计 C/N_0 的值。

设在 k 时刻,带宽为 $\frac{1}{MT}$ 的窄带功率(NBP$_k$)和带宽为 $\frac{1}{T}$ 的宽带功率(WBP$_k$)分别为

$$\text{NBP}_k = \left(\sum_{i=1}^{M} I_i \right)_k^2 + \left(\sum_{i=1}^{M} Q_i \right)_k^2 \tag{9.3}$$

$$\text{WBP}_k = \left[\sum_{i=1}^{M} (I_i^2 + Q_i^2) \right]_k \tag{9.4}$$

式中: I_i、Q_i 代表一个积分周期内 I 路和 Q 路相干积分值, M 为积分周期内相干累加

的次数。

NBP$_k$ 和 WBP$_k$ 的均值分别为

$$\mathrm{E}\left[\,\mathrm{NBP}_k\,\right] = 2M\left(\frac{C}{N_0}MT + 1\right) \tag{9.5}$$

$$\mathrm{E}\left[\,\mathrm{WBP}_k\,\right] = 2M\left(\frac{C}{N_0}T + 1\right) \tag{9.6}$$

式中:T 为积分时间。

设窄带宽带比值为 NP,有

$$\mathrm{E}\left[\,\mathrm{NP}\,\right] \approx \frac{\mathrm{E}\left[\,\mathrm{NBP}_k\,\right]}{\mathrm{E}\left[\,\mathrm{WBP}_k\,\right]} = \frac{\left(\dfrac{C}{N_0}MT + 1\right)}{\left(\dfrac{C}{N_0}T + 1\right)} \tag{9.7}$$

从而可以反算出载噪比为

$$\frac{C}{N_0} = 10\lg\left(\frac{1}{T} \cdot \frac{\mathrm{E}\left[\,\mathrm{NP}\,\right]}{\mathrm{M} - \mathrm{E}\left[\,\mathrm{NP}\,\right]}\right) \tag{9.8}$$

图 9.1 所示为北斗二号 GEO-1 卫星的载噪比监测结果。

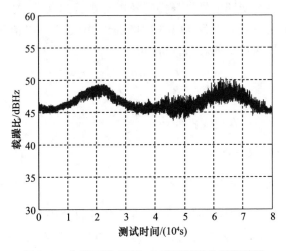

图 9.1　北斗二号 GEO-1 卫星载噪比监测结果

9.2.2　码一致性

码一致性是信号质量测量域最重要的指标,主要为了描述导航信号各个信号分量间的时延偏差。理论上,卫星在生成导航信号时,采用统一的时间基准作为信号伪码周期的起始点,但是由于星钟的故障或者信号传输的延迟,会导致各信号分量码片起始位置产生偏差,所以需要对码一致性进行测试[4]。避免因码相位的偏差引入额外的定位误差。

码一致性可以分为两类,一类是同频点的码一致性测试,另一类是不同频点的码一致性测试。对于归属于同一频点的信号分量,由于传播过程中使用的载波频率相同,一般是直接使用测量的码伪距做差完成测量[5],计算公式为

$$\Delta\rho_s = \rho_1 - \rho_Q \tag{9.9}$$

式中:ρ_1、ρ_Q分别为相同频点上两路信号分量的测距码伪距。

然而,对于同一颗卫星播发的不同频点信号,由于使用不同的载波频率完成信号传输,电磁波在经过电离层时会产生不同的延迟,因此,在进行卫星信号的地面测试时,需要对这种延迟差异进行扣除。计算公式为

$$\begin{cases} \tilde{\rho}_i = \rho_i + \lambda_i^2 \dfrac{\Phi_j - \Phi_i}{\lambda_j^2 - \lambda_i^2} \\[3mm] \tilde{\rho}_j = \rho_j + \lambda_j^2 \dfrac{\Phi_i - \Phi_j}{\lambda_i^2 - \lambda_j^2} \end{cases} \tag{9.10}$$

$$\Delta\rho_d = \tilde{\rho}_i - \tilde{\rho}_j \tag{9.11}$$

式中:$\tilde{\rho}_i$、ρ_i分别为扣除了电离层延迟和未扣除电离层延迟的伪码测距值;i、j代表不同载波中心频率;Φ_i、Φ_j是转换为距离的载波相位测距值。

考虑到测试结果会受到信号自身抖动及电离层延迟变化的影响,所以在实际测试时往往利用多个接收测量设备同时进行接收测量,这样可以消除固定延迟项对于测量结果的影响。按照这样的思路,可修正为

$$\Delta\rho_{s,ave} = \frac{\Delta\rho_{s,1} + \Delta\rho_{s,2} + \cdots + \Delta\rho_{s,K}}{K} \tag{9.12}$$

$$\Delta\rho_{d,ave} = \frac{\Delta\rho_{d,1} + \Delta\rho_{d,2} + \cdots + \Delta\rho_{d,K}}{K} \tag{9.13}$$

式中:K为接收机测量设备数量。

9.2.3 信号分量间相位关系

9.2.2 节介绍的码一致性是描述不同信号分量间的码片时延偏差,对于已调的导航信号,各分量间的相位关系的测试一样非常重要。早期的导航信号一般是采用 QPSK 调制方式,两个信号分量间的相位关系相差 90°,对于现代化的导航信号,信号分量间的相位关系可能相差 90°,也可能相差 45°或 60°。

在实际接收机完成信号接收时,假设按照实际信号设计方式对各信号进行接收,一旦发射的信号没有按照规定的相位关系完成发射,就会严重影响到伪距的测量。

在调制域进行信号质量测试时,会利用星座图对信号的相位关系进行评估,主要衡量指标是误差矢量幅度[6]。误差矢量幅度的计算方法是将实际观测信号的矢量值与理论信号的矢量值做差,其表达式为

$$\varepsilon_{EVM} = \sqrt{\left(I_{ref} - I_{meas}\right)^2 + \left(Q_{ref} - Q_{meas}\right)^2} \tag{9.14}$$

式中:I_{ref}、Q_{ref}分别为理论信号在 I、Q 分量上的幅值;I_{meas}、Q_{meas}分别为接收信号在 I、Q

分量上的幅值。

其中信号载波相位一致性需要计算每一支路的相位误差。相位误差是指观测矢量与理想信号载波相位的差,其表达式为

$$\psi_{\text{Phs\_err}} = \arctan\left(\frac{Q_{\text{meas}}}{I_{\text{meas}}}\right) - \phi_0 \tag{9.15}$$

式中:ϕ_0 为理论相位。这个参数可以通过对多个观测矢量取平均的方法来降低观测噪声的影响。

信号载波相位一致性测量的具体流程如下:

(1) 采集多路射频信号,并产生对应的理想射频信号。

(2) 利用软件接收机处理采集的射频信号和理想信号,并输出 I/Q 相关值。

(3) 利用式(9.15)计算各支路的载波相位误差,并将各支路载波相位误差作差,求绝对值的平均。

9.2.4　码载波频率相干性

在广域增强系统(WAAS)中,对导航卫星播发的码载波频率相干性有明确的要求。在播发的信号中,载波相位频率和码相位频率的相干性需要限定。码频率 f_{code} 和载波频率 f_{carrier} 的短期频率偏差小于 5×10^{-11} [7],即

$$\left|\frac{f_{\text{code}}}{1.023\,\text{MHz}} - \frac{f_{\text{carrier}}}{1575.42\,\text{MHz}}\right| < 5 \times 10^{-11} \tag{9.16}$$

在长的周期内,码相位和载波相位的差异需要限定在一个载波周期内,这个值不包含下行传输路径中由于电离层折射导致的码载波偏离。

对 WAAS 来说,短期定义为 10s,长期定义为 100s。τ 内的伪距与电离层估计的差值 F_{PR} 为

$$F_{\text{PR}} = \frac{\text{PR}_{\text{L1}}(t) - \text{Ionoestimate}(t)}{\tau} \quad (\text{m/s}) \tag{9.17}$$

式中:$\text{PR}_{\text{L1}}(t)$ 为伪距;$\text{Ionoestimate}(t)$ 为电离层估计值;τ 为运算时间。

τ 内的载波相位和电离层估计值差值为

$$F_{\text{PH}} = \frac{-\phi_{\text{L1}}(t) + (\text{Ionoestimate}(t)/\lambda_{\text{L1}})}{\tau} \quad (\text{圈/s}) \tag{9.18}$$

式中:$\phi_{\text{L1}}(t)$ 为载波相位。

对长期相干性计算,选取 $\tau = 100\text{s}$,来消除 WAAS 接收机在伪距和载波相位测量中的接收测量偏差。对短期码载波相干性,选择一个更短的 30s 的平滑时间。码载波相干性要求是针对导航卫星信号,而不是接收机,因此需要采用数据平滑去除接收机对码载波相干性的影响,例如多径和噪声。每个平滑时间基于分析卫星的码载波频率相干性数据,以及选择的最小平滑时间,来满足 WAAS 码载波频率相干性的要求。

对于长期码载波相干性计算，伪距和载波相位测量的差定义为

$$\Delta_{\mathrm{PR-PH}} = \left[F_{\mathrm{PR}} / \lambda_{\mathrm{L1}} \right] - F_{\mathrm{PH}} \quad (\text{圈}/\text{s}) \tag{9.19}$$

式中：λ_{L1} 为 L1 载波频率的波长。

长期相干性定义为

$$\text{长期相干性} = \left| \Delta_{\mathrm{PR-PH}}(t+100) - \Delta_{\mathrm{PR-PH}}(t) \right| \quad (\text{圈}) \tag{9.20}$$

对于短期码载波频率相干性计算，伪距和载波相位测量的差定义为

$$\delta_{\mathrm{PR-PH}} = \frac{F_{\mathrm{PR}} - F_{\mathrm{PH}}}{10c} \tag{9.21}$$

$$\text{短期相干性} = \left| \delta_{\mathrm{PR-PH}}(t+10) - \delta_{\mathrm{PR-PH}}(t) \right| \tag{9.22}$$

式中：c 为光速。

码载波频率相干性测试的重点是测距码与载波是否严格相干。在实际测试时，利用导航信号监测接收设备完成每个积分周期的信号载波相位、码相位以及多普勒数据的测量，并配备辅助的接收机设备的时延标定结果和相应的干扰、气象监测数据，利用以上数据进行综合的分析评估，能够对载波频率与码频率的相对抖动进行分析。

对于同一频点的信号伪码及其载波，由于采用的时钟源都是星上的高性能时钟，所以在任何时候测距码和载波频率都应该相干，并严格满足小于 5×10^{-11} 的要求。为了完成这一指标的评估，同时避免引入测量误差，需要分别对载波跟踪环路和伪码跟踪环路进行跟踪，并去除二者之间的耦合辅助，最后得到二者相干性的相对测量结果。码相位和载波相位的相对测量结果分别为

$$\Delta \Phi_n = \Phi_{n+1} - \Phi_n \tag{9.23}$$

$$\Delta \rho_n = \frac{\rho_{n+1} - \rho_n}{\lambda} \times 360 = \frac{\rho_{n+1} - \rho_n}{c}(f_0 + f_{\mathrm{dop}}) \times 360 \tag{9.24}$$

式中：Φ_n 为导航信号监视接收设备在第 n 个时刻测量得到的载波相位；ρ_n 为第 n 个时刻的监测接收设备的伪距测量值；λ 为观测信号频点对应的载波波长；f_0 为信号中心频率；f_{dop} 为多普勒频移，主要是由于相对运动引起，c 为光速。

码相位和载波相位之差为

$$\Delta = \Delta \rho_n - \Delta \Phi_n \tag{9.25}$$

码载波频率相干性产生偏差的主要原因包括：一是外界环境因素，如电离层延迟和空间传播环境造成的多径等；二是由于测试接收设备引入的误差，主要是接收机内部的码跟踪环路和载波跟踪环路带来的环路动态误差[8]。

在实际测试时，为了消除外界环境因素和测试接收设备引入的误差，一般采用多台接收机同时进行接收，这样可以消除电离层等瞬时变化和不同接收机的环路动态引入的误差。平均后的相位之差为

$$\Delta_{\mathrm{ave}} = \frac{\Delta_1 + \Delta_2 + \cdots + \Delta_K}{K} \tag{9.26}$$

测距码与载波相干性的基本测试框图如图 9.2 所示。

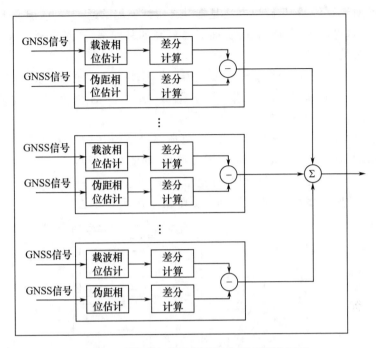

图 9.2　测距码与载波相干性的基本测试框图

9.2.5　不同相关间隔下的测距偏差

　　导航信号伪距测量结果会对最终的定位结果产生很大影响。测距偏差影响因素包括信号载噪比、相关间隔、积分时间以及伪码和载波跟踪环路带宽。载噪比主要受到达天线口面处的信号电平制约,而积分时间、伪码和载波跟踪环路带宽则与接收信号的体制直接相关。相关间隔是指伪码跟踪环路超前支路的码片相位与滞后支路码片相位的差值。在高性能接收机中,一般选取较窄的相关间隔,相关间隔越小,测距的随机误差也越小,二者成正比关系。

　　但是,相关间隔不可能无限减小,当相关间隔小到一定程度时会受到带限滤波的影响,导致相关峰畸变,此时当相关间隔缩小到相关峰峰值附近后,会增大测距的随机误差。以 BPSK-R(n) 为例,随机误差和相关间隔 D 关系的表达式为[9]

$$\delta_{\mathrm{DLL}} = \begin{cases} \sqrt{\dfrac{B_n}{2C/N_0}\Big[1 + \dfrac{2}{TC/N_0(2-D)}\Big]} & D \geqslant \dfrac{\pi R_c}{B_{\mathrm{fe}}} \\ \sqrt{\dfrac{B_n}{2C/N_0}\Big(\dfrac{1}{B_{\mathrm{fe}}T_c}\Big)\Big[\dfrac{2}{TC/N_0}\Big]} & D \leqslant \dfrac{R_c}{B_{\mathrm{fe}}} \end{cases} \tag{9.27}$$

式中:B_n 为环路带宽;C/N_0 为载噪比;T 为积分时间;R_c 为码速率;B_{fe} 为接收机双边前端带宽;T_c 为码片周期。

　　由于受到带限滤波的影响,测距随机误差达到一定极限时,不再随相关间隔的降低而降低。对于这种情况,解决办法是提升带限滤波器的通带宽度,但通带宽度也不能无限增加,这是因为更宽的频带宽度需要更高的采样率,同时也会引入更多噪声,这提升了处理的复杂度。

为验证上述假设,使用导航信号模拟器产生 GPS PRN04 的 L1 频点信号,中心频率选取 1575.42MHz。借助采集设备完成对信号的采集,中频采样率为 60Msample/s。

设定软件接收机的积分时间为 1ms,码环路带宽为 0.5Hz,在不同的载噪比下,可以测试得到不同相关间隔下的测距误差结果,如图 9.3 所示。

由图 9.3 可以看出,实测结果与理论推导结果一致,相关间隔越小,测距误差越小,但是当相关间隔缩小到一定程度时,测距误差趋近于某定值。

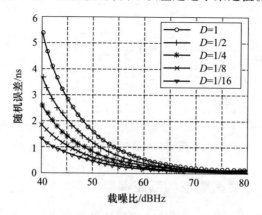

图 9.3　带宽不受限时测量误差与相关间隔关系

在实际硬件接收机接收时,需要对信号进行滤波处理,所以在软件接收机中加入带限滤波器,滤波器带宽选取为 6.5MHz,其他参数与之前一致,最终得到带宽受限时不同相关间隔下的测距误差结果,如图 9.4 所示。

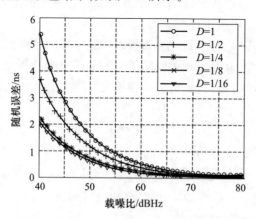

图 9.4　带宽受限时测量误差与相关间隔关系

由图 9.4 可以看出,对输入信号进行带通滤波处理后,当相关间隔小到一定程度时,更窄的相关间隔不会达到测量误差降低的目的,这与理论推导和实际工程的结果也是一致的。

上面的分析和仿真验证说明,窄相关对测距性能的提升受到带限滤波器带宽的限制。前端带宽越宽,能够通过选取更窄的相关间隔降低测距误差,但是会造成处理复杂度提升;前端带宽越窄,往往会造成极限的测距误差增大。因此,窄相关和前端带宽之间是一对影响测量误差的矛盾,在具体的工程实现时需要折中考虑。

9.2.6　伪距合理性

伪距合理性能够完成对卫星信号伪距测距值的筛选,当测量的伪距出现问题时,应立即发出告警,停止使用该卫星进行定位,否则会得到误差较大的定位结果。伪距合理性的基本测试方法是每 10 个历元计算伪距或载波相位的平均值,并以此为参考基准评价下一个时刻的伪距合理性,首先计算参考基准:

$$\Delta_{pr} = \frac{\sum_{i=1}^{N} (PR(i) - PR(i-1))}{N} \qquad N = 10 \qquad (9.28)$$

式中:$PR(i)$ 为 i 时刻的载波伪距或者码伪距测量结果。

对 k 时刻的伪距观测结果进行如下操作:

$$PR(k) - (PR(k-1) + \Delta_{pr}) < 检测门限 \qquad (9.29)$$

如果下一时刻的伪距测量结果在检测门限以内,则视为该结果为合理伪距,如果一颗卫星的伪距测量结果连续出现超过检测门限,则视为卫星不可用。

9.2.7　码载波相干性

上面介绍了各信号分量间的码相位一致性和载波相位的对应关系,都是针对信号分量间的信号测量域指标,对于同一个信号分量码载波伪距和载波伪距的一致性也需要进行衡量,一般用码载波相干性进行表征。对于理想信号,相邻两个历元时间的伪距测量值差值等于这两个历元时间的载波相位伪距测量值差值,但是由于受到多径或信道传输以及发射通道失真的影响,会导致伪码伪距测量结果与载波相位伪距测量结果出现不一致[10]。码载波相干性主要完成对这一偏差程度的测试,计算步骤如下:

首先,选取一定的时间间隔 T,将伪距测量值 $\rho_i(t)$ 和载波相位观测值 $\varphi_i(t)$ 进行互差计算,即

$$\Delta\rho_i(t, t+T) = \rho_i(t+T) - \rho_i(t) \qquad (9.30)$$

$$\Delta\varphi_i(t, t+T) = \varphi_i(t+T) - \varphi_i(t) \qquad (9.31)$$

式中:i 表示频点。

计算电离层对不同频率测距的影响,并计算互差:

$$I_{ji} = \frac{f_j^2 \cdot (\rho_j - \rho_i)}{f_j^2 - f_i^2} \tag{9.32}$$

$$\Delta I_{ji}(t, t+T) = I_{ji}(t+T) - I_{ji}(t) \tag{9.33}$$

式中：f_i、f_j 为对应频点的载波频率。

计算伪距和载波相位的偏差程度，并计算码-载波偏离度（CCD）的方差，即为相干性测试结果。

$$CCD_i = \Delta\rho_i - \Delta\varphi_i - 2\Delta I_{ji} \tag{9.34}$$

在完成测试后，将测试的码载波相干性与设定的判决门限进行比较，当超过判决门限，则认为卫星信号存在问题，应当引起用户注意。

9.2.8　载波加速度/坡度/阶跃量监测

载波加速度/坡度/阶跃量监测的重点是对卫星的载波相位观测量异常变化进行监测，通过对观测量的阶跃、斜率突变或者斜率变化率突变等异常现象进行实时监测，从而发现测距结果可能出现的突发问题。

监测接收设备完成对所接收的信号载波相位的测量，并对阶跃量、坡度及加速度进行实时监测，如果这些指标超过判决门限，则进行告警。为了防止监测接收设备出现故障而导致监测结果出现异常，一般使用多个监测设备完成多通道的并行接收监测，如果有多个通道接收都出现告警异常，则认为是卫星信号出现了异常，并选取众多异常通道测量结果的最大值，但是如果仅有一个通道出现告警异常，则认为是该接收通道设备出现了异常，并将该异常剔除。算法的判决逻辑图如图9.5 所示。

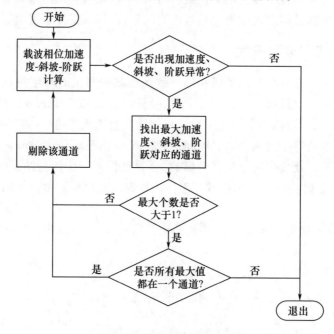

图 9.5　算法的判决逻辑图

9.2.9　导航数据正确性

除了前面介绍的几种测量域指标外,还有一种常见的测量域测试指标——导航数据正确性。由于导航定位的关键是导航电文数据的正确性,一旦电文出现错误,会直接导致定位、导航和授时精度的下降,进而影响用户使用。

测试导航数据正确性是使用导航接收机完成导航电文的解析,并将获取的导航电文进行处理,通用的处理方式包括:

(1) 对于没有先验电文的场景下,利用地面遥测设备估算的卫星位置与卫星播发的位置进行比较,并计算二者的偏差程度。此外,还可以对同一卫星各支路信号的播发的卫星位置进行解算,并对轨道计算偏差进行分析,从而粗略确定接收到导航电文的数据质量。

(2) 对于已有先验电文的场景下,将接收的旧电文与新电文计算的轨道偏差进行分析,将偏差结果与位置计算的偏差门限进行比较,可以完成对卫星电文的可靠性分析。

9.3　测量域监测评估算法流程

9.3.1　载噪比监测评估算法流程

载噪比的监测主要是利用监测设备完成信号载噪比的测量,然后根据当前卫星所处位置估计当前载噪比理论值,从而判断卫星载噪比是否出现异常。载噪比监测算法流程如图 9.6 所示。

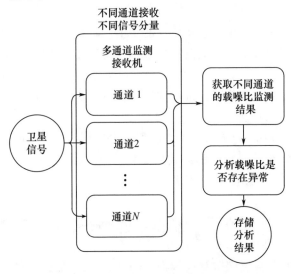

图 9.6　载噪比监测算法流程示意图

9.3.2　载波相位关系算法流程

由于载波相位关系的计算只针对同频点信号才有效,所以在获取各信号分量的载波相位观测结果后,将同频点的相位差进行差值计算,并根据卫星接口文件要求的载波相位关系进行判断,判断载波相位是否出现反向。载波相位关系算法流程如图9.7所示。

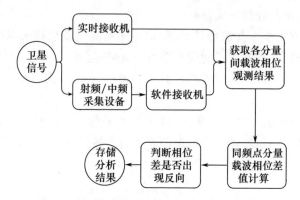

图 9.7　载波相位关系算法流程示意图

1）载波相位差值算法

（1）算法功能:根据各信号分量的载波相位观测结果计算同频点信号间的相位关系。

（2）算法输入:各信号分量的载波相位观测结果。

（3）算法输出:同频点信号分量间的载波相位关系。

（4）算法流程:

① 将输入的信号各分量载波相位观测结果按照频点的不同进行分类。

② 同频点的信号分量间的载波相位进行互差计算,并将差值按照360°进行取模计算。

③ 对取模后的载波相位互差进行均值计算,得到载波相位关系分析结果。

2）判断电文反向算法

（1）算法功能:根据各信号间的相位关系判断是否出现反向。

（2）算法输入:各信号分量的载波相位关系。

（3）算法输出:判断是否反向标识位。

（4）算法流程:

① 根据载波相位关系的不同与接口文件规定的关系做比较,如果与接口文件规定的大小超过 5.7°,则认为出现载波相位不一致。

② 读取各信号分量电文解算模块输出的电文,判断是否反向。

③ 如果满足相位关系与接口文件相位关系同符号且电文方向一致,或者相位关

系与接口文件相位关系反符号且电文方向不一致,则相位未出现反向,如果不满足上述关系,则出现相位反向错误。

9.3.3 码相位一致性算法流程

码相位一致性的计算需要根据频点的不同来区分考虑,如果频点一致,则电离层对码相位一致性的影响为零,如果频点不一致,需要根据频点的不同计算电离层对伪距影响,然后归算至码相位一致性中,如图9.8所示。

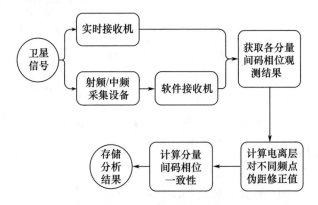

图9.8 码相位一致性算法流程示意图

1)电离层伪距修正算法

(1)算法功能:根据各信号频点的不同,计算电离层对不同频点伪距的影响。

(2)算法输入:各信号分量的载波相位观测结果、信号分量对应的射频频点。

(3)算法输出:信号分量间的电离层伪距修正值。

(4)算法流程:

① 根据各频点的频率计算波长。

② 利用式(9.10)和式(9.11),将载波相位和波长代入,求得电离层的伪距修正值。

2)码相位一致性算法

(1)算法功能:根据各信号频点的不同计算电离层对不同频点伪距的影响。

(2)算法输入:电离层伪距修正值、信号伪距观测结果。

(3)算法输出:码相位一致性计算结果。

(4)算法流程:

① 利用电离层伪距修正值修正信号伪距观测结果。

② 利用式(9.11)~式(9.13),计算码相位一致性结果。

9.3.4 码载波相干性算法流程

码载波相干性主要根据码相位的测距值和载波相位的测距值相比较,比较二者伪距的相干程度,如图 9.9 所示。

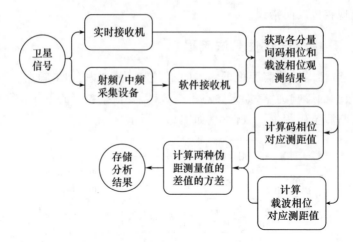

图 9.9　码载波相干性算法流程示意图

码载波相干性算法如下:

(1)算法功能:计算码载波相干性结果。

(2)算法输入:码相位测距值、载波相位测距值。

(3)算法输出:码载波相干性计算结果。

(4)算法流程:

① 计算载波相位测距值互差结果。

② 计算码相位测距值互差结果。

③ 根据式(9.12)、式(9.13)计算电离层修正结果。

④ 根据式(9.34)计算码载波相干性计算结果。

参考文献

[1] 欧阳晓凤,徐成涛,刘文祥,等. 北斗卫星导航系统在轨信号监测与数据质量分析[J]. 全球定位系统,2013,38(4):32-37.

[2] 李豹,曹可劲,马建国. GPS 软件接收机跟踪环路设计[J]. 电子设计工程,2010,18(2):4-6.

[3] 何在民. 卫星导航信号码跟踪精度研究[D]. 陕西:中国科学院研究生院(国家授时中心),2012.

[4] 饶永南,郝巍娜,王雪,等. 基于监测接收机数据的 GNSS 空间信号质量评估方法[C]. 第四届中国卫星导航学术年会,武汉,中国,5 月 15 日,2013.

[5] DEFRAIGNE P,BERTRAND B,HUANG W,et al. Validation of the inter-frequency calibration of timing GNSS receivers[C]//2017 Joint Conference of the European Frequency and Time Forum and IEEE International Frequency Control Symposium(EFTF/IFC),Besancon,France,July 9-13,2017.

[6] 王硕,王兵,李昌华,等. 卫星通信地面终端射频一致性测试及仿真分析[J]. 航天器工程,

2013,22(5):98-103.

[7] 杨再秀,郭晓峰,杨丽云. GNSS 信号质量关键指标测试方法研究[J]. 无线电工程,2015,45(6):55-58.

[8] 姜毅. GNSS 接收机高性能跟踪与捕获环路算法研究[D]. 大连:大连海事大学,2010.

[9] 段召亮,赵胜,魏亮. 窄相关对伪码测距影响的研究[J]. 无线电工程,2009,39(11):35-36.

[10] WANG J,LU X C,JING W F, et al. Satellite navigation signal code‐carrier coherence analysis [C]//IEEE International Conference on Signal Processing,Communications and Computing (IC-SPCC),Guilin,China,Aug 5-8,2014,711-714.

第10章 信号质量监测评估系统

◣ 10.1 引　言

作为导航电文的载体,导航信号不仅是导航卫星空间载荷段与地面控制段间的重要连接媒介,还决定了导航电文能否被正确解调,电文的解调正确性决定了卫星导航系统能否为用户接收机提供高精度的 PNT 服务[1]。因此,对卫星导航信号进行相应的质量评估至关重要,不仅是为地面运控系统提供卫星载荷故障诊断和排查的参考,也是用户使用高精度和高可靠导航服务的重要保障[2]。

GNSS 工程建设的经验和教训表明:导航信号是保证系统服务质量的核心要素,在卫星星地对接、在轨测试、在轨服务阶段必须对导航信号进行精细监测与评估,以保证导航信号满足设计要求。随着北斗系统的快速发展,信号质量监测的重要性日渐突出。

◣ 10.2 监测系统体系结构与工作原理

为了实现对卫星导航系统粗测、精测、巡检、高精度分析等任务,导航信号接收天线类型应包括大口径高增益天线、小口径中等增益天线和全向天线 3 种类型。大口径高增益天线主要执行 I 类和 II 类监测任务,小口径中等增益天线主要执行 II 类监测任务,全向天线主要执行 III 类监测任务。

10.2.1 监测系统体系结构

GNSS 空间信号质量监测评估分为信息层监测评估和信号层监测评估。信息层监测评估对监测接收信号的原始观测数据进行分析,包括数据质量、星座状态、信息性能和服务性能 4 个层次,实现对空间信号质量粗监测[3-5]。信号层监测评估则从频域、时域、相关域、测量域和调制域 5 个层次进行监测评估[6-7]。

GNSS 空间信号质量监测系统完成对 GNSS 空间信号粗测、精测、巡检和高精度分析任务,并能够在导航卫星出现故障时,快速和准确地定位故障。GNSS 空间信号质量监测系统采用全向天线、小口径天线和大口径天线协同工作模式,开展多层次的 GNSS 空间信号质量监测评估,空间信号质量监测评估流程如图 10.1 所示。具体流程如下所述:

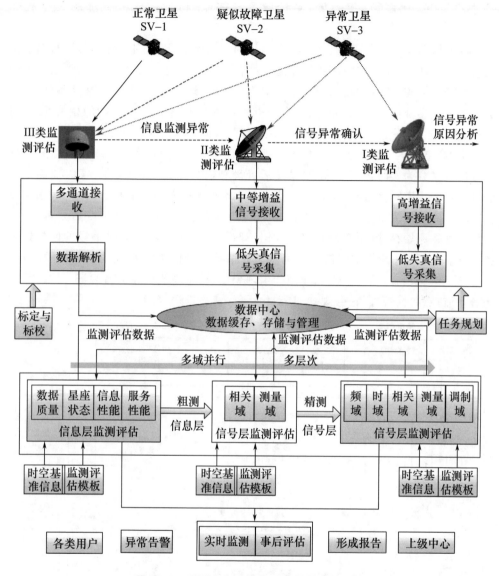

图 10.1 GNSS 空间信号质量监测评估流程

（1）首先对空间信号进行多通道监测接收，并依据监测评估模板、理想参考信号和监测评估准则进行监测评估，给出疑似存在故障的卫星。空间信号监测评估过程中，以相关标准与规范、接口控制文件作为空间信号异常监测评估规范，如 B1I、B1C、B2a、B3I 接口控制文件，北斗卫星导航系统公开服务性能规范等。

（2）获取疑似故障卫星的星历，调用中等口径天线对疑似故障卫星进行低失真的信号采集及多通道监测接收，开展相关域和测量域相关指标分析，确认故障卫星。

（3）调用大口径天线对故障卫星进行高增益接收和射频信号低失真采集，开展时域、频域、调制域、相关域、测量域等详细监测评估,分析卫星的具体故障原因。

（4）依据监测评估模板、理想参考信号和监测评估准则,对空间信号进行多层次的信号监测评估,并对空间信号质量进行综合评估,完成监测评估等级的评定。采用多属性群决策的空间信号综合性能评估方法对 GNSS 空间信号质量等级划分,该方法融合了聚类分析、主成分分析、层次分析和双基点法,考虑了指标间的相关性,并对指标进行层次划分,使最终参与评价的指标间更加独立,评估结果更为科学。

GNSS 空间信号质量监测评估系统架构如图 10.2 所示,每种天线接收信号在处理方法上又分为实时监测处理、高精度后处理和回放处理 3 种模式。实时监测处理通过 3 种天线实时接收导航信号,分别完成 3 类监测任务;高精度后处理通过采集设备对相应的信号进行采集,通过工作站(集群)实现信号的 3 类高精度后处理任务;回放处理将原始存储的信号回放到实时处理设备上,实现对应天线信号的回放处理和验证。为了对 GNSS 空间信号质量监测评估系统的能力进行验证,系统还配备了信号验证链路,利用信号仿真和建模产生理想信号,对系统性能进行验证。同时系统还具备监控、数据管理、任务规划、自动化运行、信息推送等能力。

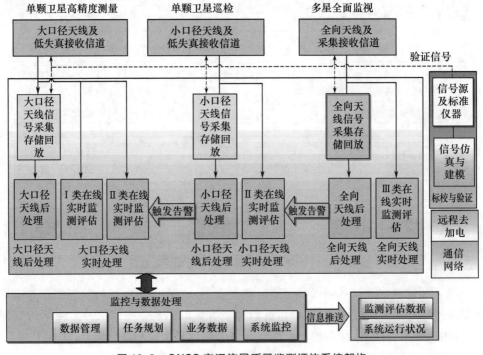

图 10.2　GNSS 空间信号质量监测评估系统架构

10.2.1.1　大口径天线监测系统

大口径天线监测系统包括大口径高增益天线、超低温低噪放、电平适配器、采集存储设备和分析评估设备等。大口径天线监测系统组成如图 10.3 所示。

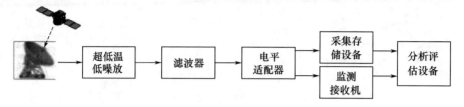

图 10.3 大口径天线监测系统组成图

大口径高增益天线一般的天线形式是抛物面天线,这种天线具有一定的波束指向性,能够从一个特定方向完成某一辐射源目标信号的高增益接收,从而达到提高空间信号信噪比的目的[8]。抛物面天线增益计算公式如下:

$$G(\text{dBi}) = 10\lg\left(\frac{4\pi A}{\lambda^2}\eta\right) \tag{10.1}$$

式中: A 为抛物面天线的面积; λ 为信号波长; η 为天线效率。

大口径高增益天线后端的低噪放采用超低温低噪放降低链路噪声系数,从而提高接收信号的信噪比。大口径高增益天线后端的超低温低噪放放置在低温杜瓦内部,低温杜瓦放置在大口径高增益天线中心体内部。超低温低噪放具有以下特点:

(1)采用制冷的方式实现接收机的极低噪声特性,实现极远距离发射来的微弱信号的接收探测。

(2)采用先进的超导滤波器,实现对干扰信号的有效抑制,同时对各次谐波也具有有效的抑制能力。

(3)超导滤波器、低温放大器等关键微波器件工作在不大于15K(-258℃)的环境温度下。

低噪放输出信号经过电平适配器进行信号电平调整。电平适配器包括固定增益放大器、数控衰减器和分路器,具备对导航信号的增益可控放大能力,以及信号功率分配能力。适配器通过调整衰减参数使输出信号功率满足采集存储设备的量化要求。

采集存储设备实现对导航信号的低失真接收、采集和存储,监测接收机实现信号的捕获、跟踪和观测量输出,分析评估设备读取存储的原始信号数据及观测数据,进行信号质量监测评估。

10.2.1.2 小口径天线监测系统

小口径天线监测系统包括小口径中等增益天线、低噪放、电平适配器、采集存储设备、监测接收机和分析评估设备。小口径天线监测系统组成如图 10.4 所示。

小口径中等增益天线设备的工作原理与大口径高增益天线相似,只是口径较小,对应的增益也较小。小口径中等增益天线输出信号经过低噪放,低噪放输出信号经过电平适配器进行信号电平调整。适配器通过调整衰减参数使输出信号功率满足采

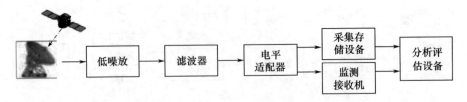

图 10.4　小口径天线监测系统组成图

集存储设备的量化要求。

采集存储设备实现对导航信号的低失真接收、采集和存储,监测接收机实现信号的捕获、跟踪和观测量输出,分析评估设备读取原始信号数据及观测数据,重点开展相关域和测量域监测评估。

10.2.1.3　全向天线监测系统

全向天线监测系统包括全向抗多径天线、低噪放、电平适配器、采集存储设备、监测接收机和分析评估设备。与小口径天线监视系统类似,在接收链路上仅仅是天线不同。

全向天线输出信号经过低噪放,低噪放输出信号经过电平适配器进行信号电平调整。适配器通过调整衰减参数使输出信号功率满足采集存储设备的量化要求。

采集存储设备实现对导航信号的接收、采集和存储,监测接收机实现信号的捕获、跟踪和观测量输出,分析评估设备读取原始信号数据及观测数据,开展信息层监测评估。

10.2.2　监测系统工作原理

10.2.2.1　低失真接收

信号质量监测系统是地面观测卫星导航信号的望远镜,必须采用各种手段减小系统自身的测量误差,为导航信号的精准评估创造条件。为了获得低失真的接收和高精度的分析,总结以往工程经验,结合近年来出现的新技术,低失真接收技术体制特点主要表现在以下几个方面:

(1) 从场站选择、天线布局,以及结构设计等方面降低环境对导航信号性能的影响。

(2) 将天线置于温控环境下,减少温度波动对信号的影响。

(3) 采用有线和无线标校手段对链路进行标校和补偿,将带内平坦度补偿到 ±0.25dB 以内。

(4) 采用超低温低噪放将噪声系数从 1.2dB 降低到 0.35dB,等效于天线增益提高 1.5dB 以上。

(5) 将采集设备前置,放置在低噪放后端,对采集的数字信号采用数字化光纤远距离传输到处理中心,实现链路零波动。

（6）采用数据压缩和解压缩手段，降低光纤传输的带宽，提高传输效率。

（7）在低噪放后直接进行射频采集，规避变频链路对信号性能的影响，相比变频和中频采集方案有更大的优越性。

（8）将补偿算法置于硬件链路，对接收链路幅度和相位进行补偿。

低失真接收体制模型如图 10.5 所示，通过采用上述体制设计，能够将接收信号信噪比提高 1.5dB 以上，并保证导航信号带内平坦度控制在 ±0.25dB 范围内，信号群时延波动小于 0.1ns/天。

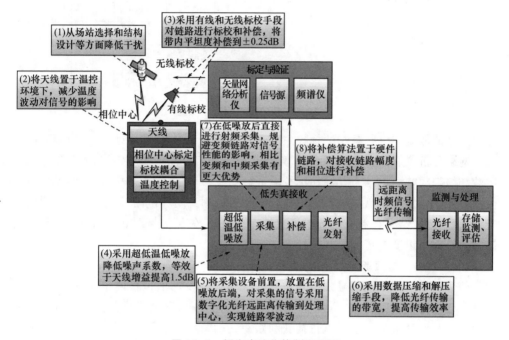

图 10.5　低失真接收体制模型图

10.2.2.2　接收链路标校

射频直接采集和光纤传输的技术体制已能保证低噪放之后的链路为零波动，但天线反射面、馈源、低噪放等链路的时延、增益和频响依然存在不确定性。国内相关学者提出了链路标校的时延传递法、精密设备时延测量法等方法和流程[9-11]。信号质量监测天线接收系统采用有线小环标校体制和无线小环标校体制对接收链路特性进行测量和校准。校准用的矢量信号源、矢量网络分析仪、频谱仪放置在安装有空调的天线中心体内，并能通过网络实现远程控制。对于有线小环标校，标校源、天线输出端的耦合口、超低温低噪放，最后回到标校接收仪器，形成闭合标校链路；对于无线小环标校，在大口径天线抛物面边缘安装标校信号发射装置、标校仪器、标校喇叭、天线副反射面、馈源、耦合器、超低温低噪放，形成无线小环闭合链路。接收链路校准示意图如图 10.6 所示。

系统接收链路的标校主要有增益（电平）、时延、频响（含幅度和相位）的标校。

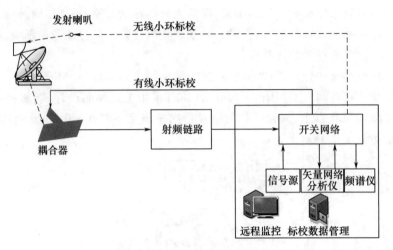

图 10.6   接收链路校准示意图

其中链路的增益、时延、频响的标校主要采用矢量网络分析仪。对于有线小环标校，矢量网络分析仪、开关网络、耦合器、射频接收链路组成测量闭环链路，测量结束后将增益、时延、频响测量结果存储在标校验证数据库；对于无线小环标校，矢量网络分析仪、开关网络、发射喇叭、馈源、射频接收链路组成测量闭环链路，测量结束后将增益、时延、频响测量结果存储在标校验证数据库。另外，矢量信号源和频谱仪也可用来对链路的带内平坦度进行测量和标校。

10.2.2.3   仿真验证

信号质量监测系统信号建模与仿真验证在体制设计上包括两个递进的层次：一是理论建模与仿真验证；二是系统自闭环仿真与验证。理论建模与仿真验证是指对中频采集和射频采集的信号进行捕获和跟踪，获得对应信号各个分量的本地伪码和信息比特，再利用这些伪码和信息比特按接口文件定义产生理想的导航信号模型，然后对理想信号模型进行分析，采用的分析方法和参数配置与采集真实导航信号完全相同，最后将两种分析结果进行比对，发现信号质量问题和缺陷；系统自闭环仿真与验证是指对中频采集和射频采集的信号进行捕获和跟踪，获得对应信号各个分量的本地伪码和信息比特，再利用这些伪码和信息比特按接口文件定义产生理想的导航信号，然后将理想信号经系统内的矢量信号源发出，经低噪放后进行采集、监测、分析，采用的分析方法和参数配置与采集真实导航信号完全相同，最后将两种分析结果进行比对，发现信号问题和缺陷。

一方面，为保证信号质量的精准评估，信号质量监测系统需产生标校信号对接收链路的时延、增益、幅度、相位进行标校，另一方面，信号仿真与建模设备能够输出理想/理论信号，经矢量信号源发出，经天线耦合器馈入信号质量监测系统，用于新体制信号监测评估的功能验证、流程验证和指标比对。信号建模与仿真设备在体制设计上考虑通过软件接收机提取同频点所有分量信号的导航电文和伪码（包括授权信号),然后根据各分量的电文和伪码按接口文件要求重新生成恒包络调制信号,该恒包络调制信号上变频后即为理想/理论仿真信号,可作为信号质量监测评估系统的输入进行理想/理论信号的监测评估,从而实现与实际接收信号质量监测指标的比对;另外,恒包络基带调制信号也可通过矢量信号源的正交调制到调制载波频率,再通过天线耦合口进入射频接收链路,作为理论/理想射频信号进行新体制信号监测评估的流程验证,如图 10.7 所示。

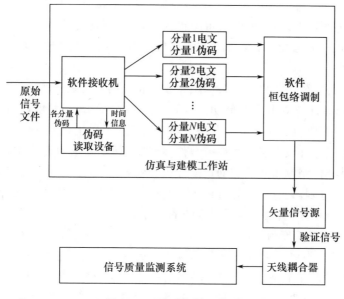

图 10.7　验证体制示意图

10.2.2.4　实时监测

信号质量监测系统具备对导航卫星信号故障的快速响应能力,主要表现在对卫星信号故障的快速定位、快速诊断、快速报警和快速恢复[12-14],因此信号质量监测系统在体制设计上必须具备导航信号 I 类、II 类和 III 类监测实时处理能力。大口径天线输出信号具有较高的信噪比,可进行 I 类和 II 类在线实时监测处理;小口径天线输出信号具有中等增益信噪比,可进行 II 类在线实时监测处理;全向天线输出信号只能进行 III 类在线实时监测处理。

I 类在线监测设备在体制设计上考虑在现场可编程门阵列(FPGA)/数字信号处理(DSP)板卡上完成信号的捕获和跟踪,然后将剥离多普勒频移后的实时基带信号和本地同步伪码打包后传输到高速信号处理工作站,高速信号处理工作站实现导航信号频域、时域、相关域、调制域和测量域的实时在线监测,并显示和存储监测结果。因此 I 类监测侧重相关前监测。

II 类在线监测设备与传统监测接收机主要区别体现在:传统监测接收机是采用全向天线接收的卫星信号,可以对全空域所有可见卫星进行观测,但是接收信号信噪比较低,对单颗卫星的单个信号分量只有一个跟踪通道,只能计算较少的相关间隔的相关值。而Ⅱ类在线监测设备利用大口径天线或小口径抛物面天线接收卫星信号,同时只能观测一颗导航卫星,抛物面天线增益比全向天线要大,因此接收信号的信噪比要比传统接收的信噪比高,对单颗卫星的单个信号分量,可以有多个跟踪通道,能够同时利用不同的相关间隔对信号进行跟踪,得到观测结果。在得到多个相关间隔下的相关值的同时,实现不同相关间隔下的相关值的统计,以便对信号的相关峰进行监测。因此,通过对监测接收机进行升级改造,将监测接收机升级为可配置监测接收机,实现通道号可配置、信号滤波器可配置、鉴相方式可配置、跟踪环环路滤波器可配置、伪码发生器间隔可配置等。Ⅱ类监测侧重于不同跟踪参数下相关后的相关峰、相关损失、S 曲线等的监测。

由于通用的监测接收机已具备伪距和载波相位测量功能、载噪比测量功能、相关峰监测功能、导航电文接收和存储功能、PVT 解算功能,而服务精度评估和授时、导航卫星空间位置、接收机自主完好性监测等功能需简单升级上位机软件。因此,Ⅲ类在线监测设备可通过升级上位机客户端软件,增加各种观测量的统计和异常报警能力即可实现。Ⅲ类监测侧重测量域的数据分析和处理。

综上所述,分别对 3 类不同的监测类型,研发了不同的在线监测设备,执行不同级别的在线监测任务,满足信号质量系统的任务需求。

10.2.2.5 高精度后处理

大口径天线、小口径天线和全向天线实时处理的特点是能实时给出监测结果,实现卫星信号故障的快速定位、快速诊断、快速报警、快速恢复,但由于实时处理设备采用 FPGA/DSP 等硬件处理方式,输出监测结果的精度相对较低。为了实现对卫星信号质量监测的高精度处理,信号质量监测系统为大口径天线、小口径天线和全向天线输出信号配置高精度后处理设备。高精度后处理设备先分别对大口径天线、小口径天线和全向天线输出信号进行采集和存储,然后使用高性能工作站进行高性能计算。

目前,市场上的采集设备主要有射频采集设备和中频采集设备。中频采集设备具备较大的存储容量,但变频链路的引入会影响信号性能;射频采集设备相对来说性能较好,但存储带宽和容量受限。另外,新型的高速示波器和频谱仪也具备采集和存储能力,而且是经过厂家标校过的设备,采集存储结果具有最大的可信度。因此,在采集存储体制上需根据每种天线接收信号的处理需求,配置不同的采集存储和后处理设备。大口径天线配置射频、中频、示波器、频谱仪等 4 种采集存储及对应的高精度后处理设备;小口径天线配置射频和中频采集存储及对应的后处理设备;全向天线配置全向天线存储回放及对应的后处理设备。

对大口径天线采集的数据可进行Ⅰ类和Ⅱ类高精度后处理,对小口径天线采集的数据可进行Ⅱ类高精度后处理,对全向天线输出的信号可进行Ⅲ类高精度后处理。

10.3　干扰频率分析与应对策略

根据 2014 年 2 月 1 日起实施的《中华人民共和国无线电频率划分规定》,对信号质量监测系统覆盖的接收频段及附近频段的频率规划进行梳理,对可能存在的干扰频率威胁进行分析,对监测站的选址、规划及对周边环境的要求提出应对策略,如表 10.1 所列。

表 10.1　多系统接收频点附近频率规划

序号	频段/MHz	分配/用途
1	960 ~ 1215	航空导航
2	1215 ~ 1260	科研、定位、导航
3	1260 ~ 1300	空间科学、定位、导航
4	1300 ~ 1350	航空导航、无线电定位
5	1350 ~ 1400	无线电定位
6	1400 ~ 1427	卫星地球勘探
7	1427 ~ 1525	点对多点微波系统
8	1525 ~ 1559	海事卫星通信
9	1559 ~ 1626	航空、卫星导航
10	1626 ~ 1660	海事卫星通信
11	1660 ~ 1710	气象卫星通信、无绳电话
12	2300 ~ 2320	中国联通时分双工(TDD)
13	2320 ~ 2370	中国移动 TDD
14	2370 ~ 2390	中国电信 TDD
15	2390 ~ 2400	无线电定位、TDD 补充频段(未分配)
16	2400 ~ 2483.5	工业科学医学(ISM)频段,未授权限制:无线局域网(WLAN)、近场通信、医疗、导航、点对点扩展通信等
17	2483.5 ~ 2500	卫星广播、卫星移动
18	2500 ~ 2535	卫星广播、卫星移动、分时长期演进(TD-LTE)主力频段
19	2535 ~ 2555	TDD 频段(未分配)
20	2555 ~ 2575	中国联通 TDD
21	2585 ~ 2635	中国移动 TDD
22	2635 ~ 2655	中国电信 TDD

由于信号质量监测系统为高灵敏度接收系统,且天线口径较大,对外界的干扰信号会异常敏感,因此根据以上频率规划,进行干扰频率分析,确定以下干扰应对策略:

(1) 监测站选址应尽量避免在已规划或者未来规划的航线上,以免接收系统受到航空导航无线电的影响。

（2）监测站选址附近应尽量避免设立点对多点微波通信系统。

（3）监测站选址附近如果设立移动通信基站,应与相关移动通信运营公司沟通,协调基站建设规划,避免受到基站大功率信号的影响。

（4）监测站选址附近应避免 ISM 频段的使用,例如 2.4GHz 无人机遥控装置、WLAN、点对点扩展通信等。

（5）监测站选址尽量选择四面环山的地点进行建设,远离居民区,并进行必要的无线电环境测量。

10.4　系统工作模式与流程

10.4.1　系统工作模式

根据信号质量监测系统的工作任务和运行试验任务,可将系统工作模式分为以下几种:

（1）初始化模式。初始化模式是系统设备加电后,完成上电自检、设备参数配置的过程。由于系统设备众多,设备性质各异,因此设备加电初始化的条件、时间都有差别,需要制定相应的业务规划,初始化完成后,通过相应的任务规划可以转换到其他工作模式。

（2）标校模式。由于信号质量监测系统是一个高精度测量系统,对链路电平和相位定期校定,根据业务指令使设备切入标校模式,将标校结果存入校准数据库,定时完成校准后,退出校准模式。

（3）验证模式。验证模式是对信号质量监测设备或链路进行测试和验证的过程,例如使用标定与验证分系统的矢量信号源发射验证信号,使用各设备的测试端口进行信号和信息测试,当设备运行正常或达到指标后,测试验证模式结束。

（4）任务规划模式。根据接收到控制中心的业务指令信息,控制信号质量监测系统的设备完成天线控制、低失真接收、在线实时监测、离线精准评估、数据存储与管理、报告自动化生成等系统业务,并实现数据处理与存储。当业务完成后,退出规划业务模式。

（5）自主运行模式。自主运行模式下,信号质量监测系统依据规划信息来完成空间信号质量的监测评估工作。自主运行模式具备灵活的工作特性,不需要输入业务指令信息,使用先期存储的系统业务指令信息或由监控系统生成的系统业务指令信息,发送给信号质量监测设备完成在线实时监测和高精度评估,并实现数据处理与存储。当自主业务完成后,退出自主运行模式。

（6）回放模式。回放模式下,信号质量监测系统依据数据库里的原始数据文件及其属性,制定回放规划,执行大口径天线Ⅰ类回放、大口径天线Ⅱ类回放、小口径天线Ⅱ类回放、全向天线Ⅲ类回放任务,形成回放监测评估报告。当回放业务完成后,退出回放模式。

(7)维护模式。当系统运行过程中出现故障,并且影响到系统业务运行时,进入维护模式,此时系统各部分设备可以单独或全部通电,由工作人员对设备故障进行排查并对故障设备进行维修或替换。故障排除后系统进入初始化状态,可以重新执行相关工作模式。

(8)关机模式。在系统长时间无任务安排时,系统进入关机模式。关机模式同开机模式类似,需要制定相应的任务规划,选择需要关机的设备和关机的顺序,可以完成部分关机和全部关机。

图 10.8 所示为根据上述工作模式设计的信号质量监测系统的工作模式迁移图。

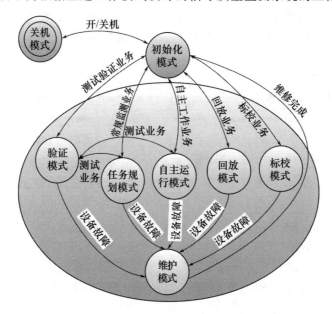

图 10.8　信号质量监测系统的工作模式迁移图

10.4.2　系统工作流程

信号质量监测系统的工作流程划分为初始化流程、标定流程、验证流程、规划运行流程、自主运行流程、回放流程、故障维护流程、关机流程等几部分,信号质量监测系统的工作流程详细描述如下:

1)初始化流程

初始化流程以软件自动调度为主,首先通过本地监控客户端对系统加电,或通过远程监控客户端实现远程加电,总电源开启后,所有的计算机均自动启动并运行相应软件,操作员通过客户端软件的人机交互界面,对其他子系统设备进行一键式加电操作,设备加电后均自动完成自检,将自检结果上报至软件,并完成所有设备的初始化,确保所有设备的自检结果均正常。为了方便总控制中心的远程操控,系统监控设备可不断电运行,总控制中心只需要通过部署在本地的客户端软件完成上述操作。

2）标定流程

系统链路标定分为链路电平（增益）标定、时延标定、带内平坦度标定和相位标定。信号质量监测系统的链路电平（增益）标定、时延标定、带内平坦度标定和相位标定测量过程基本一致,在这里不再区分,统一描述。

链路标定通过监控对系统内相关设备进行控制,可完成标定验证子系统相关设备对接收链路进行增益、时延和频率响应的测量,并将测量结果存储在数据库,用于链路的补偿。

标定数据如果正常且符合试验要求,则可进入测试模式完成相关测试任务,如果标定异常或失败,则进入故障维护模式,通过软件与商用仪器的配合完成故障定位与修复。

3）验证流程

验证流程是指系统通过接收验证信号（模拟卫星信号）,实现信号质量Ⅰ类、Ⅱ类和Ⅲ类在线监测评估和后处理监测评估的流程验证和精度验证。验证流程如果能够正常完成,则系统具备对真实卫星信号质量进行监测的能力和精度。

验证流程及数据如果正常且符合试验要求,则可进入测试模式完成相关测试任务,如果验证流程异常、失败或精度不够,则进入故障维护模式,通过重新进行链路验证和流程更改完成故障定位与修复。

4）规划运行流程

规划运行流程指系统在任务规划模式下的运行流程,即在监控与数据处理设备的管理调度下,完成信号质量监测规划业务,包括天线控制、低失真接收、实时在线监测、离线精准评估、数据存储与管理、报告自动化生成等业务,并将业务过程数据传输给信号质量监测系统存储设备。

任务运行流程一般发生在控制中心需要对某颗疑似故障卫星进行全面监测评估的条件下。任务规划模式的一般流程为:当接收到控制中心的规划指令后首先对指令进行解析,并判断规划信息是否有效,然后通过系统监控软件实现对系统内所有设备的控制,使用大口径天线执行Ⅰ类和Ⅱ类在线实时监测、原始信号存储、高精度后处理任务,使用小口径天线执行Ⅱ类在线实时监测、原始信号存储、高精度后处理任务,使用全向天线执行Ⅲ类在线实时监测、原始信号存储、高精度后处理任务,最后对上述监测结果进行分析评估,生成信号质量监测评估报告,并将报告上报控制中心。

任务规划模式的典型监测评估流程如下:

（1）系统初始化和标定验证,确认系统具备监测能力和监测精度。

（2）等待控制中心任务规划。

（3）对规划进行解析,并根据解析的规划对各子系统参数和工作模式进行配置。

（4）执行大口径天线Ⅰ类在线监测、大口径天线Ⅱ类在线监测、小口径天线Ⅱ类在线监测、全向天线Ⅲ类在线监测、大口径天线Ⅰ类后处理监测、大口径天线Ⅱ类后处理监测、小口径天线Ⅱ类后处理监测、全向天线Ⅲ类后处理监测任务。

（5）对上述 3 类在线监测和后处理监测结果进行分析评估，形成监测评估报告，存储、显示和上报监测评估结果。

5）自主运行流程

自主运行模式下的运行流程与系统业务模式下的运行流程基本相同，主要差别在于运行业务信息的下发渠道不同，以及执行顺序不同，它的运行业务信息主要来自于先期存储在信号质量监测系统数据库中的业务或通过系统业务处理设备自定义的业务信息。

自主运行流程执行过程为：系统首先完成初始化和标定验证，确认系统具备监测评估条件；其次，按用户需求制定规划或从数据库获取先期存储的任务规划，并对规划进行有效性判别；然后对规划进行解析，配置各分系统设备参数，确保系统具备执行规划条件；最后采用 3 类天线，执行 3 类在线监测和 3 类后处理监测，进行 3 类天线的Ⅰ类、Ⅱ类和Ⅲ类分析评估，生成Ⅰ类、Ⅱ类和Ⅲ类分析评估报告，存储和显示分析评估结果。

自主运行模式用于在没有控制中心规划和指令条件下，系统自主进行监测和评估，自主运行模式的典型监测评估流程如下：

（1）系统初始化和标定验证，确认系统具备监测能力和监测精度。

（2）制定自主运行规划。

（3）对规划进行解析，并根据解析的规划对各分系统参数和工作模式进行配置。

（4）执行全向天线Ⅲ类在线监测，判断是否有故障卫星，形成疑似故障卫星列表。

（5）当有故障卫星时，调用小口径天线继续对故障卫星执行Ⅱ类在线监测，即Ⅱ类巡检，确认故障卫星。

（6）确认故障卫星后，调用大口径天线继续对故障卫星执行Ⅰ类、Ⅱ类在线监测和Ⅰ类后处理监测。

（7）对上述 3 类天线在线和后处理监测结果进行分析评估，形成监测评估报告，存储和显示监测评估结果。

全向天线的Ⅲ类监测也可以通过控制中心获得其他监测站的监测信息进行联合排查。

6）回放流程

进行试验回放时，首先需要选择参与回放的链路，将信号回放设备接入该链路，选择要回放的试验，软件自动调度相关设备完成整个试验流程的信息与信号回放。

回放模式的典型监测评估流程如下：

（1）系统初始化和标定验证,确认系统具备监测能力和监测精度。

（2）制定回放运行规划。

（3）对规划进行解析,并根据解析的规划对各分系统参数和工作模式进行配置。

（4）执行大口径天线Ⅰ类回放监测、大口径天线Ⅱ类回放监测、小口径天线Ⅱ类回放监测、全向天线Ⅲ类回放监测任务。

（5）对上述3类天线回放结果进行分析评估,形成监测评估报告,存储和显示监测评估结果。

7）故障维护流程

当信号质量监测系统中的设备发生故障或者监测评估流程无法正常进行时,进入故障维护模式,首先通过故障树模型和知识库进行故障诊断与定位,再根据故障的属性完成恢复。

8）关机流程

在关闭设备之前,先对关键数据进行存储,之后,根据任务规划选择的关机设备和顺序,完成系统中的设备关机操作,并对设备的关机过程的状态进行监控。当设备关机出现异常时,工作人员对出现故障的设备进行检查,并排除故障。

参考文献

［1］PHILIPP S,STEFFEN T,JOHANN F,et al. Signal in space（SIS）analysis of new GNSS satellites ［C］//6th ESA Workshop on Satellite Navigation Technologies（Navitec 2012）& European Workshop on GNSS Signals and Signal Processing,Noordwijk,December 5-7,2012:1-8.

［2］王伟,徐启炳,蒙艳松,等. 新型导航信号生成与评估技术［J］. 数字通信世界,2012（2）:56-60.

［3］苏哲,凌菲,张茁,等. 北斗空间信号质量监测与载荷工作状态评估技术研究［J］. 空间电子技术,2018,15（4）:17-22.

［4］欧阳晓凤,徐成涛,刘文祥,等. 北斗卫星导航系统在轨信号监测与数据质量分析［J］. 全球定位系统,2013,38（4）:32-37.

［5］JAHROMI A J,BROUMANDAN A,DANESHMAND S,et al. Galileo signal authenticity verification using signal quality monitoring methods［C］//International Conference on Localization and GNSS （ICL-GNSS）,Barcelona,June 28-30,2016:1-8.

［6］徐成涛,林红磊,唐小妹,等. 北斗系统新体制信号质量监测指标及测试方法［J］. 中南大学学报（自然科学版）,2014（45）:774-782.

［7］WANG XL,WANG Y,WANG X. Quality monitoring,analysis and evaluation of BDS B1I signal ［C］//Proceeding of the Fifth International Conference on Network,Communication and Computing, Kyoto,Japan,December 17–21,2016:42–46.

［8］银秋华,周建寨. 反射面天线增益的快速估算［J］. 无线电通信技术,2013（4）:54-56.

［9］李刚,魏海涛,孙书良. 导航设备时延测量技术分析［J］. 无线电工程,2011,41（12）:32-35.

[10] 魏海涛,蔚保国,李刚,等.卫星导航设备时延精密标定方法与测试技术研究[J].中国科学:物理学 力学 天文学,2010,40(5):623-627.

[11] 张金涛,易卿武,王振岭,等.卫星导航设备收发链路时延测量方法研究[J].全球定位系统,2011,36(6):25-27,40.

[12] 解剑,时磊,罗显志,等.北斗公开服务实时信号质量监测系统研究[J].无线电工程,2016,46(8):43-46,60.

[13] 罗显志,解剑.GNSS实时卫星导航信号质量监测方法研究[C]//第二届中国卫星导航与位置服务年会暨展览会,北京,中国,9月24—25日,2013:305-312.

[14] 罗显志,解剑.实时卫星导航信号质量监测方法研究[C]//第四届中国卫星导航学术年会,武汉,中国,5月15—17日,2013.

第 11 章　GNSS 空间信号监测评估应用实践

在 GNSS 建设过程中,GNSS 空间信号质量监测评估是一项不可或缺的环节,覆盖了卫星研制阶段信号体制的设计与测试、卫星发射前星地对接测试、卫星服务前在轨测试和在轨服务阶段连续性监测等全过程,为导航卫星提供全生命周期的信号保障服务。GNSS 空间信号质量监测评估除服务于导航系统建设,还广泛应用于 GNSS 空间信号质量模拟检验、全球连续监测评估、民航航路及精密进近导航安全保障、智慧城市高可用导航服务保障以及导航对抗信息安全监测及预警等领域。

◣ 11.1　GNSS 空间信号质量监测评估模拟试验平台

随着 GNSS 空间信号质量监测评估技术在诸多领域应用的日益广泛,对空间信号质量监测评估设备可靠性提出了更高的要求,因此对空间信号质量监测评估设备性能进行检测是必不可少的环节。采用实际 GNSS 环境对空间信号质量监测评估设备性能进行检测存在信号场景多为静态场景,无法实现高动态信号质量异常、复杂导航环境等场景测试,存在测试环境偏于单一、测试不全面、不可靠的问题。因此有必要研制 GNSS 空间信号质量监测评估模拟试验平台对信号监测设备测试,该平台有如下优势:

(1) 仿真场景多样化可编辑、信号状态动态可控等优势,可以自定义仿真地点、运动轨迹、误差模型以及信号干扰源等,用以测试设备在不同环境下的运行状态,有利于发现潜在的性能瓶颈。

(2) 可以模拟高动态、强压制干扰、欺骗干扰、信号质量异常等场景下卫星导航信号,用于对低轨卫星、飞机等高动态条件,以及电磁对抗环境和导航战等极端环境下监测评估设备性能测试验征,并且测试环境可以复现,便于设备性能反复测试与性能提升,大大节约研发成本。

GNSS 空间信号质量监测评估模拟试验平台为空间信号质量监测评估设备提供准确和可靠试验环境,提升空间信号质量监测评估设备性能,保障空间信号质量监测评估设备的安全应用。为实现对空间信号质量监测设备性能全面可靠的评估,GNSS 空间信号质量监测评估模拟试验平台具备标准导航信号、异常导航信号、异常导航环境模拟以及导航信号采集回放能力,其功能组成如图 11.1 所示。

GNSS 空间信号质量监测评估模拟试验平台具备 BDS、GPS、GLONASS、Galileo 系

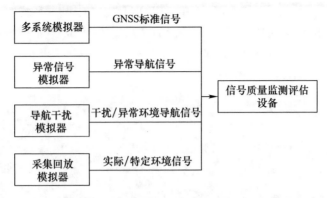

图 11.1　GNSS 空间信号质量监测评估模拟试验平台功能组成

统、印度区域卫星导航系统（IRNSS）、日本准天顶卫星系统（QZSS）、低轨导航增强系统等模拟以及实际环境导航信号采集回放能力,其中异常信号模拟器具备异常空间信号的模拟能力,异常因素包括电文异常、卫星星钟异常、载波异常、伪码异常、I/Q支路正交性异常、带外抑制异常、带内杂散异常、等效全向辐射功率异常等,用于检验信号质量异常条件下的信号监测评估设备能力;导航干扰模拟器具备导航干扰和多径环境的模拟能力,用于检验信号环境异常条件下信号监测评估设备的能力;采集回放模拟器用于采集实际或者特定环境中导航信号并进行回放,用于检验实际环境或特定环境下信号监测评估设备的能力。

◣ 11.2　国际 GNSS 监测评估系统

　　iGMAS 是对 GNSS 运行状况和主要性能指标进行监测和评估,生成高精度精密星历和卫星钟差、地球定向参数、跟踪站坐标和速率、全球电离层延迟等信息的平台[1]。iGMAS 主要由分析中心、监测评估中心、全球分布跟踪站、产品综合与服务中心和运行控制管理中心组成。其中,监测评估中心是 iGMAS 实现监测评估的主要途径,按照不间断连续运行的能力,为各级各类用户提供不同等级的监测评估产品,支持北斗系统实现高水平的服务。

　　1）iGMAS 监测评估中心职能

　　一方面对 GNSS 的公开服务、授权服务、星基增强服务运行状态开展及时准确的监测和评估,及时报告导航卫星的异常工作状态,并将这些异常状态产生的原因以及影响及时反馈给用户,满足不同类型用户（如定位、导航、授时）的安全使用需要;另一方面,通过长期的监测评估,积累相关资料,为导航系统的工程建设、运行维护、发展决策提供重要参考依据。

　　2）服务内容

　　iGMAS 通过全球跟踪站以及监测评估中心大口径天线获取观测数据、星历数据和采集的 GNSS 导航信号,实现 BDS、GPS、GLONASS 和 Galileo 系统四大导航系统的星座状态、导航信号、导航信息和服务性能的监测评估,生成监测评估产品,并上传产品综合与服务中心,为用户提供服务。

iGMAS 监测评估指标如图 11.2 所示。

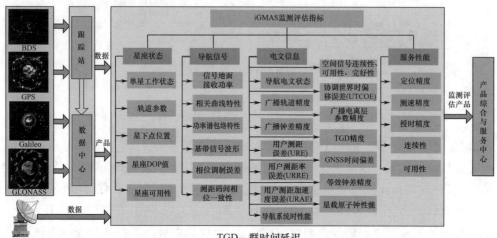

TGD—群时间延迟。

图 11.2　iGMAS 监测评估指标

图 11.2 中,星座状态、电文信息和服务性能监测评估主要通过全球跟踪站获取的观测数据和星历数据开展轨道参数、星下点位置、星座 DOP 值、广播轨道精度、广播钟差精度、用户测距误差、定位精度、服务连续性和可用性等指标的监测评估,导航信号质量监测评估主要通过从大口径天线采集 GNSS 信号,实现信号地面接收功率、相关曲线特性、功率谱包络等指标的监测评估。

监测评估产品包含星座状态、导航信号质量、导航信息性能和服务性能 4 类产品,其中星座状态、导航信息性能产品更新频度为 1h,导航信号质量和服务性能监测评估产品更新频度为 24h。

3)监测评估中心代表性成果

图 11.3 所示为监测评估中心实物构成,包括 15m 口径天线、2.4m 口径天线、办公区和信息处理机房等。

iGMAS 监测评估中心除了具备监测评估产品的生成能力,还具备监测评估系统运行状态监控、运行管理、导航监测异常告警、监测评估产品可视化等能力,实现了 GNSS 连续常态化监测评估。图 11.4 所示为 iGMAS 监测评估中心对北斗星下点位置和星座 DOP 值监测评估可视化效果。

iGMAS 监测评估中心在北斗导航系统在轨测试以及 Galileo 系统瘫痪告警中发挥了重要作用。UTC 时间 2019 年 7 月 10 日,监测评估中心监测到 Galileo 系统"服务中断",如图 11.5 给出的 2019 年 7 月 10 日～7 月 16 日各颗卫星的工作状态,从图中可以看出 Galileo 系统在 UTC 时间 2019 年 7 月 10 日 14 时所有卫星缺少广播星历的情况。7 月 11 日 22 时 ～7 月 16 日 18 时停发广播星历,7 月 16 日 19 时,系统恢复正常,开始播发电文。Galileo 系统 7 月 10 日 14 时出现故障到系统恢复正常,故障持续时间 149h。

15m口径天线　　　　　　　　　　2.4m口径天线

办公区　　　　　　　　　　　　信息处理机房

图 11.3　监测评估中心实物构成(见彩图)

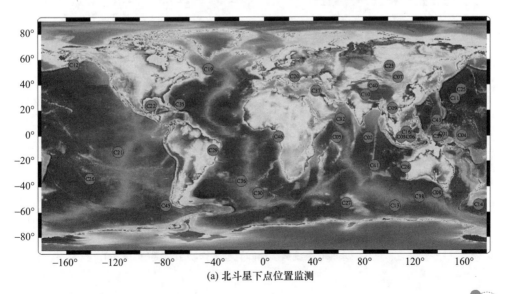

(a) 北斗星下点位置监测

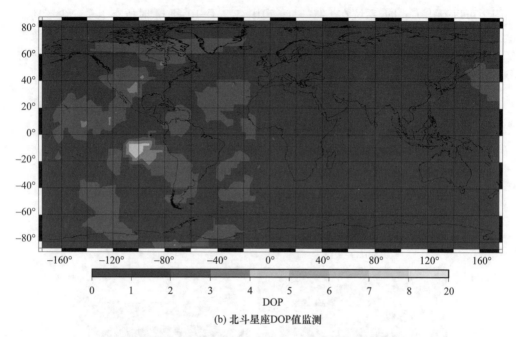

(b) 北斗星座DOP值监测

图 11.4 监测评估中心监测评估可视化效果图(见彩图)

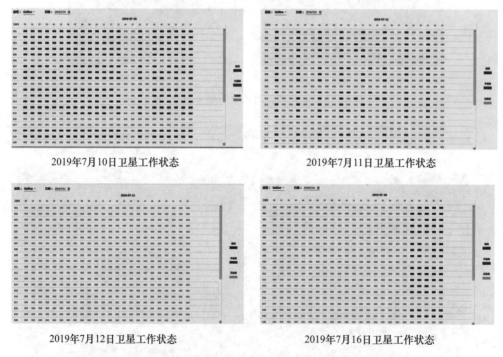

2019年7月10日卫星工作状态   2019年7月11日卫星工作状态

2019年7月12日卫星工作状态   2019年7月16日卫星工作状态

图 11.5 Galileo 系统瘫痪期间卫星工作状态监测(见彩图)

▲ 11.3　GNSS 空间信号质量监测评估民航应用

为保障民航用户的飞行安全,国际民航组织对导航系统的性能有极为严格的要求[2-3],尤其是飞机进近和着陆阶段,安全风险更高,对完好性和精度要求极高。虽然卫星导航技术已经被广泛应用于诸多领域,但卫星导航系统无法满足所有航空飞行阶段精度和完好性要求。为提高滑行、起飞、爬行、巡航、下降、着陆等飞行阶段的卫星导航可用性,必须实施完好性监测,导航信号完好性监测方法通常有接收机自主完好性监测(RAIM)、地面增强完好性监测(GAIM)[4],以及基于广域增强系统(WAAS)和地基增强系统(GBAS)的监测方法,具体介绍如表 11.1 所列。

表 11.1　空间信号质量监测民航应用领域

应用领域	完好性监测机理	优缺点
RAIM	部署在 GNSS 接收机中的一种算法,利用 GNSS 卫星的冗余信息对 GNSS 的多个导航解进行一致性检验,达到完好性监测目的	要求机载监测设备视界内有 5 颗以上几何分布较好的卫星,否则无法进行完好性判定。这就导致部分地区在某些时间不能使用,适用于各类增强系统机载端、地面端监测接收设备
GAIM	通过在区域范围内部署监测站,接收处理 GNSS 信息,计算伪距误差,判断卫星伪距误差是否在允许的范围内。如果超过门限,则通知服务区域内用户该卫星不可用。不同飞行阶段对伪距门限限制不同	监测站位置精确已知,以精确的位置作为基准,可迅速判定视界内的卫星是否能够用于导航,不受视界内卫星的数量和卫星几何精度因子的影响,适用于航路导航
WAAS	监测 GPS 完好性和 WAAS 本身完好性(GEO 播发的增强信号),通过监测系统产品,监测参数是 WAAS 修正后的伪距残差,伪距残差异常发出告警信息	在广域范围内(如美国本土)同时提高完好性、定位精度和可用性的综合系统,因此费用和技术难度都很高,适用于航路导航、非精密进近、带垂直引导的航向定位性能(LPV)、垂直引导进近(APV)、CAT I(未来)等
GBAS	通过在局域范围内部署监测站,计算伪距残差,伪距残差异常时发出告警信息	使用覆盖范围有限,适用于机场范围内、CAT I/II/III 精密进近、场面监视等阶段
民航空间导航信号性能评估系统	通过部署基于全向天线的监测站点和大口径天线的监测站点,对 GNSS 导航信号时域、频域、测量域、相关域和调制域等信号性能进行分析,评估其面向民航应用性能	评估指标全面,适用于航路、机场空间信号质量分析

表 11.1 中的广域增强系统,除了 GPS WAAS 还有欧洲静地卫星导航重叠服务(EGNOS)系统、日本多功能卫星增强系统(MSAS)、印度 GPS 辅助型地球静止轨道卫星增强导航(GAGAN)系统、中国北斗星基增强系统(BDSBAS)等,其完好性监测机

理与 WAAS 类似。民航空间导航信号性能评估系统目前有中国民航大学信号质量监测系统,该系统利用 7.5m 口径的抛物面天线和全向天线,实现华北地区空间导航信号质量时域、频域、调制域、相关域和测量域以及可见星数、DOP 值等指标的评估[5]。

◢ 11.4　GNSS 空间信号质量监测评估智慧城市应用

智慧城市是以集成系统为特征,以物联网、云计算等新一代信息技术为基础,优化城市服务和管理,提升城市各类资源运行效率的信息时代产物。GNSS 作为智慧城市基础设施,其提供的定位、导航和授时服务是智慧城市快速建设和高效运行的基础,为城市建设提供诸多便利条件。

北斗卫星导航系统具有定位、测速、授时、短报文通信功能[6-7],是智慧城市的重要基础保障。中国科学院院士杨元喜更是明确指出,发展以北斗为支撑的智慧城市应作为国家战略,发展导航及智慧城市也是国家重大经济发展策略,是国家经济发展的重要支撑[8]。北斗卫星导航系统可应用于智能交通、智能家居、智慧物流等智慧城市诸多领域[9]。

然而在城市建设中,GNSS 可用性存在如下问题:

(1) 城市中的高楼、高架桥导致卫星信号衰减或短暂消失,传统的 GNSS 导航接收机会出现跟踪环路失锁,无法完成定位解算,难以满足智能交通、车辆导航、车辆监控等连续定位导航的需求。

(2) 城市复杂地形和无处不在的电磁辐射导致了城市区域复杂的电磁环境,卫星导航信号易受到各种有意或无意电磁信号干扰,严重威胁城市重点设施和机场等敏感区域 GNSS 的安全使用。

为解决上述问题,需开展城市环境下 GNSS 空间信号质量监测评估,为 GNSS 可用性提供保障。图 11.6 所示为 GNSS 空间信号质量监测评估在智慧城市中的应用体系架构。

如图 11.6 所示,智慧城市中 GNSS 空间信号质量监测评估数据来源包括 3 类:用户导航终端,用户既是 GNSS 空间信号质量监测评估产品享有者,也是参与者,因此可以从不同类型的用户终端获取 GNSS 观测数据;城市区域部署的专用 GNSS 监测站点;iGMAS 及其他监测评估系统。

3 类信息汇集到城市 GNSS 空间信号质量监测评估中心,该中心通过大数据的泛在感知、复杂多径及遮挡条件下干扰监测与识别、面向用户的 GNSS 服务性能评估与预警以及 GNSS 服务性能态势感知等技术,对城市环境下 GNSS 信号质量、服务性能开展评估,形成信号质量等级、区域服务态势和完好性告警信息等。

通过通信链路,一方面将完好性信息传输给用户终端,包括无人驾驶、高精度等用户,保障其 GNSS 应用安全,另一方面,信号质量等级、服务态势等产品发送给城市管理部门及科研部门等专业用户,支撑城市导航环境管理规划与科研任务。

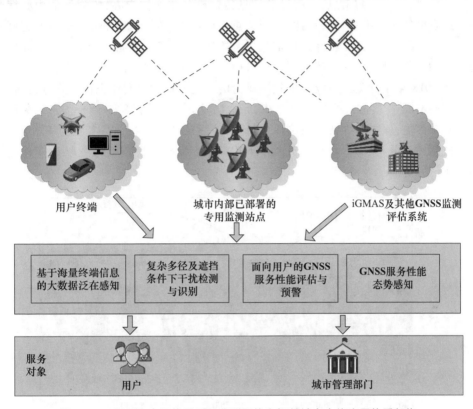

图 11.6　GNSS 空间信号质量监测评估在智慧城市中的应用体系架构

11.5　GNSS 空间信号质量监测评估安全应用

随着信息化建设的全面推进,卫星导航系统已广泛应用于指挥通信、装备操作和重点区域态势感知等领域,成为信息安全保障的基础支撑。目前,武器装备和作战平台等在很大程度上依赖于 GNSS 空间信号,尤其在精确制导武器、战斗机等军事装备应用中对导航信号可靠性要求更高。早在伊拉克战争期间,伊军曾使用干扰器对美军部分制导武器实施干扰,使其偏离打击目标。俄罗斯针对北约的制导导弹研制出信号干扰机,可在导弹飞行不同阶段对其导航信号实施干扰[10]。现代化战场环境电磁环境更为复杂,并且导航对抗已经成为现代化战场明显特征,再加上 GNSS 空间信号固有的脆弱性,易受战场电磁环境影响,若导航信号发生异常情况将导致严重导航事故。GNSS 空间信号质量监测可实时监测 GNSS 导航信号质量及服务性能,为GNSS 安全应用提供可靠保障,其在保障信息安全方面用途如下:

(1)重点区域导航信号质量监测,为精确制导武器装备等应用提供高精度、高可靠的导航服务保障。为掌握重点区域环境态势,可在重点区域部署多个监测站点,采集导航信号,形成观测信息,并将导航信息传输给监测评估中心,监测评估中心综合各个站点的监测数据进行分析评估,形成重点区域内信号质量、服务性能以及完好性监测信息,通过通信链路将完好性信息播发给用户,为武器装备平台 GNSS 空间信号安全应用提供保障;同时指挥部门对区域内导航安全态势进行评估,制定作战计划。

以 2018 年 4 月美国精确打击叙利亚为例。美国在对叙利亚进行精确打击前,作战区域内 GPS 授权信号受到明显干扰,无法满足武器装备的精确制导需求。为提高 GPS 服务性能,保障制导武器精确命中目标,美国对 GPS 授权信号实施功率增强[11],经过监测评估分析,GPS 功率提升约 8.5dB。GPS 授权和民用信号载噪比变化过程如图 11.7 和图 11.8 所示。

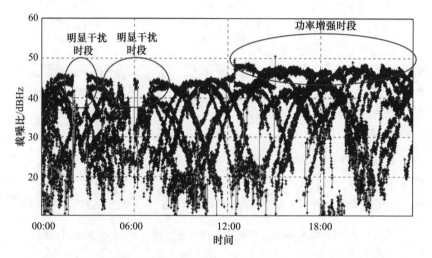

图 11.7 美国精确打击叙利亚期间授权 GPS 信号载噪比变化情况(见彩图)

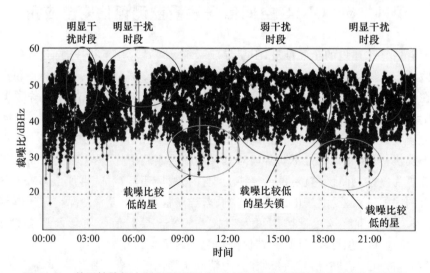

图 11.8 美国精确打击叙利亚期间 GPS 民用信号载噪比变化情况(见彩图)

由此可见,在重点区域开展 GNSS 信号的监测评估,形成导航安全信息,对掌控重点区域导航信息安全态势具有重要意义。

(2) GPS Ⅲ卫星信号监测,掌握其技术体制为开展新一代卫星导航安全应用提供技术支撑。基于大口径抛物面天线,可实现对 GPS Ⅲ卫星时域、频域、测量域、调制域和相关域等多维度、多参数、全方位的监测评估分析,包括地面接收功率、功率分配、调制特性等评估参数[12-14]。图 11.9 和图 11.10 分别为 GPS Ⅲ首颗卫星 L1 频点和 L5 频点的频域、调制域和相关域监测情况。通过深入剖析信号特征,为新一代卫星导航安全应用提供参考,提升 GNSS 空间信号安全应用保障能力。

另外,靶场导航安全应用也面临迫切需求,如提高航天发射和测控任务实时和事后 GNSS 测量精度;连续、实时监测靶场 GNSS 信号完好性,保证任务中目标测量数据有效性和精度;监测重点区域(如发射点或返回点)的 GNSS 信号质量和电磁环境,分析排查导航定位异常原因等需求[15-16]。因此开展靶场 GNSS 空间信号质量监测评估也是空间信号质量监测评估一个重要的安全应用。

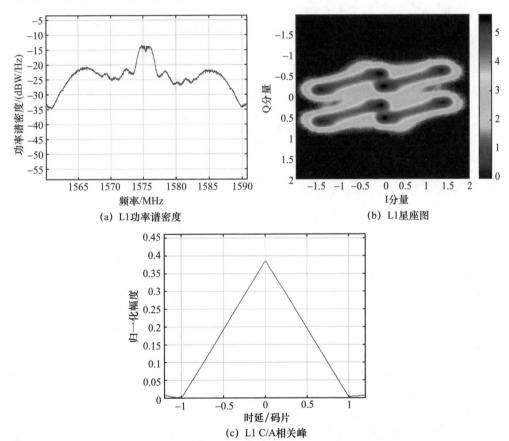

(a) L1功率谱密度　　　　　　　　(b) L1星座图

(c) L1 C/A相关峰

图 11.9　GPS Ⅲ卫星 L1 信号频域、调制域和相关域监测情况(见彩图)

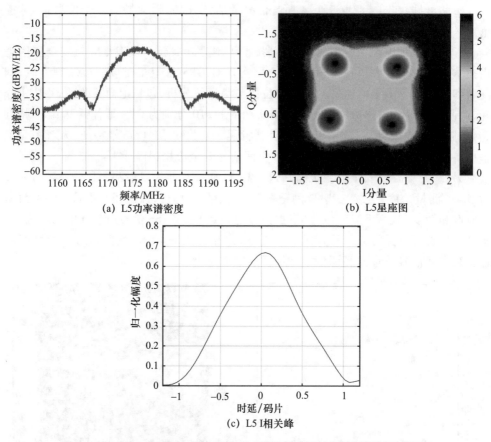

(a) L5功率谱密度　　　　　　　　　(b) L5星座图

(c) L5 I相关峰

图 11.10　GPS Ⅲ卫星 L5 信号频域、调制域和相关域监测情况(见彩图)

11.6　未来展望

　　随着用户 GNSS 空间信号质量监测评估应用领域日渐广泛,其发展呈现如下趋势:

　　(1)从非实时监测评估向实时在线监测、评估和预警过渡。当前基于历史数据综合处理的分析和评估方法存在明显的滞后性,距离实时告警的使用需求存在着差距,需要从离线向在线转变。

　　(2)从性能指标监测评估向服务性能等级监测评估过渡。性能指标的监测评估服务对象更适用于系统管理者,而最终用户更关心综合的服务性能,未来面向用户维度的服务性能等级的监测评估日益迫切。

　　(3)从 GNSS 监测评估向 GNSS + 监测评估过渡。多种导航手段融合是未来的发展趋势,开展面向星基增强、低轨卫星增强等新型综合导航性能监测评估成为必然。

（4）分布集中式专业化评估向泛在监测评估过渡。随着云计算技术的发展,未来每一位用户都将成为"云"的元素,用户既是监测评估产品享受者又是监测评估参与者。用户参与监测评估的过程更能反演出用户对监测评估需求,实现基于移动互联网和云计算的泛在监测评估。

（5）从目前专业化的特种分析向通用模板化的过渡。随着各个导航系统的建设,系统间的竞争也日趋显著,因此开展第三方的评估工作亟须解决,形成通用化的监测评估模板是前提。

（6）针对局部区域精细化、实时化的服务性能监测评估和预警。当前的监测评估主要集中在较大的空间尺度范围,没有考虑局部的环境特征,如周边地物遮挡和植被覆盖等因素,与用户的实际需求存在差异,因此,亟须根据用户周边的地理数据,建立适合于用户局域化、精细化和实时化的服务性能监测评估方案。

参考文献

［1］焦文海,丁群,李建文,等.GNSS 开放服务的监测评估［J］.中国科学:物理学力学天文学,2011,41(5):521-527.

［2］ICAO. GNSS standard and recommended practices［G］.ICAO GNSS P/3 Vertion. Montreal:ICAO,2002.

［3］ICAO. International Standards and Recommended Practices(SARPs)［G］.Aeronautical Telecommunications Annex 10,Volume I,Radio Navigation Aids,2010.

［4］吕小平.中国民用航空 GNSS 完好性监测试验工程［C］//中国航海学会船舶机电与通信导航专业委员会 2002 年学术年会.成都,中国,10 月 1 日,2002:130-136.

［5］赵芮.卫星导航民用信号时频域分析评估［D］.天津:中国民航大学,2020.

［6］杨元喜.北斗卫星导航系统的进展、贡献与挑战［J］.测绘学报,2010,39(1):39-45.

［7］谭述森.北斗卫星导航系统的发展与思考［J］.宇航学报,2008,29(2):391-396.

［8］杨元喜,汤静.智慧城市与北斗卫星导航系统［J］.卫星应用,2014(2):7-10.

［9］周田,张辉,张翔.北斗卫星导航系统在智慧城市建设中的应用,全球定位系统,2015,40(1):82-85.

［10］崔潇潇,赵炜渝,李秀红.美军加速推进"GPS 现代化"助力美军导航战［J］.国际太空,2019(5):27-31.

［11］韩奇,朱克家,付钰,等.美国打击叙利亚期间 GPS 信号监测评估［J］.导航定位学报,2019,7(3):7-10.

［12］YE H,JING X,LIU L,et al. Analysis of the multiplexing method of new system navigation signals of GPS Ⅲ first star L1 frequency in China's regional［J］.Sensors,2019,19(24):5360.

［13］饶永南,王萌,康立,等.GPS Ⅲ首星空间信号质量监测评估［J］.电子学报,2020,48(2):407-411.

［14］刘亮,叶红军,郎兴康.GPS Ⅲ新体制导航信号监测分析［J］.无线电工程,2020,50(3):203-209.

［15］李强,刘广军,刘旭东.靶场 GNSS 增强、监测与评估系统建设构想［J］.飞行器测控学报,2013,32(6):484-489.

［16］贾鹏志.靶场 GNSS 性能评估与完好性监测［D］.郑州:战略支援部队信息工程大学,2018.

缩 略 语

2OS	2nd‑Order Step Threat	二阶阶梯异常
8PSK	8 Phase Shift Keying	8 相移键控
ACE‑BOC	Asymmetric Constant Envelope‑Binary Offset Carrier	非对称恒包络二进制偏移载波
ADC	Analog to Digital Converter	模数转换器
AGC	Automatic Gain Controller	自动增益控制器
AltBOC	Alternate Binary Offset Carrier	交替二进制偏移载波
AM	Amplitude Modulation	幅度调制
APV	Approach with Vertical Guidance	垂直引导进近
ASK	Amplitude‑Shift Keying	幅移键控
BCS	Binary Coded Symbol	二进制编码符号
BDS	BeiDou Navigation Satellite System	北斗卫星导航系统
BDSBAS	BeiDou Satellite‑Based Augmentation System	北斗星基增强系统
BOC	Binary Offset Carrier	二进制偏移载波
BPF	Band Pass Filter	带通滤波器
BPSK	Binary Phase Shift Keying	二进制相移键控
CASM	Coherent Adaptive Subcarrier Modulation	相干自适应副载波调制
CBOC	Composite Binary Offset Carrier	复合二进制偏移载波
CCD	Code‑Carrier Divergence	码‑载波偏离度
CDMA	Code Division Multiple Access	码分多址
CQEM	Coefficients‑Optimization Based Quasi‑Constant Envelope Mutiplexing	基于系数优化的准恒包络复用
CS	Commercial Service	商业服务
DAC	Digital to Analog Converter	数模转换器
DDC	Digital Down Converter	数字下变频器
DLR	Deutsches Zentrum für Luft‑ und Raumfahrt	德国宇航中心
DOP	Dilution of Precision	精度衰减因子
DSP	Digital Signal Processing	数字信号处理
DSSS	Direct Sequence Spread Spectrum	直接序列扩展频谱

EGNOS	European Geostationary Navigation Overlay Service	欧洲静地卫星导航重叠服务
EIRP	Effective Isotropic Radiated Power	有效全向辐射功率
ENOB	Effective Number of Bits	有效位数
ESA	European Space Agency	欧洲空间局
EVM	Error Vector Magnitude	误差矢量幅度
FDMA	Frequency Division Multiple Access	频分多址
FFT	Fast Fourier Transformation	快速傅里叶变换
FIR	Finite Impulse Response	有限脉冲响应
FM	Frequency Modulation	频率调制
FPGA	Field-Programmable Gate Array	现场可编程门阵列
FSK	Frequency Shift Keying	频移键控
GAGAN	GPS Aided GEO Augmented Navigation	GPS 辅助型地球静止轨道卫星增强导航
GAIM	Ground Augmentation Integrity Monitoring	地面增强完好性监测
GBAS	Ground-Based Augmentation Systems	地基增强系统
GEO	Geostationary Earth Orbit	地球静止轨道
GLONASS	Global Navigation Satellite System	(俄罗斯)全球卫星导航系统
GMCEM	Generalized Multicarrier Constant Envelope Multiplexing	广义多载波恒包络复用
GNSS	Global Navigation Satellite System	全球卫星导航系统
GPS	Global Positioning System	全球定位系统
HPA	High-Power Amplifier	高功率放大器
ICAO	International Civil Aviation Organization	国际民用航空组织
ICD	Interface Control Document	接口控制文件
IFFT	Inverse Fast Fourier Transformation	逆快速傅里叶变换
IGSO	Inclined Geosynchronous Orbit	倾斜地球同步轨道
INS	Inertial Navigation System	惯性导航系统
IRNSS	Indian Regional Navigation Satellite System	印度区域卫星导航系统
ISM	Industrial Scientific Medical	工业科学医学
iGMAS	International GNSS Monitoring and Assessment System	国际 GNSS 监测评估系统
LAN	Local Area Network	局域网
LEO	Low Earth Orbit	低地球轨道
LNA	Low Noise Amplifier	低噪声放大器
LOC	Linear Offset Carrier	线性偏移载波
LPV	Localizer Performance with Vertical Guidance	带垂直引导的航向定位性能

MBOC	Multiplexed Binary Offset Carrier	复用二进制偏移载波
MCS	Multilevel Coded Symbol	多进制编码符号
MEO	Medium Earth Orbit	中圆地球轨道
MEWF	Most Evil Waveform	最坏波形
MLS	Most Likely Subset	最可能子集
MPSK	Multiple Phase Shift Keying	多相移键控
MSAS	Multi-Functional Satellite Augmentation System	多功能卫星增强系统
NBP	Narrow Band Power	窄带功率
NCO	Numerically Controlled Oscillator	数字控制振荡器
NF	Noise Figure	噪声系数
NI	National Instruments	美国国家仪器有限公司
NTS	Navigation Technology Satellite	导航技术卫星
OCM	Offset Carrier Modulation	偏移载波调制
OS	Open Service	公开服务
PM	Phase Modulation	相位调制
PNT	Positioning, Navigation and Timing	定位、导航与授时
POCET	Phase-Optimized Constant-Envelope Transmission	最优相位恒包络发射
PPP	Precise Point Positioning	精密单点定位
PRN	Pseudo Random Noise	伪随机噪声
PRS	Public Regulated Service	公开特许服务
PSD	Power Spectral Density	功率谱密度
PSK	Phase Shift Keying	相移键控
PVT	Position Velocity and Time	位置、速度和时间
QAM	Quadrature Amplitude Modulation	正交幅度调制
QMBOC	Quadrature Multiplexed Binary Offset Carrier	正交复用二进制偏移载波
QPSK	Quadrature Phase Shift Keying	正交相移键控
QZSS	Quasi-Zenith Satellite System	准天顶卫星系统
RAIM	Receiver Autonomous Integrity Monitoring	接收机自主完好性监测
RDSS	Radio Determination Satellite Service	卫星无线电测定业务
RMS	Root Mean Square	均方根
RNSS	Radio Navigation Satellite Service	卫星无线电导航业务
RTK	Real Time Kinematic	实时动态定位
SBAS	Satellite Based Augmentation System	星基增强系统
SCB	S-Curve Bias	S曲线过零点偏差
SEU	Single Event Upset	单粒子翻转

SFDR	Spurious-Free Dynamic Range	无杂散动态范围
SINAD	Signal to Noise and Distortion Ratio	信号与噪声失真比
SNR	Signal Noise Ratio	信噪比
SOL	Safety of Life	生命安全
SVN	Space Vehicle Number	空间飞行器编号
TD-LTE	Time Division Long Term Evolution	分时长期演进
TDD	Time Division Duplex	时分双工
TDDM	Time Division Data Modulation	时分数据调制
TEC	Total Electron Content	电子总含量
TGD	Time Group Delay	群时间延迟
THD	Total Harmonic Distortion	总谐波失真
TMA	Threat Model A	危胁模型 A
TMB	Threat Model B	危胁模型 B
TMBOC	Time-Multiplexed Binary Offset Carrier	时分复用二进制偏移载波
TMC	Threat Model C	危胁模型 C
URAE	User Range Acceleration Error	用户测距加速度误差
URE	User Range Error	用户测距误差
URRE	User Range Rate Error	用户测距率误差
UTC	Universal Time Coordinated	协调世界时
UTCOE	Universal Time Coordinated Offset Error	协调世界时偏移误差
WAAS	Wide Area Augmentation System	广域增强系统
WBP	Wide Band Power	宽带功率
WLAN	Wireless Local Area Networks	无线局域网